U0903867

新临建：

建设者的生活、居住和工作

北京一路筑服科技有限公司　编著

中国建筑工业出版社

图书在版编目（CIP）数据

新临建：建设者的生活、居住和工作 / 北京一路筑服科技有限公司编著．—北京：中国建筑工业出版社，2021.8

ISBN 978-7-112-26282-3

Ⅰ．①新… Ⅱ．①北… Ⅲ．①建筑工程 Ⅳ．①TU

中国版本图书馆 CIP 数据核字（2021）第 131367 号

责任编辑：周娟华
责任校对：姜小莲

新临建：建设者的生活、居住和工作
北京一路筑服科技有限公司 编著

*

中国建筑工业出版社出版、发行（北京海淀三里河路 9 号）
各地新华书店、建筑书店经销
逸品书装设计制版
天津翔远印刷有限公司印刷

*

开本：787 毫米×960 毫米 1/16 印张：28 字数：428 千字
2022 年 1 月第一版 2022 年 1 月第一次印刷
定价：**99.00** 元

ISBN 978-7-112-26282-3
（37882）

版权所有 翻印必究
如有印装质量问题，可寄本社图书出版中心退换
（邮政编码 100037）

编著者的话

由北京一路筑服科技有限公司（以下简称“一路筑服”）组织编写的《新临建：建设者的生活、居住和工作》一书，不仅首次提出了新临建概念，也是一路筑服多年研究和实践成果的集中展示，是新临建生态体系建设思想走向成熟的标志。“以人为本”为建设者生活、居住和工作整体解决方案的理念是一种创新，具有很强的生命力，从市场容量、需求紧迫性来看，具有很大的价值和巨大的现实意义。

建筑业的发展和科技进步，改变不了建筑施工劳动力密集的特性，建设者依旧是建筑业的核心要素之一。作为建筑业垂直应用和创新的新事物，新临建的出现不仅建立了以创新理论、创新产品、创新模式构建跨行业生态体系的理论和方法，还建立了集工业制造、数字施工、服务、供应链整合、金融配套、资产运营于一体，产业融合发展的商业模式。由产品、服务和运营构成的轻资产方式，平台+实体工地的新临建模式，不仅可以解决工地建设者，甚至还可以解决城市外来务工人员的生活、居住和工作等综合难题。“好美工地”和“城市建设者之家”的出现，是新临建应用价值的体现，以此为基础构建新临建运营综合平台和新临建生态，将对城市运营带来推动和促进作用。

新临建的应用，不仅可以极大地改善建设者的生存和发展条件，还可以促进社会的和谐和稳定，因此不能忽视其重要性。一路筑服提出建设者的生活、居住和工作整体解决方案，就是要集聚社会各种力量来改善他们工地生活和工作的条件和状态，这不仅普惠于建设者，而且有利于整个行业的发展，特别是竞争已经白热化的建筑行业。

新临建的应用能让所有的建设者“居善地，事善能，安其居，乐其俗”，这是我们编纂本书朴素而美好的愿望。这个目标的实现离不开建筑业各位同仁的共同努力，需要建筑企业的付出和大力推动，需要社会力量的帮助。我们期待有更多的伙伴加入，共同促进，共同发展。

推动建筑业高质量发展是责任和义务，感谢为此付出努力的每一个人！

北京一路筑服科技有限公司

自序

多年来，我一直都有将自己30年对建筑行业的认识，特别是二次创业以来关于建筑信息化和创新业务的研究成果编纂成书的愿望，以供同行们借鉴和参考。我自知做成这件事难度较大，牵扯精力很多，加之工作繁忙，虽已着手准备两三年，断断续续，写写停停，一直没能成册。新冠肺炎疫情期间，我待在家中，终有整段时间来编写、修正和完善这些文稿。编写本书时，我先规划了本书的架构和主要内容，新临建是我们在2017年提出的一个新概念，涉及的内容很多，虽然整个体系都是我主导，但整理书稿还是有些难度，特别是各章节的衔接和流畅。对于百万字专业技术资料的萃取和提炼，是一个工作量巨大的工作，好在通过网络与国内的伙伴（资料提供者）保持不断沟通，在他们的帮助下，书稿整理起来还算顺畅。我在完成第一次文稿整理后，及时发给他们，让他们在整体编写架构下重新补充和修改，不断修正，到今天出版之时，已经是第六稿了，可见大家对这项工作的重视和认真。

新临建的概念，是我们在建筑信息化过程中从产品逐步演化过来的理念的创新，是我们这些从事了半辈子建筑工作的工程人在信息化过程中思想的跨越，是基于对建筑业高质量发展和如何提高建筑业整体实力和水平的一点认知提高和趋势判断。

2017年我们提出新临建概念，提出“乐美工地”的运营，提出建设者生活、居住和工作整体解决方案，之后又相继提出“建设者营地”和“城市建设者之家”工人社区的解决方案，使得新临建应用体系得以展现，并为构建新临建生态和以轻资产运营的商业模式奠定了坚实的基础。特别是魏和祥主导的新临建单体产品标准化、模块化工作设计和生产体系的测试，狄忻主导的轻资产运营体系和金融服务配套产品的结合，让我们为打造新临建生态闭环，去乙方化的融合发展之路插上了两个翅膀，为最后的腾飞做好了准备。这些年的创业发展不仅让我们这些建筑背景深厚的科技工作者眼界不断拓宽，思想不断升华，行动更加有力，更让我们从建筑业局限中突围出来，走出了一条以运营服务为抓手的跨界融合之路，这也是建筑业同仁们应该在时代背景下必须迈出的艰难脚步。新临建在构建美好工地面貌、建设者美好生活和舒心工作的同时，也曾经困在发展与资金的泥沼中难以自拔，但最终在外来务工人员集中管理的城市运营和稳定现金流固化的金融服务两个点上找到了突破点，提出了新临建轻资产运营的新方法，使得新临建业务的应用得以延展和扩大，彻底颠覆了传统临建的概念和内涵，为新临建生态建设奠定了重要的基础，也为传统行业变革提供了一个可以借鉴的示范例证。

用趋势的视角认识建设者和新临建的关系，站在资产管理者和使用者不同的角色看需求，重新定义新临建的作用是十分必要的。新临建将工地管理划分为办公区、施工区、加工区和生活区四个区，并且设计和配套不同的临建单体产品和运营产品，用装配式技术为建设者建设一个数字化、功能齐全、服务优良的半封闭工地社区，这是一路筑服的首要任务，也是未来走向城市建设之家的必经之路。

新临建是从大家熟悉的传统临建、临设派生出来的，是临建辅助施工和服务保障的结合，是建设者生活和工作融合的载体。新临建以居住为纽带，连接生活和工作两个主题，是特定人群全生命周期、全产业链的整体解决方案。一路筑服从2017年开始转型到建筑业服务，投入大量人力、物力进行施工现场建设者生活和工作需求的研究，设计了全新的新临建产品并且通过大量实践验证新临建产品的应用效果，开发了互联网用工平台和工地商业结算系统，打通工人工作和生活的联系，用模块化产品和信息化手段构建好美工地，用第三方服务实现工地后勤保障，这实现了工人生活社区化新模式，实现了让项目管理更简单、工人生活更美好的朴素愿望。

在积极寻找自我变革、寻找新商业机会的实践和探索中，我们发现了新临建垂直应用，以新临建轻资产运营解决劳务工人在职业化过程中的生活、居住与工作，这是一片还没有人关注和开发的蓝海。中国建筑业高质量发展，不仅是建筑技术应用水平的提高，高素质的职业工人更是其不可或缺的重要因素。只有新技术、新应用和优秀工人的高效叠加，才能打破建筑业内卷化的壁垒，走上一条健康、高质量发展的道路，建筑业变革中建筑工人群体是一个不可逾越的障碍。

建筑业自身的特点和建筑工人群体的独特性构成了建设者对工地生活、居住和工作的刚性需求。正是这种刚性需求的存在，才有必要将零散的传统临建资源进行整合，用新商业思想和模式进行开发利用，才能实质性地提高项目管理和保障水平，实现协同发展。让项目开源和节流相得益彰，才能做到项目优化经营和利润的增加。垂直挖掘应用和需求是精益建造的思想，为困在临建资产处置上的企业和项目提供了新的解决思路。从这个角度来看，新临建的着眼点是具有前瞻性的。

新临建的构成是细碎和繁杂的，其涵盖面是多样的，涉及产品、技术、平台、服务、运营、金融等，需要不同专业技能的人才参与，需要相关合作单位的共同努力、共同攻关。我们先后投入超过1500万元资金进行了产品研发、平台构建、理论和方法验证、最小商业单元测试等工作。我们的工作成果以这本书的方式呈现在读者面前，让大家共享我们的思想和成果，共同推动新临建的发展和壮大。建设者生活、居住和工作的整体解决方案不仅是一种跨界思想，更是一种商业思维，一个新商业生态。它不仅解决了建筑业本身的问题，更体现出一种人文关怀。

作为资深的建筑业者，我虽然经历过下海经商、学习、回国二次创业，但一刻都没有离开过建筑业。30年间，我见证了中国建筑业的荣辱兴衰，见证了建筑业从小到大的发展之路，见证了建筑业的苦难和辉煌。在中国日新月异的发展中，建筑业发展相比电子商务、制造业、信息化产业、互联网产业的发展可能慢些，但建筑业的每一次变化都是一种进步。中国企业家强烈的变革意识，发展就是硬道理的理念一定会让中国建筑业越来越强大。

每当我看到一座座靓丽、璀璨的城市展现在面前；看到一幢幢高楼拔地而起，一座座大桥横跨祖国的高山大河，天堑变通途；看到一列列高铁驰骋在祖国的大地上，把城市和乡村连成一片；看到那些崭新的工业区、商业区、居民区带给人们的美好；看到中国建设者通过一带一路，把我们的建造技术和聪明才智展示给全世界，我就感到中国建设者的无上光荣。

建筑业在获得巨大成就的同时，我们不能忽视施工管理的不足，尤其不能忽视大量农民工客观存在的现实。中国建筑业走高质量发展道路依然存在各种问题：企业综合经营能力差，盈利水平低；整体经营环境不好；项目管理停留在简单重复状态；建筑农民工工作和生活环境无法得到改善。这种原地踏步、低水平循环往复的状况使得建筑业生态及生存条件越来越差，因此，建筑业到了必须改变的时刻。

新冠肺炎疫情后的双循环经济发展模式，对建筑行业的变革要求格外迫切。随着地产热的退潮，工程数量的减少，竞争会更加激烈，生存和发展的矛盾日益突出，建筑业变革势在必行。高质量发展要求企业和主要领导的思维必须进化到发展的高级模式，必须提高管理效率和精细化管理水平，必须加快职业化工人的体系建设。要实现上述目标，就得用新技术、新方法、新管理和新模式提高企业内在管理水平，用专业服务提高外部保障，按照规律办事，提高行业垂直应用水平及运营水平，突出企业核心竞争力才是破解之道。

我们在短时间内依然改变不了建筑业劳动密集型的生产方式，改变不了中国急需职业化工人的现状。在未来若干年内，建筑业还会大量依赖这些最基层人员。如何解决好不断突出的生产和生活的矛盾，解决好他们的基础需求，这是当前施工企业迫切需要解决的问题。企业需要下定决心为建设者服务，让工人生活更美好、工作更快乐，这样不仅能够稳定工人队伍，调动工人工作积极性，提高生产效率，减少安全隐患，而且可以让项目管理更加聚焦，让管理人员集中精力搞生产。建设者生活、居住和工作的协调发展，是工程建设最有力的保障措施之一。

新临建的重点在于建立了一个项目管理和工人生活、工作的物理空间，用信息化和智慧化手段将物理空间联系起来，这是时代发展的需要，一个与时俱进的生活和工作方式，可缩小建设者和社会普通劳动者的差距，为更多的知识青年加入到职业化发展道路创造有利条件，这不仅符合未来中国人才发展的趋势和需要，更为中国建筑业走向世界打下坚实的人才基础。

新临建第一次赋予临建产品金融属性、科技属性、运营属性，第一次将临建资产运营进行商业操作。此举除了给企业和项目增加了额外收益外，也使原来工地建设结束后成为垃圾的临建资产重获新生，针对不同施工企业客户的运营产品——乐美工地、好美工地、万美工地和城市建设者之家运营，拓宽了新临建内涵，为建筑业带来了积极的变化。

新临建理论和实践的制高点就是将跨界思维、逆向思维、融合发展、共享共生的理念在建筑业中创新应用，以新临建为载体的新商业生态的建立，更加突出服务的主旨，突出独立建设和运营方法，突出整个供应链和配套的作用，是更好地为企业、为建设者服务的压舱石。新临建运营商的角色要求我们做好跨界“红娘”，找出客户、用户、供应链、金融、政府等伙伴的共同需求，做到站在行业发现需求，跨出行业创造机会，通过整合形成一个完整的商业闭环，既解决了新临建前期的资金难题，又为资金进入比较稳定的传统领域搭建桥梁。让项目聚焦成本节约和效益提升的同时，让建设者体会到服务和专业运营带来的高效率工作与高质量生活，让所有参与者共享合作带来的收益和成功。

新临建是一个新事物，参与本书的编写者都是有建筑业背景的业内佼佼者，大家聚集在一路筑服的平台下，致力于新临建和施工信息化基础的研究长达七年之久，可谓是十年磨一剑，现在终于见到了成果，这成果展现给大家，贡献给社会。

本书读者不仅包括建筑行业的企业、项目、分包、工人班组和个体，还包括为临建项目做服务的各种类型的企业和个体，同时包括了跨行业的各类潜在合作方。我们希望每一个客户、用户及有兴趣的伙伴都能找到利益点和价值点，并和我们一同分享！

参与新临建研究和实践的团队付出了艰辛的劳动，他们在西安的产品试验基地和测试中心的两年时间里，不断将产品蓝图变为产品，并不断完善产品，虽然经过了无数次失败，但他们没有放弃并不断总结，积淀了长达百万的文字资料、上千张的设计蓝图。记得2019年6月我们将相关编纂人员集中在西安20天，对产品进行二次整理，在西安工厂最后定稿。在这里我特别要感谢魏和祥先生，他作为新临建产品总设计，夜以继日地工作在第一线，指调中心、配餐中央厨房、综合商超、无人值守电影院等产品都是在他亲自指导下生产出来的，有的产品还是他亲自动手完成的，2020年5月他突发心梗，至今还在休养康复中。还要感谢运营总监狄忻，他将丰富的金融概念、城市运营、综合体开发经验和新临建进行融合，形成了2020版新的轻资产运营架构和体系，并对我们原有的体系做了很多补充，为新商业体系的建立打下了理论基础。其他参与编写的伙伴也为本书编纂作出了重要贡献，特别感谢他们的巨大付出。

如果说，双循环经济模式下的传统基建和新基建是中国建设的两驾马车，那么新临建的出现就是它们的车轴，为车轮的转动提供有力的支撑和润滑作用，新临建终将成为中国建筑业高质量发展最有力的助手！

一点一滴地成长，让我们踏踏实实为建筑业的发展壮大贡献力量！

让我们创业激情像青春萌动一样时时迸发，像火山岩浆一样热情奔放、绵延不断。感谢大家！

北京一路筑服科技有限公司董事长
本书主编 王甬（KevinWang）

目录

概　述

——建设者的生活、居住和工作的构建

阅读引导：

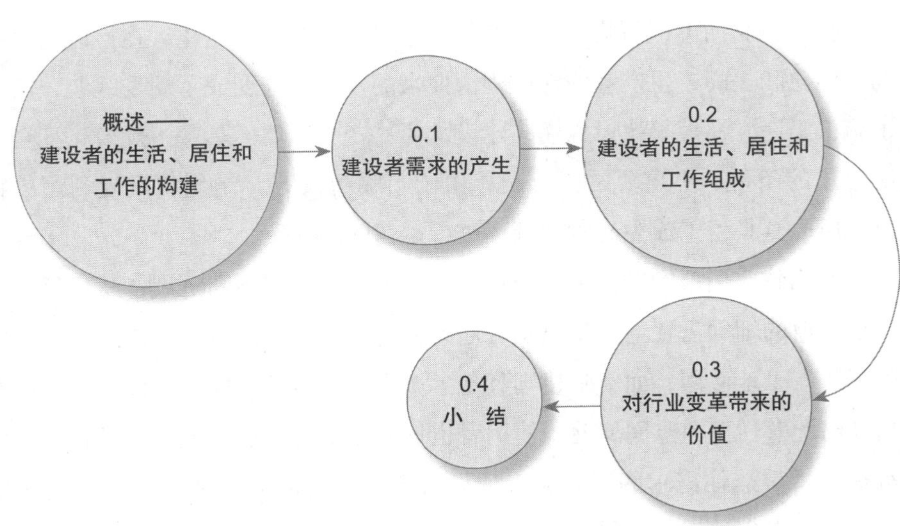

0.1 建设者需求的产生

新临建是新型临时建筑和设施的统称。传统意义上的临建是指建立在临时用地上的简易建筑和设施，用于工程建设的生产和生活保障，而新临建是指为城市建设者提供临时居住、生活服务和工作的整体解决方案。近年来随着建筑科技的发展，装配化、智能化、节能化、绿色新型材料等先进建筑技术与理念不断被运用到新临建上，新临建不再是施工工地的专属，同时也出现在社会各个领域中。随着工业化生产技术的进步，在集装箱式、标准化、模块化大势驱动下，新临建不仅在外观上得到了提升与美化，在性能上也得到了优化和提高，生产和安装过程由原来的现场建造变成了现场组装，简化了施工工序，缩短了建设周期，建设从简易变为简便，具备了规模化社会推广应用的条件。更重要的一点是，由于新临建具有定制化与重复利用的特点，所以其具备了成为经营性资产进行运营的条件。

新临建应用范围的扩大，使得它从工地产品应用不断延展，从仅仅满足工地建设的辅助需要上升到满足普通人群生活和工作的空间。传统条件下的临建只有工地应用，而新临建则具备了城市及乡村各种使用条件下的短期性居住与配套性商业空间属性。使用者也从单一来自建筑工地的建设者扩大到有短时租赁居住需求的所有城市建设者，这个需求不仅是6000多万建筑工人，更是来自城市化过程中的上亿流动人口。这个使用群体构成了一个极具中国特色的介于工人和农民之间的阶层，这个阶层在改革开放的过程中快速发展着。他们所面临的是在时代变革与城镇化进程中如何更好地工作、居住和生活，如何应对几千年来农耕文化向工业文化转变所带来的冲击，这种冲击不仅是文化的冲击，更是物质与生活模式的冲击。

站在建筑行业人、机、料、法、环五大要素中人的角度，我们深切感受到即将来临的变革及市场经济中的新需求，如果说新临建是新事物，那么未来建设者的工作和生活将是新时代下产生的新需求，是一种新商业机会，它的表现形态就是半封闭的商业综合体社区。新临建以建设者的工作、生活和居住为服务对象的思路，就是在这种半封闭综合体社区业态中产生的新概念和新模式，这种全新的业态具备了社区综合体、商业综合体所有的建设属性、开发属性和服务属性，最重要的是它还具备了综合体的运营属性，这些成熟的属性构成了新临建的核心。

因此，把轻资产运营概念植入服务建设者的新临建社区中，使新临建社区以服务型综合体的新面目出现，把建设者的生活、居住和工作作为一个整体方案来解决，这无疑是个巨大的革新。这一革新对建筑、制造、服务等劳动密集型行业的发展，对社会发展都具有重大意义。这种专门针对建设者植入工作+居住+生活配套服务、居住与商业结合的临建社区，我们称之为新临建综合体，通过轻资产运营并可不断复制的新临建综合体，就是本书中所讲的新临建。

0.2 建设者的生活、居住和工作组成

主题词： 建设者现实、趋势、筑服新临建初心与使命

梁晓声先生在《中国社会各阶层分析》一书中讲到“中国社会发生了深刻的变化，其中阶级的变化是中国社会转型和经济转轨中最核心的内容。这种变化表现为：农业劳动者不断向其他社会阶层流动，其范围正在缩小；产业工人随着农村的工业化，人数在不断增多；社会中间阶层的扩张迅速；所有这一系列变化使得中国社会阶层结构正在发生急剧的变化”；“掌握和运作经济资源的阶层正在兴起、发展和壮大。总的来看，目前中国社会阶层结构不再是简单的工人阶级、农民阶级和知识分子阶层，比较突出的是出现了一个不断扩大的社会中间层”；“对于中国而言，生产力正在摆脱落后，经济基础正在摆脱虚弱，商业时代方兴未艾地孕熟着，阶级正日益加快地划分为阶

层”。介于农民和产业化工人之间的农民工阶层正在随着城镇化建设和社会的进步快速形成。今天的建筑农民工，按照社会分工我们称之为建设者。

然而，在现实中建设者往往处于被边缘化的境地，工作不稳定，收入没保障，更没有精力和能力提升自己，建设者的自信正在萎缩。这种现象不仅使刚刚步入社会的年轻人对建设行业望而却步，还使行业陷入了用工难、用好工人更难的窘境；同时，建设者失去自信之后自我放逐，对于社会稳定也会产生潜在的隐患。稳定建设者阶层，不仅可以让他们更好地生活和工作，还将对整个社会发展产生巨大和深远的影响。

我们欣喜地看到，国家也认识到了这个潜在的问题，并适时提出了“必须把为民造福作为最重要的政绩”“在全国上下共同努力实现全面建成小康社会的行动中，这些为建设社会主义新中国建设付出艰辛和汗水的建设者一个也不能少”“建设者需要生活的美好、居住的舒适和工作的快乐”，他们的需求不应该是“被遗忘的角落”等口号，高屋建瓴，直击问题本质，成为解决建设行业农民工问题与社会问题的方针。一路筑服正是在这一方针指导下开始了以新临建综合体开发运营为载体，以新临建整体解决方案为手段，为建设者提供工作、居住和生活服务的探索。

无论时代如何发展，为建设者服务的愿望都不过时。我们通过多年的研究与实践得出结论，为建设者造福，先要着眼未来，再着手现实。当前，中国经济已由高速增长阶段转向高质量发展阶段，高质量发展必须通过骄人的业绩体现，首先从用工最为集中的建筑业开始，加以重视并切实落实，让建设者们获得实惠，始终把建设者的安居乐业、安危冷暖放在心上，用心、用情、用力聚焦并解决建设者的居住、生活、工作、培训、社保、医疗、餐食安全、劳动安全、防疫和稳定等实际问题，集企业和社会的双重力量，用发展的眼光看未来，用现实的手段解决问题，努力改善建设者的生活质量和工作环境，培养建设者自尊、自立、自强的精神，锻造建设者的工匠精神和职业化素养，激发建设者守正、创新、爱国、爱岗、敬业的热情，都是一路筑服不遗余力推动新临建发展的初心与使命。我们始终铭记：打造全国最有影响力的建设者生活、居住和工作综合社区，推进为建设者服务的终生事业，不忘初心；推进建筑职业化工人精细化管理工作，让建筑业走向世界，构建和谐发展社会，推动构建人类命运共同体。

主题词：国家与建设者个人的关系

即便是在数字经济的时代，工匠精神仍然是国家发展的需要，国家建设需要建设者以踏实、认真、上进、不服输的精神去工作，去完成一个个建设项目。建设者在快乐工作的同时完成自身素质的提升，要树立成为国家建设不可或缺的大国工匠的决心和信心，要坚定走职业化发展道路。企业与社会要将妥善安排建设者的生活、居住和工作作为一个重要且必需的任务去完成，要帮助建设者不断在实际工作中成长、精进，需要有足够的耐心培养新一代建设者，为他们创造好的生活和工作条件。这个过程需要建设者本人的参与，需要时间和社会力量与资源投入，需要用经济规律和商业手段去不断改变与完善。这是国家、社会、企业和建设者个人的责任和义务，建设者必须在劳动力创造、劳动效率提高，知识、技能、心理等有价值的节点上产生同等价值，有价值的节点才可以产生收益，回报给国家和社会。“授人以鱼不如授人以渔”，新临建整体解决方案就是联系国家、社会、企业和个人的纽带，是实现这个愿望最为现实的手段。

将建设者生活、居住和工作作为整体解决，符合科学世界观和方法论的检验，我们需要用辩证法看待它发展的普遍规律。辩证法告诉我们“事物是普遍联系的有机整体，同时又是相互转换，相互促进和变化发展的”。辩证看待工人生活、居住和工作，他们是相互依存、相互促进、相互影响、相互制约的一个整体。在工程建设中有舒适的新临建居住环境，享受到良好的生活服务，可以提高满意度和幸福感，有利于他们发挥主人翁意识；心理上的满足与愉悦，就会产生好的工作情绪，具有良好的工作状态，就可以提高劳动效率，提高工作质量，减少浪费，减少事故隐患。这就是生活、居住和工作在新临建实践中的辩证关系。身心愉悦的工作态度和良好的工作氛围，是建筑业走向职业化必不可少的条件之一，是缩小建设者和社会其他阶级差距最为直观的条件，是建设者成为职业化工人的保障。国家需要大国工匠，行业需要大国工匠，建设者本身也会因成了大国工匠而产生自信与自豪。

0.3 对行业变革带来的价值

主题词：施工行业的高质量发展和新临建的关系

新冠肺炎疫情后的国际、国内经济形势发生巨大变化，中国面临百年未遇到的大变局，中国经济发展面临巨大的挑战，同时也面临前所未有的机遇。国家制定的内、外循环经济模式的双轮驱动，给肩负着国家责任的建筑业提出了更高的要求。传统的建筑业的管理模式和生产方式必将发生变化，以适应不断提高的新技术、新人才、新机械的挑战。随着中国建筑业的不断深化改革，建筑业更渴望具有实质性的倒逼和改变，高质量发展模式成为建筑业改革的推动力，这股力量是新临建生态体系形成的原动力。新临建走在建筑业改革的前面，为建筑业经营管理的提升探索一条新的路径。新临建正在用融合发展的方式，用共享的模式推动行业向垂直挖掘和精细化管理的方向发展，并且不断探索新的机会。这种机会就是如何让以人为本的理念根植于建筑业经营者的经营过程与建设者的职业化进程中，如何用服务和运营将新临建的保障功能社会化、标准化、运营化，如何用更具有社会资源的社区模式为建设者提供高质量的服务。新临建整体高质量发展是整个建筑业高质量发展的前哨，是建筑业高质量发展的缩影。新临建生活、居住和工作的综合模式需要行业和社会资源的共同推进。以下几点表明，新临建的成功与否直接关系到劳动密集的建筑业变革的成败。

（1）建筑业的高质量发展和新临建的推广都要坚持目标导向、结果导向，必须向内涵提质转型。把创新发展作为解决管理发展不平衡的手段，推动质量变革、效率变革、动力变革。

（2）新临建是建筑业结构性改革的结果之一，是建筑业走专业化发展的方向，强化新临建的专业化作业和专业化服务，强化精细化管理，推动新临建的重复应用和资产化运营，是挖掘建筑业新利润点的有效方式。

（3）改革和完善工程新临建标准体系建设，推动新临建新模式和建筑管理的融合，推动新临建标准走向国际化，和世界接轨，成为建筑业标准的重要补充和创新发展的典范。

（4）用新理念、新产品、新思维、新技术完善生产生活条件，提升工地服务保障质量，建立社区化服务体系，加快推进新临建资产运营和新临建生态建设，是建筑业最实用的创新发展模式。

（5）坚持以人为本的思想，集中力量解决好人居环境，改善人居环境，充分发挥人的主体作用，美好环境与幸福生活共同缔造。建设者作为工地主角，他们的人居环境和幸福也是工程管理的重要组成。

（6）共建、共治、共享的理念和方法融合，促进美好工地环境与工人幸福生活的和谐发展，着力改善建筑施工条件，建设“好美工地”。这不仅是建筑业变革的基础工作之一，更是建筑企业文化建设的重要环节，加强工程建设精准保障力度，完善服务配套，引导发展社区助餐服务、保洁等服务进入施工生活管理中。

（7）新临建体系下的建筑产业工人队伍的发展，是深化建筑业“放管服”改革的重要方向，整个建筑业“人”的要素需要统筹发展，整合现行的碎片化是改革的必然。

综上所述，建设者生活、居住和工作整体解决的主体为三大类，一是人的管理，二是场地管理，三是创新业务。新临建作为一个装配化、模块化特点明显的服务载体，紧扣行业改革脉络，不仅体现以人为本和建设者集中管理与业务创新理念，更提供了运营产品和服务的整体解决方案，同时前瞻性地提出了新临建资产运营的实现方法，提出了将临建物业化管理与资产化管理整合的实现路径，创新平台运营和供应链服务为支撑的全生态体系建设的商业模式，突破了局限在建筑业本身难以逾越的障碍。从商业机会和市场需求侧改革视角，建设者生活、居住和工作整体解决本身就是一个很好的商业机会和需求发现，这一发现具有广阔发展空间和巨大的商业价值。从商业创新角度出发，为众多的企业和项目进行临建资产化管理与代运营，可以盘活企业和项目的资产，增加盈利点，获得最大边际收益，也是企业管理和项目管理水平提高的重要体现，也是一路筑服新临建业务的首创。从整个城市管理的角度看，利用建设者生活、居住和工作的整体解决方案作为城市务工人员短期居住租赁的一种解决方法，也是城市运营的一大亮点，是保障性住房的重要补充之一。在新临建的完整体系建立和生态建设、在盘活企业临建资产上，整合碎片供应链；资本运作上，一路筑服务走出了一条新路，创建了一套新机会，创新了新的应用，在本书中都有详细的介绍。

0.4 小结

我们始终认为，变革不能离开直接的要素，不能违背价值规律。商业社会需要产生的是价值，价值体现就是获得的结果，要实现建设者生活、居住和工作整体方案的完美效果，必须具备“顺势、借势、造势”三个主要能力。

顺势而为，依据社会的发展趋势和行业的特点，洞悉事物的客观规律，明确参与者的环境、目标和市场是否经得起考验，是否符合社会发展的需要和个体的需求，是否解决了社会、企业、个人的难题，是否超出了价值的要求，顺应变革的自然规律，这个规律是不断发展变化的。

借势而立，在新临建的发展过程中是否具备整合更多“势”和资源力量参与其中，是否能够聚水成河、聚石成山、聚人成团，形成一种强大的发展态势。过程中共享、共同发展的模式发挥不可替代的作用，新临建生态的建立则可以帮助实现策略的转化和整合生态伙伴共同完成既定目标。

造势而成，在发展的过程中不断创造出有利发展的条件，完成提升建设者生活、居住和工作品质的目标，并在不断发展中普惠于人、普惠于事、普惠于国家。只有坚持这三个原则，才能充分实现为建设者服务的商业价值与社会价值。

（**本章编者：**午甬　狄忻）

第 1 章

新临建的创新

——构建城市连接建设者的力量

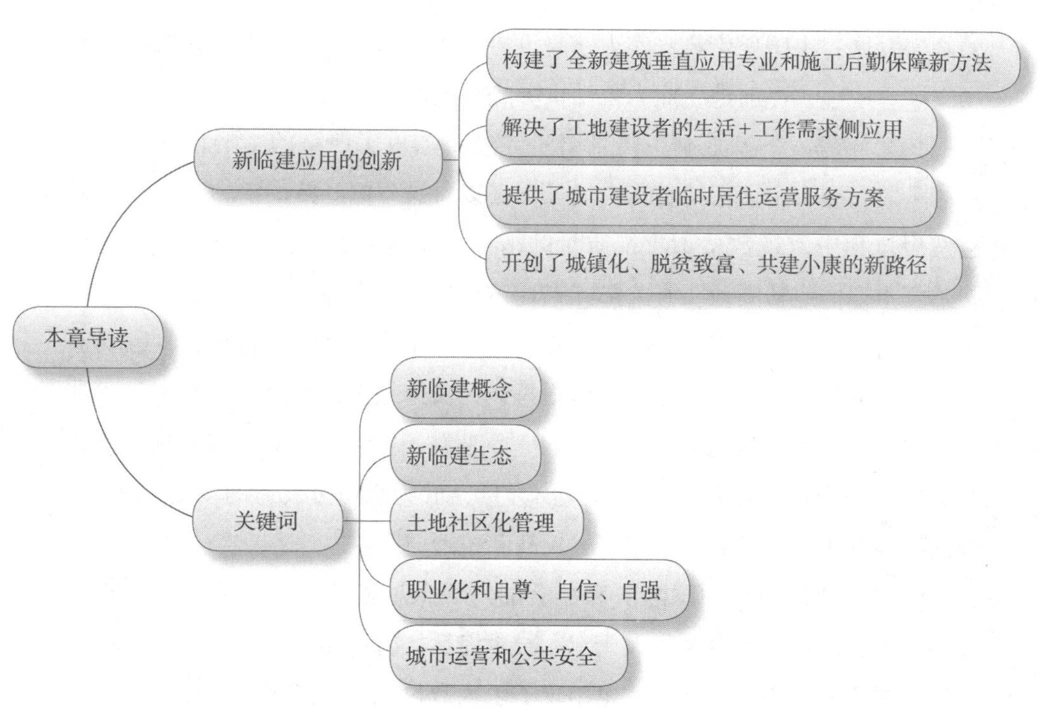

1.1 导言

改革开放40多年，中国经济创造了世界奇迹，凭借人口红利、集中力量办大事的特有优势，完成了国家资本原始积累，大量基建工程项目、公路网、高铁网相继建成，还有许多项目正在建设与筹备的路上。稳定的市场环境、超大的市场需求创造着无数个神话。随着投资规模不断扩大资产规模迅速膨胀，依靠建筑业（包括房地产）与制造业这两驾马车，以投资拉动经济的高速发展，中国凭借自身实力跻身世界经济大国之列，庞大且有层次的市场支撑着中国快速前进，成为拉动世界经济发展的火车头。

2020年爆发的新冠肺炎疫情对世界经济造成了严重的影响，世界进入停滞阶段，只有中国保持着正向增长，足以看到中国经济的潜力。但经济高速发展过程中重视数量不重视质量的结果正在影响着中国经济的高质量发展。资本以“跑马圈地”的扩张方式通过虚拟经济收割了“人口红利”并对实体经济造成了较大的影响。“流量红利”打击了传统产业的基础，造成了今天明显的发展矛盾，财富分配差距拉大，实体经济经营困难，城市与乡村二元化的距离越来越远。同时从好的一面来看，供给侧改革、需求侧改革这些结构性的变革已经开始逐渐显现出力量，成为高质量发展的动力和源泉，中国面临百年不遇发展之大变局，挑战和机遇并存。

中国的建筑业与中国经济和社会的发展息息相关，随着中国经济的理性调整，建筑业暴露出来供大于求、技术滞后、管理粗放的弊端。建筑农民工作为建筑业主要生产要素，也出现了工人数量减少、用工老龄化、技能无法跟上技术进步等迹象，城乡发展的巨大差距和职业规划上的缺失、引导偏差，使建筑农民工并不能像工厂工人一样完成职业工人的转化。他们虽然进入城市，但无法融入城市，形成了一个被社会边缘化的巨大群体。他们在工地和城市中遇到了缺乏关心、缺乏保障的窘境；在工作中遇到缺乏引导、缺乏培训、缺乏提高的机会；在生活上存在缺乏服务、缺乏安全、缺乏选择的困难。这一群体是真正的城市建设者，是未来市场不可或缺的，形成新“人口红利”的重要层面，是中国未来经济发展的动力来源，对他们的关注和服务是弥补在经济高速发展过程中市场意识、社会关注、人文关怀的缺失。这个群体是促进和谐社会发展不可忽视的，是影响中国迈向发达国家行列的障碍，是实现扶贫目标的重要抓手，集政府资源、企业资源，联合社会力量共同关注他们的境况，用市场化的手段解决他们的需求，为他们提供各种机会与工作条件、解决生活难题，是一件极其有意义的事情，具有极大的社会意义和商业价值，这也是需求侧改革的关键。发现新需求，向服务型、运营型、长效型高质量发展要效益是未来社会和企业共同努力的方向。

事物发展普遍具有阶段渐进性。中国经济发展就像球赛，上半场完成了投资拉动的全攻全守发展方式；下半场如何转变为防守反击，以适应竞争更加激烈的比赛节奏，保持领先，获得终场胜利，这不仅是打法的调整，队员如何贯彻执行意图，从自身功夫和阵型上匹配这种打法，取得最佳的效果，这是趋势，也是未来。将这个比喻应用到所有的行业都有较高的适配性，这种球赛变阵就是行业变革。挑战即是机遇，中国经济又一次进入了大破大立的时代，未来许多靠轻资产运营赚钱的企业将诞生，利用新模式、新渠道赚钱，是中国经济下半场的主流。

当整个社会结束了粗放生长期，开始向纵深与精细化发展的时候，如果要想成功，就必须创造价值。价值决定一切，内容和服务就是未来最好的价值体现。投机赚钱已经没有了市场，靠思想赚钱将会大有前途，中国真正的好时代才刚刚开始，经济社会从“投机”到“运营”的升级，这不仅是经济发展的逻辑不同，更是社会主流价值观的转变，是量变到质变的升华，一个人人都能沉下心来做产品、做内容、做服务、重运营的时代，才是理性发展的时代，才是最健康的时代。大道至简，今后的商业竞争归根结底是“人品”和“产品”的竞争，胜利是“价值观”的胜利！

所有发展都离不开不断优化和提升的过程，运营的核心是服务能力和效率，国家、城市、企业、个人都是这个道理。过去粗放的发展模式造成了人人都在追求短期利益，那些出淤泥而不染的人，反而没有市场。伴随着经济的转型，必然会出现财富重组的现象，财富永远只留给配得上它的人。纵观现实社会，互联网越来越发达，信息越来越对称，中间环节越来越少，机会越来越均等，渠道越来越公开，资源越来越透明，在一个信息和价值高度对称的时代，每一个机会只留给拥有最好技术的、最有思想价值的，最具创新的、最具奉献能力的人。

自2018年以来的一个共识，就是中国经济粗放生长、满地黄金的时代过去了，未来将是精耕细作的精练时代，利用技术优势、创新优势、管理优势、体制优势进行资源优化配置与整合、运营与服务为主要的经济时代即将来临。市场更替频繁，淘汰加快，“投机”驱动型已是强弩之末，“运营”驱动型成为趋势，运营能力构建商业赛道，将是企业核心竞争力的重要组成，是高质量发展的主题。企业运营能力首先体现在良好造血能力上，现金流保障是重要标志。经济学家衡量一个城市、企业、个人的发展，就看运营收入的能力，这不奇怪，有些公司的市值高，合同额不少，但是利润越来越少，甚至亏损，说明这个企业在走下坡路；很多一线城市家庭坐拥上千万的房产，但是年收入不足以维持家庭的生活，说明这个家庭入不敷出；企业也好似家庭一样，需要的是可支配利润，运营就是盈利能力和赚钱能力的最好体现，这是现代企业都在努力追求的重点，建筑业的高质量发展也一定从单纯利润核算向综合运营核算转变。如何盘活建设中除了大型机具以外可以运营的资产？新临建就是其中资产属性最为突出的，也是施工企业运营发力的一个重要方向。

建筑施工企业的临建资产盘活和运营，会经过先资产、后运营的两个阶段，这也是一个“先硬后软”的过程。新临建通过“产品+服务”的创新，硬件上已经可以搭好临建综合体的骨架，通过运营用“模式+内容”填充，让软实力得到增强，以有血有肉的姿态满足建设者生活、居住和工作的服务需要。

建筑业是国民经济的支柱产业、民生产业和基础产业，今天依然在经济建设中发挥着巨大的作用。一方面，建筑业作为中国最具有全球竞争力的行业，随着“一带一路”倡议的提出，中国建筑企业成为海外投资的主要载体之一，建筑企业“走出去”的步伐加快；另一方面，随着中国改革开放走向深水区，国际、国内的不确定性，使中国经济走向内循环和消费拉动模式；而建筑业既是基础建设层面的主要实施者，也是消费市场层面的主要提供者，更是传导资金投放的重要载体，在国内经济调整中起着重要作用。内外结合的双轨制发展的道路正在铺就，脚踏双轨的中国建筑业所承担的重任更加明显。不管是“走出去”还是“在家里”，以往粗放式的管理都会制约建筑业高质量发展，在当下科技进步带动整个经济增速的时代，国家依然需要建筑业继续担当建设和发展的排头兵，建筑业以科技、信息化和精细化为原动力的改革也势在必行，这是大势所趋，这是历史责任。

但也应该看到，中国建筑业内卷化也很严重，建筑承包的低门槛竞争和层层分包的状况，让承接工程项目越来越难。中小建筑企业和供应链企业面对困难的局面，步履艰难，突破无望。各种矛盾突出、找项目难、找好工人难，企业摊子越铺越大，效益差，负担重，“不干等死，干了找死”的现象严重，直接关系到整个建筑业的生存与发展，也严重影响了国家资金投放的效率与效果，处在改革关键时期的建筑业，如何突出重围，走上一条健康发展的道路，不辱使命，是每一个行业经营者与管理者都应思考的问题。

变革，推动高质量的发展，是建筑业突破的唯一方法。提高建筑技术和信息管理能力，打造以技术创新为动力、以工业化为手段、以智能化为核心的融合发展新型建筑产业是建筑业未来的方向，不断加深建筑业行业垂直应用细分市场的专业应用，不断整合散、乱、差的作坊式的生产方式，不断创新适应当代社会的商业模式，逐步建立一个健康的、可持续发展的建筑生态是建筑业变革的抓手。改革和创新为建筑业带来了希望与生机，建筑业需要变革和创新，需要发展的新动能。建筑业只有大胆改造，进行垂直细分、精细化的管理，才能让所有的建筑业者找到新的位置，焕发出新光彩。这是高质量发展的必要举措，从国家有关管理部门的指导意见中就证明它的重要性和迫切性。

为了深化建筑业改革，加快行业转型升级，国家相继发布了《关于促进建筑业持续健康发展的意见》和《建筑业发展“十三五”规划》，为今后一段时期建筑业的改革发展指明了方向。那就是以绿色发展为理念，以技术创新为引领，以工业化生产方式为手段，以设计标准化、构件部品化、施工装配化、管理信息化、服务定制化为特征，整合投资、设计、生产、施工、运维、更新、回收等整个产业链，实现建筑产品节能、环保、全生命周期最大价值。在可持续发展的同时，加速科技跨越，用发展的理念推动技术的进步，促进信息技术、互联网技术和智能技术逐步进入建筑业。如今，全生命周期的协同平台、BIM等在建筑领域已普遍使用，并成为必不可少的工具。

表面虽然看似精彩，但我们也应清醒地看到建筑业的变革不仅仅是科技进步的变革，更多需要思想的变革。前些年中国建筑业成为基建狂魔，依靠国内强劲的发展动能遍地开花，人们没有意识到退潮以后如何应对，甚至很少去认真思考我们建筑产业的不足以及在快速发展后慢慢出现的问题。施工企业还没有深耕细作的思想，习惯了大手笔的操作，浪费十分严重。一味追求合同额的增加，忽略了企业利润额和经济效益的重要性。企业的良性发展一定是建立在自身高效益和高收益上，建筑企业虽然很重视企业的经营，通过优化报价，经营管理，控制人、机、料的实体支出来最大限度地向经营要效益；但作为提高企业的盈利来源，对工程项目实施过程中的精细化管理要效益则显得束手无策，对于企业而言，开源节流才是利润增长点的源泉，如何深挖施工过程中的每一个价值点，就显得格外重要。

建筑业是个庞大产业集群，如果不能进行根本的改变，就不能适应新经济时代的要求和自身健康发展的要求。但高质量发展需要改变传统建筑业的管理方式和生产方式，建筑业管理者决策者必须正视存在的问题改变低端形象，改变低效率、低效益的现状；加快技术融合、产品融合、模式融合、资金融合的进程；加快施工方式转变，加大专业服务的能力，用科技手段和数字化施工技术推动建筑业高质量专业化总承包方向发展，向着投资+运营方向发展；用跨界的思维细挖行业延展的关键点和价值。新临建的深度挖掘就是高质量发展创新，首先，新临建模块化和装配式特性，特别是轻型钢结构的优势明显，将可以工业化生产的标准产品直接运输至现场进行施工装配，实现了从现场“建造”到工厂“制造”的转变，以标准化订单制造的空间换时间，以保证施工质量，提高工作效率；同时，突出了工期短、施工安全的优势，可以实现新临建生态的全产业链协同，实现线上虚拟建造和线下智能建造的数字化建设。其次，新临建可重复使用的特性，使其具备了运营与长效收益的属性，新临建的运营过程将会是不断延展并且整合其他行业的过程。用跨界的思维，通过运营综合管理平台、商业管理平台、智慧工地平台的应用，让新临建具备了实体+平台+运营的多种特性，推动着新临建生态发生前所未有的变化。

建筑业以“人”为主要生产因素，建筑工人职业化也是建筑业高质量发展不能或缺的变革，推动职业化建筑工人队伍的建设刻不容缓。加大对建筑业农民工向职业化、产业化工人的引导和管理，加大对他们生活、居住和工作的关注，不断满足他们生活和工作的需求，系统性解决他们的生存和生活改善问题，已经是跳出了施工范围的社会问题，绝不是一个简单的施工班组制变革所能解决的问题。建设者在社会中被尊重，在生活中被关心，在工作中被重视，在工地的生活和工作的条件被改善、被提高，这才是最现实、最有意义的事情。

不可否认，中国特色农民工问题，是建筑业改革所面临的最难解决的问题之一，它不仅涉及一个规模达6000万的群体的生存问题，还有税收、医疗、社会保障、工作保险、教育、安全等方方面面，并不是单一用加强管理就能解决的。宏观上他们的生存状态是与社会和谐稳定休戚相关，如果不能得到妥善处理，就可能成为社会问题的隐患。解决这些问题的关键就是解决他们的生活和工作这两个最基本的事情，让他们离开家乡工作能够有稳定的收入，能够享受到和家一样的生活体验，体会到社会的关爱和温暖。

建设者的工作和生活两者密切相关，需要从满足基本需求逐步开始，从日常的吃、住、行做起。“居善地，事善能，美其食，乐其俗”，是所有建设者理想的生活状态，也是社会、企业和用人单位应该做到的一件事。建筑企业作为建设者的就业主体，就应该给予他们足够的关心和爱护，给予他们足够的重视，为他们创造良好的工作环境和生活条件。这是企业吸引优秀工人和提高整个工程项目管理的重要工作，是社会责任和义务。工程项目是承载建设者工作和生活的末端，是企业责任和义务的下沿和执行部门，从自己的工程项目做起，从自己的公司做起，以点带面，对于行业、社会、国家都有重大意义，对整个行业的健康发展起到积极推动作用。只有相关方面都能够投入精力，给予足够的关注和重视，针对建设者生活、居住和工作的新临建整体解决方案就有了用武之地，一路筑服的新临建愿意成为架设在建设者与建筑企业之间的桥梁，成为城市连接乡村的纽带，成为未来为建筑业工人服务的中坚力量。

1.2 新临建创新的意义

长久以来，建筑业在国家的经济建设和发展中扮演着极其重要的角色，是国民经济的支柱产业。建筑业虽然体量庞大，但整体行业地位并不高，很难同信息产业、工业制造业、能源产业相提并论。建筑业整体给人们的印象，更多的是粗放简陋的工地，简单粗放的管理，劳动密集型而且落后的生产方式，低廉的生活工作品质，事故频发，讨薪欠薪，建筑业与它所创造的灯火辉煌的城市显得那么不协调，建设者也没有得到社会各界应有的尊重和关心。

在外界看来，施工环境破旧，生活场景脏乱是工地的写照，流汗、流血带来“广厦千万间”的建设者，让多少有志青年望而却步。在城镇化的大背景下，中国并不缺少劳动力，但建设者的社会地位吓退了进城务工人员甚至农民工的后代，他们宁愿做快递小哥、外卖送餐，也不愿意像他们的父辈一样从事建筑工作，这就是当今建筑用工的现状。

毋庸置疑，老一代的建设者由于知识水平限制已经不能适应日新月异的变化，在科技飞速发展的今天，他们的技能明显跟不上技术和工具的进步，年轻的、有知识的、具有较高职业技能素质的建筑工人严重缺失。表面上热闹非凡的建筑业，用工荒现象越来越普遍，用工荒不是荒在劳动力缺乏，而是荒在工人技术技能和职业化素养低，缺乏职业化工人的现实正在影响着建筑业的健康发展，建筑业呼唤职业化建筑工人。

建筑施工始终围绕“人”“机”“料”“法”“环”五大要素展开工作，不论工程的性质和规模，只要协调和解决好五大要素，工程项目基本上就没有问题，这是业界几十年来的管理方法。在施工的五大要素中，人的因素最为复杂也最为重要，不论科技如何发达，建筑业改变不了劳动密集型产业的特征，离不开“人”，这是不争的事实。对比发达国家建筑工人的高收入，平等的社会地位，中产阶层的生活待遇，我们存在明显差距。主因还是自身对“人”没有给予足够的重视，在企业经营管理中，鲜有用人力资源思维予以重点关注与培养使用工人的做法，在管理者眼中，“铁打的营盘流水的兵”，建筑工人仅仅被当成一种普通生产工具而已。欠薪、讨薪层出不穷，重典之下频发的事故背后，哪一个不是轻视他们的尊严，忽视他们的生命造成的后果？

建筑业的高质量的发展要从提高建设者职业化水平上入手，技术进步离开了高素质的工人，就无从谈起。我们缺少技术学院、社区学院毕业生直接进入行业的体制，缺少接地气的职业化教育和职业培训体系，缺少现有建筑工人成为知识型职业化建筑工人的通道。一句话，不重视建筑职业化教育、职业教育理念的畸形、观念落后是造成今天这种局面的主因。我们看到的一边是大学毕业即失业的现象，一边是可以达到中层收入水平的职业建筑工人门可罗雀，对比的结果是值得我们深思的，也是必须改变的。职业化工人到底从哪里来、谁出钱培训、如何管控他们的流动，是最需要解决的难点和痛点，是摆在政府、企业、个人面前的一道难题。现实的职业教育处于一种高不成、低不就的尴尬境地。而从现有农民工培养，让现有农民工成为独立的、技术水平高的、职业素养强的专业建筑工人；从职业院校培养专业的技术工人（忽略掉那些所谓的大专，本科文凭），培养农民工子弟接受职业化工人培训；为不能就业的大学毕业生提供职业化工人的再教育，帮助他们成为有一技之长的职业化工人不失为一种国策，这种做法在发达国家已经得到了成功的验证，从业务上帮助职业化工人成立专业作业小组，成为可以稳定就业的自雇形态，不仅解决了用工难、用工荒的难题，还解决了高素质人才的就业难题，同时形成良性循环正向带动社会向职业化体系迈进。发达国家经验和走过的道路告诉我们，很多知识性人才或大学毕业生选择职业技术学院接受再教育，完全可以成为蓝领中的佼佼者，而不用天天拥挤在那些偏离需求的赛道上。

中国建筑业存在自身的特点，工程分散，人员流动性大，加上建筑工人来源于经济相对落后的人口大省，确需从国情出发，实行劳务基地建设的尝试，不失为一种方法。职业化技能和素质较高的工人出现，为建立建筑专业承包和专业服务两大体系奠定了基础。国外先进经验告诉我们，工程建设依赖于建筑承包商的专业管理能力与高素质的职业化工人队伍，是有利于工程质量提高、安全事故降低、企业获利润能力增强的。

我们承认社会存在对建筑业的认识偏差，但我们不能认同社会的这些偏差。社会分工不同、工作性质不同，不能成为形成这种偏差的理由。建筑业者需要觉醒，需要努力，需要自强。社会形成这些偏差的认识源于他们的观察、体悟和感觉，我们承认工人素质和技能不足，我们承认施工环境不好、建设者生活环境不舒适，我们承认还没有一套系统解决和保障建设者最低生活的措施，我们也承认建筑工人距离城市社会其他职业乃至工厂工人的差距。这些建筑业存在的顽疾我们需要变革，需要从现在开始下决心改变，而不是随波逐流。自信、自尊、自爱、自立的职业化、产业化建筑工人体系，是国家提出的建筑业未来发展的主流，也是我们努力的方向。建设者应该为改变这种落后的生产力和生产关系矛盾奋勇向前，推动建筑业细分市场的变革，这是我们的责任和义务，责无旁贷。

建筑业的高质量发展离不开优秀的建筑工人的职业化队伍，建设者的职业化更离不开生活和工作条件的改善，离不开与之配套的生活、居住和工作一体化服务。以建设者为服务对象的工地新临建运营，就可以形成一个闭环的良性发展生态。新临建业务追求的终极目标就是“仓廪实而知礼节”，让所有建设者“居善地，事善能，美其食，乐其俗”，这也是一路筑服努力的方向。

变革和改变不能只是停留在口头上、纸面上，而是需要落实在行动中，做到“知行合一”。我们知道，所有改变都是一个极其复杂而又艰难的过程，由于地区之间发展阶段的不同、地域文化的不同、工人个人的要求不同，从诸多头绪和条件中找出解决办法也是一件困难的事情，建筑业需要变革的东西太多。从哪里入手解决是我们面临的首要问题。高质量发展需要用创新的思维，改变施工现场的工作和生活条件，改变与人休戚相关的工作和生活环境，改变工人的基本需求（吃、住，用），提高他们工作和生活的归属感与自豪感，就可以改变他们的工作状态和生活状态，可以提高劳动效率，提高安全生产的水平。所以，将建设者的所有需求综合解决，也是促进建筑业制度和方法的变革。

工人工作、居住和生活，是建筑业配套和支持服务的永恒话题。现实状况工人居住的临时建筑设施差，工人被动接受硬性安排，丝毫没有选择的余地，例如餐食服务便是以吃饱为要，无标准可言，工人花自己血汗钱而几乎得不到任何满意的居住和餐食服务，即便他们从内心中想选择更好的条件。究其原因，主要是资金、价格、服务三大问题，之前并没有好的商业模式解决这三大问题，老套的管理模式消耗了大量的资源。

目前，工程大多采用的是以包代管的模式，几十年从未发生过变化。一边是工人强烈改变生活质量的愿望，一边是用人者（总包或劳务企业，包工头）节省费用获取最大利益的行为。由于工人的弱势地位，所以即使国家三令五申要解决这些多年形成的顽疾，但模式的缺失无法从根本上改变建筑工人生活质量，这也是建筑业存在的最大症结。装配式、工业化、信息化手段可以解决施工生产效率，但改变不了建筑业劳务密集型的现实存在。虽然国家意识到用取消劳务资质和班组化作业方式可以解决劳务用工层层盘剥行为，但最终无法改善工人生活条件，这些只能寄希望于企业自发意识的提高。

不可否认，很多有实力的企业、有见识的领导在改善建筑工人的生活和工作条件，改善临建设施上所做的努力，但如果没有一套新的商业模式来改变价值体现和降低成本，一切都会因无法推广而毫无意义。新临建整体解决方案让有识之士看到了希望，新临建的商业模式从业务上整合了那些被浪费的资源，为企业、项目和劳务工人管理提供了一条全新的商业化路线，这是一个创新，是让企业不多花钱、还可以挣钱、同时让工人得到实惠的多方共赢的创新商业模式。

1.3 新临建创新的8个外部条件

1.3.1 产品支持条件

（1）可以快速搭建、拆除、移动、周转重复使用的装配式非永久性临时建（构）筑物单体产品，如集成式箱式功能房。

（2）符合建筑业高质量、可持续发展的，具有绿色、节能、环保的模块化产品，如垃圾处理、污水处理、太阳能照明灯。

（3）可以连接智慧工地、智慧城市的，具有信息化、智能化、感应感知、数据收集的，可以通过5G、互联网、物联网技术进行连接、控制的，利用特定平台进行交互、传输和管理的，具有大数据功能的集成产品，如劳务实名制集成产品。

（4）具有模块化、可以拼装的其他辅助设施，如区域小型综合管廊、临时水电、污水处理、拼装道路、装配围挡、CI等临建设施单体产品和以这些要素而建设的工程办公、生活和辅助生产的空间载体和保障设施。

（5）具有智能化管理的机电一体化配套设施。

1.3.2 服务支持条件

（1）社区化服务体系服务。

（2）物业化管理服务。

（3）中央厨房配餐服务。

（4）餐食配送服务。

（5）综合商业销售服务。

（6）文化娱乐服务。

（7）第三方电商接入服务。

1.3.3 运营支持条件

（1）新临建运营产品。

（2）新临建资产和综合体。

（3）新临建运营管理。

（4）新临建产品供应链和服务供应链。

（5）新临建运营平台。

1.3.4 资金支持条件

（1）前期导入资金的服务。

（2）新临建专项基金的服务。

（3）其他垫付资金的服务。

1.3.5 融投管退金融产品的支持条件

（1）现金流账期等额付款产品。

（2）新临建资产保理业务。

（3）资产证券化金融产品。

（4）资产类项目前置融资工具。

1.3.6 生态理论的支持条件

（1）新临建生态的建立。

（2）生态建立的条件。

（3）去乙方心态和去乙方化。

（4）生态闭环。

1.3.7 模式创新理论的支持条件

（1）新临建高质量发展模式。

（2）创新发展模式。

（3）降维竞争模式。

（4）融合发展模式。

（5）竞合发展模式。

（6）平台思维发展模式。

（7）专业化发展模式。

（8）快速复制模式。

（9）联动发展模式。

（10）轻资产模式。

1.3.8“以人为本”的职业化理论的支持条件

（1）职业化工人教育与培训思想。

（2）职业化工人专业班组思想。

（3）职业化工人特色服务思想。

（4）三位一体人才培养思想。

（5）互联网职业化工人平台。

从上述构成新临建理论的8个支持条件可以看出，新临建的概念不是单独的产品，而更多的是产品、服务、运营、资金、金融、模式和方法的组合，是一种融合发展的组合。新临建将施工生产和辅助性、保障性工作进行分离，让施工管理者关注生产和经营主业，不仅可以减轻工程管理的难度，也有利于精细化管理方式的实现，让施工过程向高效率、高质量的管理方向转变，专人做专事，工作和保障两不误，符合未来建筑业高质量发展的方向。

新临建为施工现场管理的支持和服务是全方位的，它提供了一整套完整的新临建工程解决方案和资产管理方案，提供了临建从设计、优化、采购、建造、实施、交付、运营、维护、回收、再利用的全过程标准化操作方法，为企业和项目在工程前期资金垫付、账期金融服务、租赁、资产运营提供帮助，并且为有需求的新临建客户提供综合运营平台的支持，提供新临建供应链支持，提供互联网劳务用工精细化管理支持，提供社区化和物业化服务支持，提供企业自建新临建全生态体系的建设和区域性建设者营地的支持。

新临建整体解决方案的出现是业务成熟的标志，它的工地外扩展应用，使为城市建设者提供半封闭集中管理社区和服务成为可能。城市运营中的建设者生活、居住和工作，是政府服务职能的一部分，新临建综合运营与社会治安、卫生防疫、社区健康、社区人文的功能结合，构成了为城市建设者提供的短期租赁综合体——城市建设者之家的主体。运营这种综合体，不仅为政府解决亟须解决的问题，也是新临建为社会稳定、和谐发展所做的贡献，是实现全面小康社会发展目标、实现社会公平发展、共同进步、构建人类命运共同体的一项重要工作，是未来各级政府解决城市外来人口最为经济和便捷的选项之一。

各种形式的新临建综合体是轻资产运营的主体，是构成资产管理平台的基础，是将资产、产品、服务和金融联系在一起的纽带，是企业、项目不可缺少的桥梁。新临建是构建建设者生活、居住和工作的平台，是职业化建筑工人用工和精细化管理的平台，是未来职业化工人社会保障、保险、安全、职业化培训的综合服务体。新临建是建设者营地、城市建设者之家的基础，是解决建设者在城镇化过程中过渡的有效手段，是构建和谐社会、共同发展的重要组成部分。以理论作为新临建业务构成的基础，使得新临建站在行业变革的顶端，站在需求侧改革的前沿，站在未来建筑业高质量发展的排头兵位置。毫不夸张地讲，其具有传统产业变革榜样的意义。

1.4 新临建概念创新

1.4.1 基本概念

1. 什么是临建？

建筑行业的人们对传统临建并不陌生，如果让一个人描述它的内容，可以肯定都能够说出它的每一个细节，尤其是在与生产施工相关的临时设施的应用和功能上。临建是为保证施工生产正常进行而临时搭建的各种辅助建筑物、构筑物及配套设施，通常在查询相关词条时也是这样描述。它的属性是施工生产的辅助和支撑，无论是办公、生活和保障。重提这个概念是希望清晰解释它的作用和功能，因为在第四次工业化革命和数字化大潮中，在向需求侧转型的商业社会中，传统临建面临改变，从单一的实用功能变为带有运营服务功能的新形式，将以一个新的创新姿态出现，被赋予一个新时代的名词——新临建。

2.什么是新临建？

就像新零售、新基建的概念一样，新代表着一种新兴事物和新型产品的出现，也代表者一种新思维和新模式的诞生，代表着一种同旧的决裂，一种新观念的树立。新临建是数字经济时代，建筑业垂直领域应用发展到一定阶段而成的新观念、新概念。新临建不仅是传统临建在新技术、新思想、新产品、新服务基础上的跨界应用，而且是一种具有运营属性和金融属性的产品与生态形成的新商业体系，更是建筑垂直行业应用形成的新的专业分工，它不同于传统临建仅仅是产品使用和辅助施工的功能，它更具备扩展到其他领域作为短期租赁性社区为外来人员提供生活及工作的整体解决方案。看似概念字面单一，其内涵是丰富的，是跳跃出单一功能性建筑范畴而又以运营型建筑展现在人们眼前的实体、平台和服务的综合体。新临建不是单一产品的概念，是一种趋势，代表一种在多种用地性质下建立的一种解决人们短期生活、居住和工作的运营方式，是对城市外来人口临时居住的管理和服务方式，是当今城市运营保障性居住的一个补充。

新临建是以创新理论、创新思想、创新产品、创新模式构建的，跨行业、多维度的全新商业机会。新临建的创立是在建筑企业工地临建应用的基础上，在信息技术、金融产品、运营服务的加持下，围绕工地建设者生活、居住和工作整体解决方案建立起来，并且不断拓展到满足整个城市建设者的相同需求应用。突出以建设、运营、服务为主要内容的商业服务体系，突出以建设者生活质量改善与工作满意度提高的半封闭综合性社区形态。在新临建建设上则是完全利用工业化制造的模块化产品，加上物联网的感应感知，利用其他科技手段进行智慧化、平台化管理，使其同智慧工地、智慧城市相适应，构成了一个无死角的全新数字化应用。新临建模块化产品的利用，具备在轻资产运营框架下资产重复利用和运营的条件，是未来构成建筑工地临建资产和工人营地资产的主要形式，并可以将其形态和业态延展应用于社会各个领域。

新临建不是单一产品，而是产品、服务、运营的融合，是工地建设者和城市建设者生活、居住和工作整体解决的方法，是创新的应用和商业机会。

3.新临建概念的提出

新临建概念的提出，源于多年建筑从业背景和长期一线施工管理工作经验，源于工程施工中临建工作难痛点的感受，源于十年来在建筑信息化产品的开发研究和工程实践，源于在建筑业服务中对建设者的了解，源于包括我们作为项目管理者自身对于临建散乱杂问题解决的渴望，源于对建筑业变革和高质量发展的信念。在不断的实践过程中，特别是雄安建设智慧化规划中对于建设者营地概念的提出，我们走出了局限在单一工地服务的应用，逐步扩展到建设者集中管理营地和城市建设者之家概念，让新临建概念同地产、金融、资产运营融合发展，进一步扩展了新临建在短租公寓市场的潜力。不论是什么方式的新临建应用，新临建的核心和本质都是新临建综合体的建设及运营。

新临建的概念还来源于装配式模块化产品的不断推出，来源于信息化手段的连接，来源于施工工程的复杂的后勤保障体系服务需求，来源于临建工程项目承接、经营和实施完成过程资金垫付的难度。正是这些条件的不断出现，才让我们看到了整体解决这类问题的可能性。我们知道在工程项目的市场竞争中，企业为取得一个工程已经付出了很大的精力，工程开工前项目部从组建团队、组织施工、过程管控、核算成本、完工交付往往要面面俱到，这是一个很长时间的、耗费很大精力的连续性工作。在施工过程中，多条件协同、多因素制约，特别是人的因素非常难以控制和解决。项目部的注意力不仅要放在施工生产上，还要放在后勤保障服务上，不能长时间聚焦生产。在开工前期，还要为开工前的资金发愁，大多数项目部的情况都会是这样的，不断重复着完成这些费事、费时、费钱、费人的工作。这样，生产和生活管理混杂在一起，使得项目部通常规模扩大。以一个10万m^2的工程项目为例，有的项目部管理人员要达到五十人之多，最少的项目管理人员也要二十几个人。本来项目的利润就不高，人员数量增加，工资薪酬不断上涨，管理费用的压力之大可想而知。还有就是临建浪费，存在“开工买时都是钱，完后扔时都是垃圾”的浪费现象，让人痛心疾首。作为资深的工程项目管理者，我们在工程管理的实践中感同身受，一直在思考以下问题，并且渴望得到肯定的答案。

（1）能否将工程临建作为一个独立的工程辅助设施综合体建设，就像商业综合体一样进行规划设计建设，减少使用中的改变？

（2）能否有一家像工程EPC一样的企业，专门开展临建总包及前期的工作？帮助企业或项目从前期设计，资金筹措、建设、交付，运维一条龙服务？

（3）能否在不增加成本的情况下让工地的生产、生活环境得到改善和提高？工地优美、整洁、有序？

（4）能否在不增加成本的情况下，通过购买服务的方式把现场人员的生活管理起来，让项目部减少管理人员，节省人力成本，专人做专事，项目人员专注施工生产？

（5）能否通过第三方为工地提供社区化、标准化的后勤服务？省事、省力、省钱。能否替代大劳务单位的管理职能，让工地工人生活质量改善？让工人吃、住、行、娱满意。

（6）能否帮助对工人的安全教育和素质教育，培养安心扎根工地的主人翁责任感，帮助工人提高效率，降低安全隐患和风险？

（7）能否让数字建造、智慧工地、系统、软件工具在临建建设中就规划、设计好、使用好，使用中有专门人员对这些设施进行维护保养，以至于提供智慧工地管家式的服务，让项目部省去找人、培训人的过程，让科技发挥最大的作用，让项目在科技创新应用中使用更简单、更直接、更高效，免除项目完工后人员的去留难题？

（8）能否在将来将工地工人的生活、居住和工作等相关事情都由专业的第三方平台来做，提供劳务外派、劳务管理和劳务外包服务，总包只负责承接工程和管理工作？

（9）能否让临建成为资产重复使用？不仅为企业或项目带来二次收益，减少浪费和成本摊销，使得工程增加效益，提高利润率。

深入思考这些看似普通而又实际的问题，作为建筑科技工作者和工程管理者，我们开始尝试寻找它的答案。从开始定位于为建筑企业劳务工人的精细化管理工作逐步向劳务整体解决方案扩展，在产品上也逐步从现场人员管理系统和企业劳务资源管理系统的工具，开始向集成式、模块式、智慧化、工业化临建产品扩展，从单体产品逐步向运用产品扩展。在市场应用的实践中，我们认识到单纯的技术手段只解决了工作中的一部分问题，劳务工人的生活难题并没有得到根本解决，工人的工作和生活是一个相互联系、相互促进的共同体，缺一不可，解决这个问题超出了技术和产品的范围，应该用更为高端的思维和思想，集合更多的技术手段和科技手段，融合更多的运营、服务、金融、供应链资源协同发展，结合商业模式、市场本质、营收和现金流产生、生态发展整体解决。为此，我们成立了新临建研究中心，由资深项目管理人员、劳务管理人员、运营和服务管理人员以及技术开发人员组成的联合小组，开始进行规划、定位和综合研究，逐一解决一直困惑在心中的那些疑问。我们从临建的细分工作开始入手，从施工区域的细分规划开始，从管理者需求分析，从工地人员的需求分析开始，从工程的每个阶段临建的不同的特点和属性，每个产品不同的用途开始着手，一发而不可收，提出了新临建的概念。

2017年，无人化销售末端的新零售概念给了我们启发，在细分工人生活需求的时候发现工地的低端高频次的刚性需求，高频次消费是现代商业活动中最具优势的潜在机会，我们意识到为工地建设者服务是个还没有被开发的蓝海市场，需求多样性、用户多样性和高粘结性三个基本要素的叠加，更加坚定了我们全力开拓新临建综合体应用的决心，同时明确了我们未来的发展方向。专注研究施工现场与人相关的各种机会成了我们主攻方向，建立以劳务工人的生活、居住和工作综合解决方案成为我们发力的关键点。我们清晰地认识到，原先立足的建筑业信息化领域的产品，由于行业的特性，很难出现规模应用的场景。况且，有些应用本身就属于伪需求和伪应用，建筑市场信息化的低端应用不具备支撑我们发展的目标要求。在几个重要的应用层面已经形成了以工具类软件应用顶端企业的格局，信息化产品在全国或区域性已经形成了稳定的局面，它们的龙头企业地位难以撼动。在这种情况下很难有更大的技术性突破，也很难再有大规模市场需求出现，技术和市场壁垒就在眼前，我们必须突破，必须突出重围，必须进行战略转移。

战略是企业的生存法宝，调整思维是首要任务。在混乱的建筑市场竞争中避重就轻、避虚就实，与其做那些面子上的无用的工作，还不如利用我们已经具备的产品优势、客户优势、服务优势坚决突围，寻找一条适合我们自身特色的发展之路。从2011年开始就确立了立足施工现场管理的发展方针，致力于劳务精细化管理方向的发展目标，做施工现场劳务管理专家。毫不夸张地说，我们是最熟悉劳务管理的高科技企业，又是劳务管理企业中最懂科技应用的企业，凭着这种先天即有和后天积累的优势，选择突破口和突围方向就比较容易找到，因为涉及建设者的现场管理难痛点很多，融合成为我们的主要思想，服务是我们的目标，则体量足够大，问题足够多，商业模式容易实现，客户需求能够通过供应链体系得以实现的临建工程就成为我们的首选。它具有设计成产业链的特性，是一个能够长期坚持发展的好项目。

认真细致挖掘施工生产中劳务工人的每一个需求，用高端思维解决低端市场需求，用金融方式解决工程垫资难点，整体解决工人生活和工作、居住和餐食标准化，固化在施工保证体系中，用第三方服务解决工程团队的主营和非主营，用共享发展、竞合发展解决混乱的竞争，用流程化、数字化施工解决临建工程的琐碎，构建一个具有标准产品、标准运营、标准服务的全新临建生态，形成局部差异化的优势，就是新临建发展和壮大必须建立的优势。我们开始认识到要解决施工管理中“人”的需求，就需要建立有一定的科技含量、有竞争门槛、体量较大、有整合前景、可以自成体系、可以独立运营的虚拟和实体有机结合的综合业务架构，这种业务架构需要多年积淀下来的能力和资源为基础。2017年12月，一路筑服首次发布公司战略转型纲要并且第一次提出新临建概念，开始构建一个建筑垂直应用新的商业体系，以期解决长久以来困扰在我们心中的那些问题。

三年来，在实践中不断扩展新临建的概念，从最初施工现场的应用逐步到企业级应用和政府层面的应用，从单一的总包方式和EPC方式扩展到了综合体整体解决，从单一的建设加服务模式扩展到了新临建轻资产运营，从单一企业行为扩展到了建立新临建生态体系的平台。通过实践和总结，我们坚信新临建具备强大的市场潜力，不仅因为它是一个千亿级的刚需市场，涵盖了产品、金融、科技、运营和服务的经营方式，涵盖了G端政府、B端企业和C端用户，还因为跨界实体和互联网，是未来服务业发展具有极大发展潜力的行业应用。

突出“以人为本”“为建设者服务”的生活+居住+工作整体解决，突出以服务+资产+运营为一体的商业模式，是新临建的一个重大变革，是一种大胆的创新。新临建通过整合产品供应链和服务供应链，用运营管理平台将整个要素贯穿连接起来，进行分工、协同、管理、运营、服务，就可以形成一个以轻资产运营的新临建巨大生态体系。

新临建和传统临建表面虽然看似相同，但是实际功能和实现方式有着本质的区别，新临建是信息化时代和经济转型赋予的产物，是工业化制造、智能化和社会化应用的产物，运营是未来经济发展的主要模式，新临建是构建数字化施工的物理载体，是建筑产业转型升级，由大做强，走向世界的标志之一。

1.4.2 新临建的刚性需求的深度挖掘

商业社会所有的存在都是建立在需求基础上，需求的强度和频度决定了它的生命力。一个市场巨大的需求一定是高频低值，一定是与消费相关的刚性需求。

（1）工地新临建建设需求、服务需求和工作需求是满足这些必要条件的。新临建的建设刚需表现在新临建是每个工程建设过程中不可或缺的生产辅助设施，它不仅要提供施工项目的封闭区域，为施工项目提供区内临水、临电、道路、消防等设施，还要为参建人员提供办公空间、生活空间，以及吃、喝、住、用相关的服务，是整个工程建设与人的关系最为密切的要素。不论工程的性质，不论工期的长短，建设者的工作、居住和生活都在这里，临建建设是每个工程项目的必要条件，是典型的刚性需求。工程项目一旦确定，临建建设和后勤服务就得先行准备，临建建设就是要为主体工程和项目管理建立好基地，整理好场地，为建设者提供生活的各项准备条件，提供好服务。临建和建设者的工作与生活如此贴近，它的质量和服务直接影响工地的形象。临建的刚需还表现在它的施工全过程，虽然在施工过程中会不断移动，根据场地和使用要求而变化，在工程结束后需要拆除，但可以说临建从头到尾贯穿整个工程建设全过程，为工程项目尽职尽责，发挥着它的不可替代作用。

（2）新临建的生活刚需表现在它的细部运营和服务中，在施工过程中的物业化刚需服务，每时每刻都在发生。建设者的所有需求，无论是生活需求、餐食需求、购物需求、文娱需求和其他需求都在不断出现。只要是与生活和工作相关的需求，都是新临建应该提供的。

（3）新临建的工作刚需表现工人的工作需求，公众调配，工期抢工，表现在工地建设者管理上，劳务实名制的管控，工人任务的管控，工人工时的管控以及与之相关工资的核算、结算，都通过新临建的智慧工地平台、劳务实名制平台实现，是精细化管理的有效促进。

（4）随着施工班组作业化的小型化，旨在为工地建设者提供服务的建设者集中管理营地也就成为建设者运营的刚需产品。

（5）为城市建设者提供的建设者之家也会逐步成为城市外来务工人员的生活和工作的刚性需求。

1.5 新临建理论创新

新临建的理论是在工地需求的不断显现和全面构建可以独立运营的新临建生态体系目标的基础上建立的。其核心和关键就是突出以建设者为核心的C端用户的需求、B端企业的需求和G端政府的需求，同时兼顾产品服务、生活服务、工作服务、金融服务的服务属性，以融合发展、共享发展为理念的创新商业体系所需的各种的理论为依据构建而成，典型的平台、运营、轻资产、职业化、实体和虚拟共生的具有前瞻性的理论思想。是从基本人性需求的“马斯洛需要层次理论”，创新传统行业的逆向思维理论，供应链价值创新理论，共享、共生、共同发展合作的跨界思维理论，客户用户融合发展理论为基础建立的。新临建的理论体系的终极目标就是满足未来建设者不断上升的消费需求以及高层次需求的衍生服务，对于整个新临建生态具有重大意义，见图1-1。

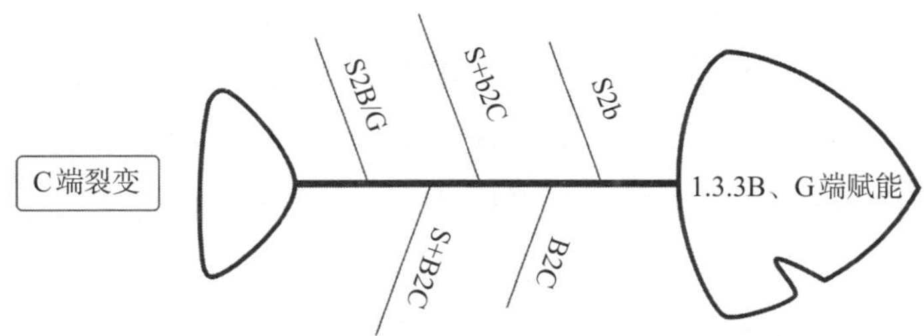

图1-1　B端企业、G端政府需求的赋能和C端“建设者”裂变理论

1.5.1 借鉴互联网概念的客户用户群

这个理论是平台企业S成功应用的商业理论，在新临建理论构建中有着它的特殊意义，新临建业态的现实和新临建生态的结果预示着这个理论的生命力所在。因为它的驱动力是改变点状市场的b端和B、G端的信息不对称和低效率，改变隐藏在B、G端之后大量C端用户的服务的缺失。传统B2B、B2C、C2B对工业时代的颠覆，正是以客户和用户驱动的互联网商业体系的建立。互联网科技经过了近十年的高速发展，对传统行业的商业思想要求提出了更高的要求，平台企业S用较低的成本建立起和B端客户、C端用户的入口，通过运营B端客户，通过服务C端用户，迭代和优化传统商业模式，是时代发展的必然。S构建平台和生态，B、G端提供资源，S+B赋能给新临建供应链b端，让b端发挥服务客户B、G端和C端用户的能力，最大限度地利用B、G端的自带信息和自带流量。筑服新临建就是生态构建者和运营者S，建筑企业是B端，政府购买服务是G端，所有供应链和合作企业都是b端，工地建设者和城市建设者是C端。S2B2C模式成功的理论前提是S创造的价值必须比单独的b端直接服务B端和直接服务C端的价值要大。S平台不是流量入口，而是资源入口，因为S不给b端提供C端引流，也不保证b端的生存，b端需要通过为B端和C端服务粘结流量。

1.5.2 创新实体+平台模式的商业逻辑

新临建的商业模式理论逻辑就是，S构建了大平台，整合了B端和G端的信息资源，帮助B端和G端完成针对C端用户的服务需求，整合各种b端形成供应链体系，通过合作的金融服务一同构成生态闭环，并且进行平台化运营。S联合B、G端对b端赋能，创立S2B2C，S端和b端共同服务B、G端和C端。当b端服务C端的时候，必须依托S提供的平台服务、供应链服务和金融服务。S对B、G端的服务和b端对C端的服务过程是透明的，S参与对b端的服务支持和监督，提供b端服务C端的过程在线、协同、即时工具和平台。

S2B2C赋能和裂变的理论基础的提出，必须是以可以实现为目的的，新临建赋能模式的实现方式有两种途径：一种是从C端入手，从C端入手，比较散，需要培育，启动慢，初期效果差；另一种是从B端入手，从B端入手分享模式，启动快，前期投入小，可以快速引爆市场，形成现金流，但对技术、运营及团队要求高。

前述中我们知道，新临建业务是由工地施工现场临建核心产品延展出的一种综合产品支持下的业务+运营生态平台，具有轻资产运营的属性，这是当今互联网结合传统业务的商业模式中最为有效的方法，也是新临建生命力的所在。生态+平台的实现商业成功的不二法则。一路筑服练就了底层功力后，建立商业模式和实现方式的推广机制，启动整个新临建业务的发展，是理论指导实践，减少走弯路的最好实例。

新临建业务的商业思想的构成就是包装新临建整体解决方案，设计共享盈利模式，B端赋能，目的让伙伴企业具备生态自身盈利能力，最终提升企业市场价值。通过小规模高质量B/G端赋能，在C端进行裂变。

新临建是专业的市场机会，目标是C端，但不是直接去做C端，而是B端赋能，借助B端和整合资源，为C端服务，通过服务切入和引爆C端的需求侧，最终形成稳定的高质量的C端用户。运营B端，服务C端，就是新临建的商业模式思想的基础。

1.5.3 S+B/G赋能

（1）平台工具赋能，这是S提供的一项基本服务。

（2）资源赋能，这是最重要的价值点，提供b端需要产品和服务信息，提供资金配套服务，提供供应链资源支持。

（3）品质保证赋能，S和b端打造共同的新临建知名运营商品牌，打造b端产品和服务品牌。

（4）服务集成赋能，S的本质就是要实现规模化的多协同方参与，共同服务B、G端和C端，所以，S的价值就是构成C端的高粘结度特殊消费群体，实现对B、G端的最大价值体现。

（5）数据共享，在数据上，S具有天然优势，模式决定了b端服务B端和C端数据的沉淀和积累。S利用自身的资源优势，人才优势，投入优势，给b端提供数据的决策支持，见图1–2。

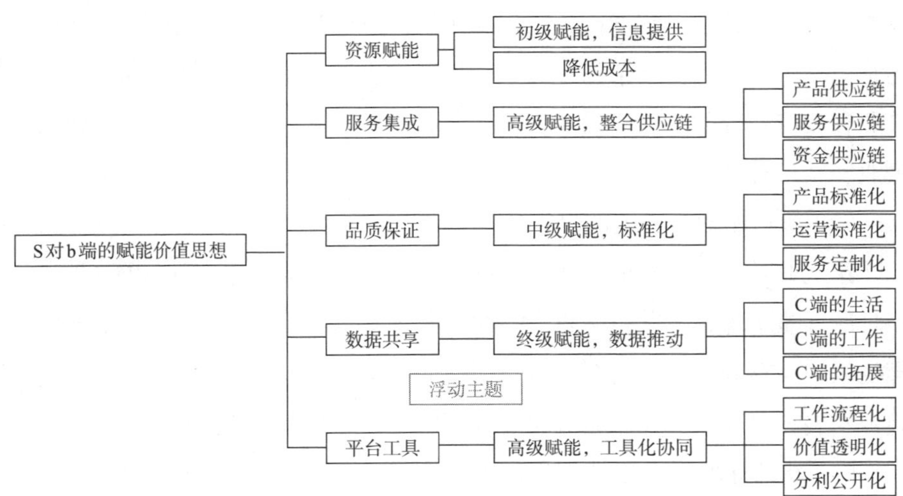

图1–2　赋能价值思想

1.5.4 融合发展的思想创新

1.新临建融合发展的思想

建筑业是经济社会的缩影，既包含了复杂的商业和管理行为，也包含了建设者的生活难和工作难的痛点，这些需要细致解决的问题大多是通过建筑企业完成的，可想而知企业的精力投入和背负的负担之大。农民工以工地建设者或城市建设者的身份进入建筑业或城市谋求生计和发展，他们能否和谐融入是当前以及未来中国社会发展的重大问题，见图1–3。

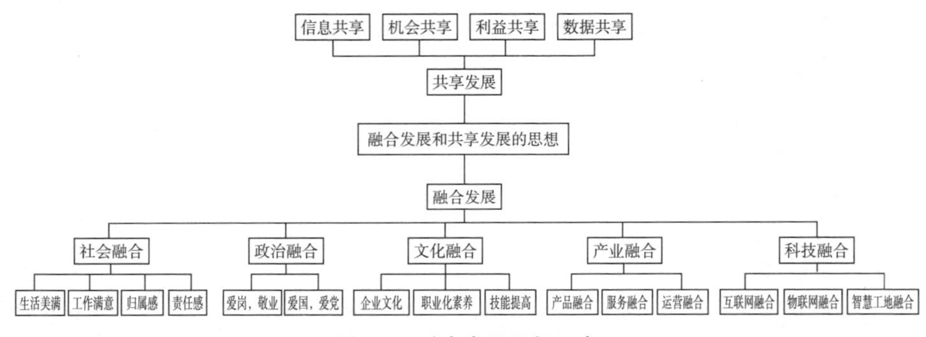

图1–3　融合发展思想示意

（1）首先，从微观层面的社会融合、文化融合，影响工地建设者对企业或城市的感知，融合程度高，工作和生活满意度高，他们对企业或城市的认同感就高，更愿意留下来发展。融合发展的思想就是通过新临建构建一个建筑业和政府引导的工地建设者融入企业和城市发展的直接载体，确保他们对企业和城市有强烈的归属感。

（2）新临建融合发展的思想另一个方面就是经济融合，或者说是商业融合。建筑业是竞争激烈的行业，高度的同质化，形成中小企业发展面临的诸多难题。资源垄断在“巨无霸”手中，行业内卷严重，乙方心态普遍存在，寻找未来生存和发展的机会，就迫使他们必须将各自的优势发挥出来，进行融合发展，着眼于巨无霸无暇顾及或不屑一顾的行业深耕细作。

（3）新临建融合发展的思想还表现在产品和服务的融合，为B端客户服务，为建设者服务，让各个企业形成紧密关联、相互依存、相互促进、高效增值的态势。新临建通过融合发展，使得产品供应商、服务供应商、运营商、资源提供者、生态参与者都能够获益。

（4）融合发展的思想让构建建设者之家成为可能，在城市运营中建设用地是至关重要的因素，为城市建设者提供短期生活和工作的居所，是每个城市摆在眼前的需要解决的问题。在国家新出台的土地政策中，鼓励和放宽土地的用地限制，多种以土地长效收益的机制让建设者之家的建设成为可能，既能够在规划的国家资源的土地外，和更多形式的土地资源方融合发展，不仅为城市配套和运营提供了新的解决方法，同时有力保护土地资源，提升环境质量，促进更好的社会融合发展和社会稳定。

（5）通过互联网和新临建实体的深度融合发展，是建设者日益增长的美好生活需要和现实社会不平衡发展之间矛盾的最佳解决方法，互联网平台和大数据紧紧把握新临建发展方向，让所有参与者做出融合谋划和前瞻部署，利用平台共同分享信息、资金、产品、服务、运营五大要素融合带来的新的发展机遇，共享融合发展的成果和收益，共享健康的、长期的发展红利，共享去乙方心态带来的公平发展机会。

2.共享、共生、共同发展思想

（1）当今共享发展的思想的主旨是社会成员享受社会改革和发展能带来的包括经济、政治、思想、文化等多方面的成果，城乡间利益共享，产业间利益共享，企业间利益共享，群体间利益共享，为共同利益作出贡献的参加者都应该共享带来的利益。

（2）经济社会越来越走向协同发展的道路，这是社会的进步，是人类格局和世界观的进步，任何局限在狭隘思维中的事物都不具有生命力和竞争力，没有格局的行为注定是单打独斗的原始社会，建筑业和新临建业务的进步和发展也一定是这样的趋势。一体化世界格局使得工作分工更加细化，工作任务更加明确，信息更加对称。无论处在什么样的业务体系中，产业链的上、下游形成更强的依赖关系，共享信息、共享市场、共享利益、共同促进、共同发展是大势所趋，无法阻挡。“没有人能够熄灭天上的星星”，这是世界的潮流，在建筑业和新临建业务也是这样，共享、共生、共同发展是未来的主要发展模式，新临建的商业模式应用便是以此作为基础而设立的。

（3）新临建的“三共”的发展模式绝不是空穴来风、凭空臆想的结果，而是处在整个产业的各方求同存异的有机结合。在一个生态体系中，在不同的角色中，找到自己的价值点和需求点，通过共同的努力实现自己的价值，收获自己的利益。共享、共生、共同发展的实现，首先要建立在共同价值观、共享利益的基础上，因为任何一个参与方都得融通在承认和尊重各个利益体享有权利的基础上，公平地惠及各个利益体，实现“三共”的发展。每个参与方的尊严、利益、权益都应当得到保证。作为新临建生态中的最终用户——建设者，更应该享受到通过合作和自身努力劳动而收获的回报。

（4）新临建的共享、共生和共同发展模式就是建立了一个由B、G、C端构成的复杂客户用户群体，他们是资源贡献者，而众多产品供应商、服务供应商和运营商参与其中作为伙伴共同完成整个产品建设、服务与运营的过程和管理，资金贡献者为整个过程提供资金服务或金融产品，促使整个体系中的所有参与者共享信息、共享客户、共享产品、共享服务、共享资源、共同发展、共同获利。如果没有一个“三共”的商业模式，每个企业都是个体，任何一个新临建项目都是相同的挑战和艰难的选择，根本没有规模效益和规模化的可能。我们不能否认，所有的参与者都具备共享、共生、共同发展的思想高度，也不会具备相应的文化和观念的认同，他们在狭隘的思维模式下会认为共享就等于将自己的资源完全暴露在陌生人面前，毫无秘密可言。另一种情况则是他们打着共享的幌子，盘算着个体的利益得失，这种格局和眼界的局限注定最终被社会趋势淘汰，因为他们会故步自封，不可能和时代同步，而被时代的步伐淘汰。

（5）共享发展最大的优势就是解决业务的地域局限性，现在很多建筑企业在全国开拓市场，在不同地区展开经营活动，项目遍布各地。新临建单一的供应商和服务商和优秀的合作伙伴无法伴随项目属地展开。项目区域经营模式，对于大型企业尚且能够应付，但对于弱小的新临建产品服务企业无论如何也无法做到。但是，丢掉好不容易谈来的客户又是损失，何去何从，两难的选择。有了共享发展的模式像这样的问题就会迎刃而解，破局之路就是新临建的生态体系，充分发挥平台的作用，充分发挥企业各自的信息优势和产品服务优势，用共享合作的方式解决不对称的信息和工作。在统一标准的情况下，利用平台优势、生态优势解决各自企业间的不足和短板，突出各自的竞争优势，确保合力，应对市场的冲击，提高资源利用效率，共生共赢。提供资源被别人使用，也可以使用别人的资源达到共生的目的，可以通过平台规则获取各自相应的利益，同时也减少了行业间恶性竞争的乱局，在竞合中走共同发展的道路。这种方式特别适合类似新临建业务模式，可以做到无缝连接，特别适合新临建提供产品服务的众多的小微企业。新临建的最大的价值就是找到了一条小微企业生存和长久发展之路，当今单打独斗的时代早已成为历史。

（6）“三共”发展是新临建生态遵循的原则，以供应链体系和运营服务体系为基础的平台模式支撑起一个具有科技、金融、资产属性的，可以产生利润和现金流的盈利模式的商业体系。新临建不仅体现了商业既有的价值规律，还创造出一个区别于传统建筑业的，具有千亿价值的新临建细分市场。新临建让所有的伙伴，甚至包括客户和曾经的商业对手一同分享这块蛋糕，共同获利，让传统产业焕发出勃勃生机。

1.5.5 满足人基本需求的商业理论

新临建商业理论的核心构建是马斯洛的“低级需要直接关系人的生存，需要层次越低，潜力越大，随着层次的上升，需要减弱，高级需要出现，必须先满足低级需要”的需求理论。新临建是跨越不同端口客户和用户的综合需求，其核心本质和难点是在B端企业的生产中如何有效解决C端建设者的生活和工作的需求。按照马斯洛理论的四个阶段，C端建设者的需求正是从最基本的人性需求开始的，也是现实中没有完全解决的一个难题。如何解决好基本生活需求，就是新临建最基础的目标。

1.马斯洛需求层次理论（图1–4）

（1）生理需求：食物、水、空气、睡眠、性等，增加工资、改善劳动条件、提高生活舒适度，提高福利待遇。

（2）安全需求：稳定、安全、有保护、有秩序的工作环境，得到稳定的工作，有各种保险。

（3）社交需求：居有定所，有归属感。

（4）尊重需求：保护自尊和受到别人的尊重。自尊可以让自己更有能力，更有创造力。

（5）自我实现需求：追求实现自己的能力或者潜能，并逐步完善。

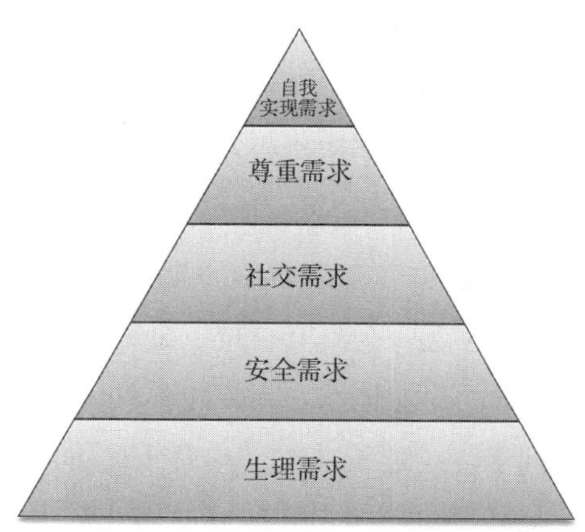

图1-4　马斯洛需求层次理论

2.传统行业的逆向思维理论

逆向思维理论是对政治、经济与社会问题进行反思的方法论，目标是针对当前政治与社会、经济走向而形成的并已被社会公众所普遍接受的看法进行挑战。逆向思维理论是建立在社会学和心理学的规律之上的，是对一成不变的惯用思维的挑战。人从本性上具有“从众”的心理，大部分人的观点往往代表主流观点，专家的观点代表主流观点的从众心理。保持视角的多样性和灵活性，从人性角度和现实角度观察问题，打破循环式的思维模式，从结果向开始推进，从而发现事物的本质的思维就是逆向思维的主要理论。用逆向思维构建传统行业模式，我们发现传统行业都可以重新来过。新临建在所有业内人士眼里是工地施工附属设施的“用”，是工具和保障。而新临建则是从“用”“服务”和需求的角度，从资产运营的角度重新定义它的性质，从资产增值和创造剩余价值的长效机制思考，让企业有机会从精细化管理角度打破常规的认识和方法，构建一个以资产运营角度的临建最大利用价值的优化体系，见图1–5。

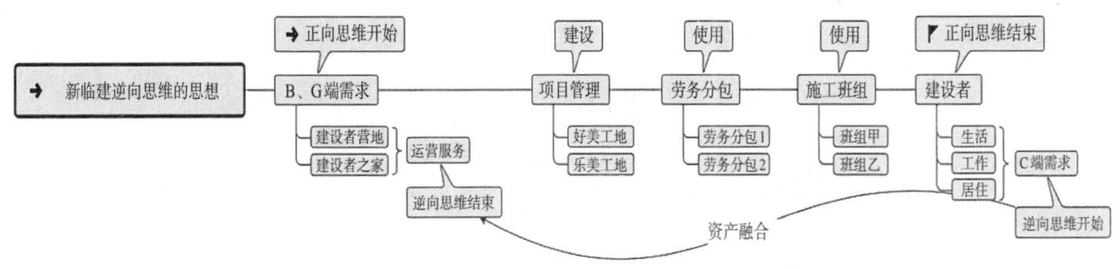

图1–5 新临建逆向思维

3.平行发展的跨界思维理论

用多角度、多视野地看待和提出解决问题的思想，用交叉学科、跨越行业进行合作和整合，围绕新临建这个新事物的特殊属性进行平行发展，从而促进各个跨界行业和新临建的共同健康发展。跨界思维不仅代表着一种发展理念，更是一种态度，代表着一种新锐的商业眼光和思维特质。在高度竞争的社会中，核心竞争力的建立就是能够建立强大的闭环，形成更加经济、高效的商业模式。新临建生态建设就是跨界思维理论的具体体现，具体表现在所有参与方分布在不同的行业，具有不同的企业性质和属性，具有不同层次和种类的诉求。但他们的商业本质都是创造价值，他们都有共同获利的愿望，正是这样的共同点才成为各方进行跨界合作的基础。跨界思维理论的核心就是所有参与方必先拆除思想的藩篱、打破思维的界限，利用各自丰富的经历、丰富的阅历和综合的知识结构、技术的积淀等突出各自的优势，建立强有力、稳定的合作基础，利用商业手段和模式共同促进发展，见图1–6。

4.高质量发展的创新思维理论

中国开启了高质量发展的经济模式，建筑业也不例外。高质量发展的途径就是通过科学技术和管理的进步，打破婆妈圈地式的粗放式发展模式，而进入深耕细作的精细化管理方式。这对于传统行业的高质量发展、改变和创新思维是至关重要的。没有创新就没有未来，这已经是全社会的共识，万众创新不仅仅是一个口号，从国家、企业、个人都需要培养创新发展的意识

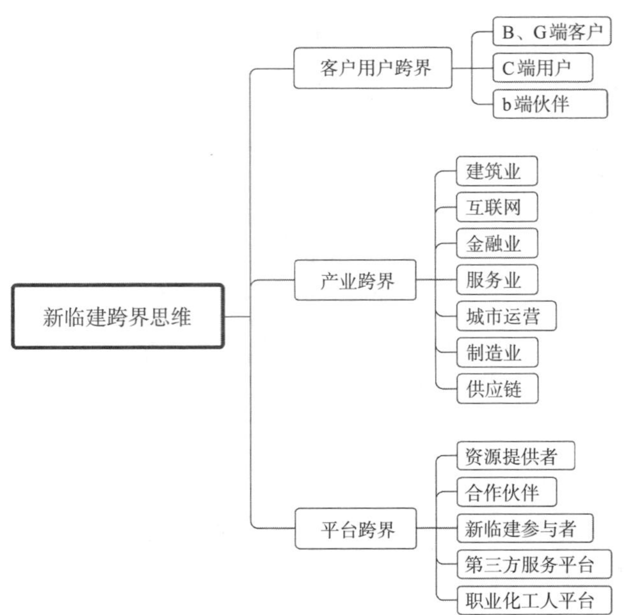

图1-6　新临建跨界思维

和创新能力。创新发展必须具备创新思维，创新思维应该包括原有变革更新、现今发明创造和未来趋势改变三个层面的思想和行动。创新理论是解决问题的思维过程，应该突破常规思维界限，以超常规甚至反常规的方法、视角去认识老问题，熟悉事物的规律和本质。不同于常规手段解决问题，从而产生新颖的、独到的、有社会意义的思维成果。创新思维的本质在于用新的角度、新的思考方法来解决现有的问题。它应该具备敏感性、变通性、独特性、系统性、能动性、差异性。

新临建是传统的行业，是一片散乱事物的组合，新临建产品和服务靠什么赢得竞争先机？靠原来那种维系关系的办法会使得发展的道路迷失方向。新临建的竞争优势的唯一方法就是创新，靠产品创新，靠服务创新，靠模式创新。这种行业的创新思维建立的基础就是行业思想和方法的创新。所以，对于任何传统产业，不论它处在什么样的地位、处在什么样的阶段，不论产品和服务的优劣，如果要保持强大的竞争能力，那么就一定要保持不断创新的思维，这是商业制胜的法宝，见图1-7。

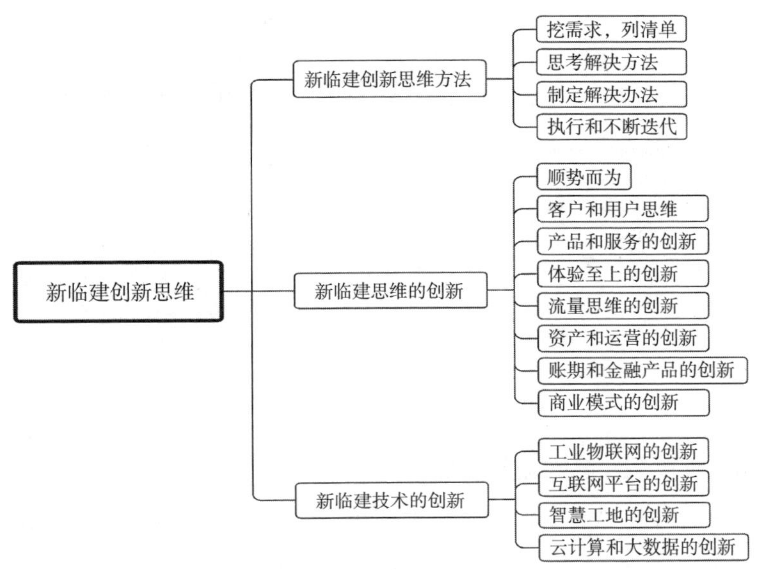

图1–7　新临建创新思维

5.供给侧和需求侧促进理论思想

中国经济的下半场是以提高发展质量为目的，上半场那种产能过剩的情况必然会改变，各个产业都是一样，从量变到质变是辩证法的规律，也是所有事物发展前进的法则。建筑领域也是一样，在30年房地产红利下积累数以万计、数量庞大的建筑企业和与之关联的相关附属和专业施工企业。建筑红利的减弱，基建工程的减少，势必造成市场竞争更加激烈的局面。一大批没有核心竞争力的建筑企业会逐步消失，建筑企业数量会大幅度下降，相反能够生存下来的企业体量和质量会进一步提升。国家提出的供给侧改革就是要改变大而不强的状况，倒逼企业深挖建筑业垂直应用，深挖各种专业的精细化管理，深挖各种新的需求。这种来自外界的强大压力，对于传统行业变革是一个千载难逢的机会。建筑企业和其他附属企业一定要利用一切可以利用的机会，加强企业内功的锻炼，不断找出新的需求，创造新的需求。建筑业内的需求还有很多，特别是新临建产品、服务、运营都是空白，有着巨大的市场潜力，新临建是供给侧的减少和需求侧的增加在建筑业的新业态，它将使得建筑业发生巨大变化，这是大家的共识，见图1–8。

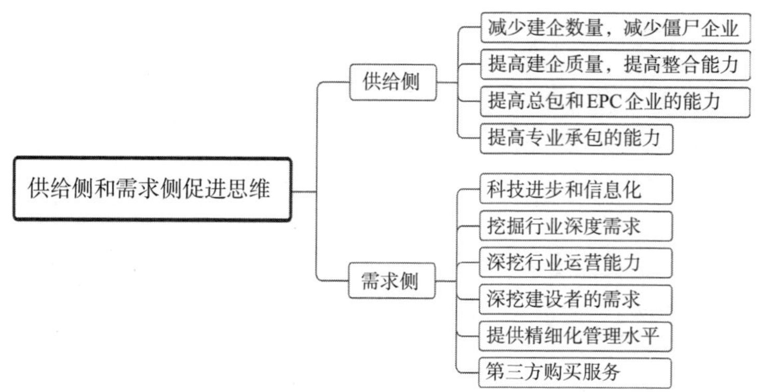

图1–8　供给侧和需求侧促进思维

6. 结构性改革和降维竞争思想

新临建的思想是建筑业的结构性改革，是行业生态的变革。传统建筑业经历了30年的高速发展，虽然专业化水平不断提高，但建筑业形态的大而全的境况没有得到有效改变，长久以来企业背负着很大的负担，特别是低利润的状况没有得到改变。人力成本高居不下，工程效率低下，不能形成最优化的人力配置。项目经理部冗员现象严重。还有建筑工人的职业化体系没有建立起来，建筑工人还大多依靠农民工，整个生产效率处在较低水平。建筑业必须进行结构性改变，大力推动总承包形式的管理体制改革，大力推动专业分包的改革，大力推动劳务专业班组化改革，大力推动生产和保障分离的改革，大力推动建造形式和建造方法的改变，大力推动信息化的改革，这是整个体系的进化。让总承包商更加聚焦工程整体和商务，专业分包的各个专业和班组负责施工节点和末端工序要素，数字化施工节点工序的实体消耗进行大数据的收集和统计，平台进行统一协调，这是在第三次工业革命中传统建筑业必须进行的结构性变革，见图1–9。

图1–9　结构性改革思想

1.6 新临建产品创新

1.6.1 产品创新

新临建单体产品和运营产品的创新是对整个新临建业务体系的又一次细分，主要表现在对产品内涵的不断加深。新临建单体产品按照用户的需求模块化集成设计，工业化生产，摆脱了传统手工业作坊式的生产方式。除了具备很高的通用性和替换性外，还具备工业智能制造和快速翻新的特质。新临建其他辅助性产品也是按照装配式的标准化设计生产，虽然用量不大，但同样具有很强的拓展性。新临建单体产品的模块化和标准化的优势在满足功能的前提条件下，最大程度地方便了安装和频繁移动。此外，模块化与标准化也为新临建重复使用提供了可能，也就使新临建运营得以围绕着服务与资产两条线展开成为现实。

新临建运营产品是在新临建理论的指导下，按照现实工地现场管理的特性和应该具备的保障功能、客户的使用习惯，本着务实、节约的理念综合而成的整体解决方案，不是具体的单个产品的概念。以乐美工地、好美工地、万美工地、建设者营地、城市建设者之家来命名运营产品，体现出对于工地文明施工和建设者心中的美好生活与工作愿望。新临建运营产品是新临建业务的灵魂，是新临建整体解决方案和新临建EPC&O、服务与资产运营整合的结果。其中，前三项是工地施工管理的重要组成，后两项是B端运营和城市运营的重要内容。新临建运营产品的概念在本书中首次提出，带动施工管理向运营管理方向转变，有着积极的推动意义。

1.6.2 属性创新

属性是事物实体的本质以及事物间的关系、状态、行为等，分为共有属性和特有属性。不论新临建还是传统临建，它们的共同属性是辅助施工和后勤保障，但新临建的属性在旧临建基础上得到了最大限度的扩展和延伸，这是新临建整体为适应市场细分后的商业要求与服务要求、运营要求而进行的归类和总结。

1. 辅助施工的属性

新临建将工程建设中主要任务和次要任务的区别第一次用属性区别开来，新旧临建最基本的共同点就是辅助施工的属性，新临建的辅助施工属性有利于项目部集中精力抓施工生产的主要要素，而将次要要素和服务功能交由服务供应商提供，使得项目管理从大而全到少而精，不仅可以提高施工管理的效率，减少人员成本，而且可以变相提高项目经济的效益。

2. 固定资产的属性

新临建的主要构成是临时设施的实体，这些实体按照会计原则有些计入工程成本摊销，而有些则成为固定资产。不管哪种项目核算方式，都不能改变临建重复使用率不高、用后浪费巨大的现状。一般在实际项目操作中，往往项目多为独立核算的方式，资产项下不能做到分摊，利润较高的项目往往希望一次性计入，而利润率不高的项目累计成本的增加让利润减少，项目部在工程结束后经常在一年内撤销，所以新临建重复使用既无名又无实，并且受到新开工项目时间、地点的不衔接，造成临建设施在工程空白期内临时堆放、二次拆装等因素的制约。企业由于不重视和管理细化不够，还做不到公司内部、公司和外部的临建优化调配，所以临建浪费现象严重，这是几乎所有企业的难题。

新临建由于产品的模块化及轻资产运营的特点，在新临建设计和规划阶段就对其属性进行了定义，结合项目特点和工程实际状况，用融合方式为企业或项目设计临建的出路，已经考虑到临建结束后的资产属性和运营协调工作，不但延长了摊销期限，而且拓宽了临建资产的采办方式，拓宽了资产收益的范围，减少新临建成本的投入，让企业更多得到实惠。所以，从资产运营与管理的角度，新临建较传统临建有明显的优势，增加了金融服务产品进入的第三方操作空间，为企业和项目提供了更多的选择。金融服务在开工前的进入，不仅可以有效解决工程前期的资金压力，而且全过程以资产管理的方式，利用自有生态体系和平台集中管理的优势增强临建资产的周转效率，大大提升了新临建资产应具备的使用价值。

3. 空间的属性

新临建主要解决的是建设者的生活、居住和工作，具有最为明显的居住和办公空间的属性。由于工作和生活的不同需求，新临建从产品细分都是按照不同的空间属性进行设计和分割。这样的方式有利于用不同质量的产品，不同的服务需求，不同的运营方式搭配成不同的产品方案和运营方案，更好满足不同客户和用户的要求。筑服新临建首创的四区细分方式，使得新临建在施工工地应用中可以按照不同的运营产品搭配使用，每一类使用最终都可以找到一个最适合的组合，客户从而得到不同的运营和服务。筑服新临建的空间属性在构成城市建设者之家的综合性服务设施中带有强烈的短期租赁居住性质，具有支持用户个性化需求的特点，再结合土地供应方式的不断深化改革，为城市建设者提供一种实用的生活和工作居住空间，是非常有意义的具有巨大商业化需求和价值的产业。新临建综合体的这个属性，让构建一个巨大的城市运营市场成为可能。

新临建不仅取代了原本简单、简陋、僵硬的盒子房，让居住更加贴近人性化，让工作空间更加舒适，让工地现场施工条件、工作环境得到极大改善，而且让工地变得越来越漂亮，让人们印象中杂乱、肮脏的工地形象得到提升。这无疑会改变建筑业的现状，让建筑业保持和时代同步。这种需求的改变体现了新一代年轻化的总包管理团队对工作空间环境的重视，也是他们对除了满足日常办公的基本需求外，对卫生条件、休息条件、娱乐健身条件的一种渴望。新临建的工作属性完全可以满足这种高质量人才的喜好，满足他们对办公室或功能性房间进行各种搭配、配套等个性化的需求。同时，新临建特别对办公区域内的信息化集成给予了足够的重视，具有智能化办公条件的工作空间成了标准配置，施工全区域的网络覆盖，以智慧工地为代表的科技进步让施工管理工作迈上了新台阶。新临建创造出舒心的工作环境和便捷的工作条件，是建筑业高质量发展的明显特征。

在新临建的属性中，为建设者提供生活居住空间和提供日常生活服务占据了很大的比重。新临建的居住空间属性是工作和生活综合应用场景的基础，在满足建设者生活条件下，不断改善和提高建设者的生活品质，不断创新为建设者提供的服务内容，不断满足建设者日益高涨的消费需要成为主要内容。新临建生活区空间还可以成为建设者的职业化培训、安全教育、素质教育、文化娱乐等的教培基地。

4.半封闭管理的属性

新临建的模块化和装配化赋予了它的移动属性。频繁移动是施工中经常遇到的难题。新临建在空间和时间上按照项目的设计进行移动变换，保持所有的系统功能不变，为新临建运营提供了服务机会，突出了新临建的产品优势和资产属性，让新临建的价值从另一个角度得到展现，这种便利移动是它最突出的优越性之一。新临建移动属性最大的价值体现在为城市建设者居住和生活的综合体建设者之家的建设中，它是城市运营的一个重要组成部分。在土地政策的不断调整下，城市外来人口的管理终将是城市管理中的难点，短期打工者的生活和居住如何管理，城乡接合部的城中村模式是不能持续的，为他们建设一个可以负担的、不影响城市规划和土地用途的、临时性的、可以方便迁移的居住性社区是非常必要的。新临建的移动属性满足了城市发展的阶段性需求。

不论工地新临建还是城市建设者之家都应该具备封闭管理的属性，封闭管理不仅是对建设者生活和工作的一种保护，而且是提高城市秩序和安全管理的一种手段。在生活社区内用科技手段，如视频、音频、车牌识别、人脸识别等技术对人流和车流进行统一管理是当今社区管理的主要的方式。在工地半封闭区域内，劳务实名制人员通道管理已经成为工地的必备设施，它解决了工地建设者进出施工区域的记录和门禁限制，是劳务管理和保障施工安全的最好手段。工作区域内，通过限制手段减少外来因素的侵扰，对进入工地人员、车辆进行管控是项目管理最基本的要求。工人生活区采用半封闭管理，有利于对外来务工人员集中管理，减少在工闲时的不必要隐患，是工地管理的重要组成部分。城市建设者之家的半封闭管理还可以减小城市综合治理管理压力，减少公共卫生防疫的压力，具有辅助政务的功能。

5. CI和形象的属性

新临建展现在城市和人们面前的应该是新形象，每个优秀的施工企业都建立了较为完善的、识别度很高的企业CI形象，并且形成了各自独特的一套制度，严格将CI形象应用在施工现场。新临建具备工地CI的属性，它将工地CI进行标准化的固化，在产品设计和制造阶段就将企业的CI标识应用到产品中，按照每个企业的不同系统进行细化。不仅减少了工地CI琐碎的工作，而且减少了一次性投入。新临建生态系统引入CI服务商进行服务，由平台进行体系化管理，在保证高质量产品和服务的同时，帮助企业提高了形象和知名度，为企业节省费用、增加经济效益。有众多新临建工地和城市建设者之家组成的建设新面貌，就是一张张靓丽的城市管理名片。

1.6.3 新、旧临建的四个共性

传统临建和新临建的工作内容基本相同或相似，新临建在产品细分上优于传统临建，增加了运营和服务的综合功能，正是这两种特性让新临建和传统临建在概念上形成巨大的区别。下面，我们就新、旧临建的共性和特性进行简单的阐述。

1.产品内容共性

（1）临时性的宿舍、食堂、浴室、休息室、小卖部、厕所等基本生活设施。

（2）现场临时办公室、会议室，资料室等办公用房。

（3）为工地形象或工法搭建的样板间，工法展示，新材料、新技术应用展示，新产品样板间。

（4）现场围墙，大门，值班岗亭，场地停车设施，自行车棚，CI要求的标牌，旗杆，花坛，绿化，洗车池，消防水池。

（5）工地区域分割的临时围挡，安全防护栏，护头棚，作业棚，材料库，标养室，加工棚，堆料场，垃圾站，现场预制构件、加工材料所需的临时建筑物等。

（6）临时道路，临时给水、排水、雨水等管线，消防水泵站等设施。

（7）临时用电及电力一级站、二级站、配电室、配电线路、配电安全保护等设施。

2.建设方式的共性

工程项目前期都是在围绕着临建所做的准备工作，不论新旧临建，细碎和繁杂是它们的共性，项目团队在临建的操作方法上基本上是相同的，他们的工作流程也基本相似，通常按照以下步骤完成：

（1）由项目经理部技术总工和生产经理、商务经理、采购经理组成临建筹备组，开始各项准备工作的落实。

（2）按照施工组织设计，技术总工提出需求，出图出表给商务经理，商务经理按照分类组织商务招标议标工作准备。

（3）生产经理按照临建图纸组织计划临建施工人员的准备。

（4）采购经理负责材料设备采购的厂家联系。

（5）商务经理按照定标价格和预算费用做出预算表，交给项目经理。项目经理和财务经理统筹资金安排。在临建阶段，工程款一般都没有到位，需要公司或者项目部自行解决工程前期流动资金的问题。临建大多都是存在账期后置和后期结算问题。

（6）商务投标阶段，基本上都是向被邀请采购项的厂家和服务厂家发放临建需求，在一定期限内报价，选定约三家单位参与议投，确定最终供应商或服务商。然后，谈合同，谈付款、账期，谈条件，目的就是解决供货时间和押款问题，签订协议。

（7）开始建设、交付、使用。

3.客户、用户的共性

相同的客户、用户，不论采用何种方式的临建建设，项目作为客户主体是相同的，新临建比较传统临建增加了企业客户和政府客户，工人作为用户主体地位更加明显。

4.价值体现的共性

不论传统临建和新临建，为客户提供的办公和生活空间，辅助生产的价值是相同的。新临建与传统临建相比，在价值点的选择上进行了扩展，为企业、项目增加了价值的更多选项。

1.6.4 新临建的六个特性

新临建作为一个新概念，一个集产品、服务、运营于一体的综合体，一个融合发展的独立商业体系，它的特性是传统临建不能具备的，主要表现在：

1.生态特性

（1）新临建构成了施工管理垂直细分行业的生态体系，除施工生产的要素外所有的服务和保障功能都在这个生态中体现，从而形成一套施工生产和施工保障分离，适合于推广总承包和专业分包施工变革的配套，便于建筑施工企业构建核心竞争力的战略实现，适合于管理型人才优化，人才精炼。新临建生态构建的保障支持体系可以独立闭环运营，提供第三方服务，具有生态特性。

（2）将新临建的标准化、模块化、信息化的单体产品和带有服务的运营产品整合为产品供应链，服务供应链形成供应链平台，进行平台运营，可以发挥生态特性中规模和异地、高效的特长。

（3）工程前期，新临建借助金融服务功能可以对临建资产进行新购、租赁的选择，不仅可以解决开工前资金短缺问题，而且工程结束后还可以对临建资产进行重复利用和代运营。这种生态特性不仅提高了临建资产使用效率，而且还有额外的收益产生。以此而形成的金融服务链，可以保障新临建生态创新模式的不断复制和规模化展开，可以以保证运营综合管理平台方式构建的可以复制的实体+平台闭环运行的商业方式顺利进行。

2.商业地产的特性

（1）以新临建整体解决方案为蓝图的新临建综合体，不仅解决了工地工作和生活物理空间的建设，而且对新临建综合体进行运营，创造出产生现金流的商业活动，让新临建综合体具有了商业地产的特性。工地新临建和城市建设者之家靠着这种特性，可以构建一个固定消费人群的商业体系。

（2）新临建运营产品不同于40年土地使用权的商业地产，属于工程期限内短期的、可以转移到下一个工程的、连续性经营的商业运营。规模较大的建设者营地、城市建设者之家为千人级、万人级的新临建居住和生活服务综合体，有着更强的商业地产特性。新与商业地产的不同点在于可以适应多种土地性质和综合体可以移动性质。

（3）新临建采用的委托建设代运营模式、合作建设和运营模式、资产代管理和运营模式，与商业地产有着相似的操作方式。以这种特性设计的轻资产运营，对新临建生态体系建设有着极大的推动作用。

3.金融服务的特性

（1）新临建被赋予了更多的金融服务特性，用市场化操作，打通项目前段垫付资金和账期之间的瓶颈，为项目解决在建设前期借钱、赊账，后期扯皮的尴尬局面，金融服务特性可以推动新临建市场化的规模运作。

（2）新临建金融服务特性为生态的轻资产运营方式和项目间搭建了稳定的供需桥梁，金融服务的加入不仅增加了临建资产获得方式的多样性，还直接促进融资租赁方式和资产第三方购入租赁的进入，形成了产权和使用权，投资者和使用者不同的有偿需求。为传统产业创造出新的需求，为社会资本和金融产品进入封闭行业提供了途径。

（3）新临建的金融特性改变了临建建设中工程垫资的商业行为，极大地方便了新临建众筹合作方式、专项基金导入方式、模拟股权方式、项目公司融资方式的金融拓展方式，新临建的保理业务可以派生出其他金融产品的衍生。

（4）新临建的金融特性是工地新临建运营产品和城市建设者之家运营中的现金流是保障新临建金融融投管退闭环和资产证券化的基础。

4.科技特性

（1）新临建产品是工业化生产的一种装配式、集成化的产品，具有节能、环保特性。他的工业化生产是工业智能化制造科技发展和应用的成果。新临建单体产品从设计、制造、材料、工艺都是具有建筑技术、材料技术、节能技术、环保技术的综合应用，具有很强的科技特性。

（2）新临建单体产品模块化集成，就加入了施工管理物联网元素的集成，无论是办公用房、生活用房、功能性用房都集成了不同的感应感知模块，根据使用功能赋予了硬件和软件的集成，具有很多的智能化应用。

（3）新临建整体解决方案中技术架构源于4G/5G和WIFI网络技术的应用。新临建综合体的工地生活+工作的空间，是信息化、互联网平台、物联网感知、数字化、智慧工地的应用场景，是智慧工地的物理载体。

（4）新临建综合体将生活服务、信息、社群交互、职业化在线教育、在线支付、文化娱乐、新零售的应用赋予其中，构成强大的网络虚拟世界。

5.运营的特性

（1）新临建的建设和管理方式，带有强大的运营服务特性。新临建运营综合管理平台是解决项目分散、加强运营管理最有效的方式。它支撑着施工生产外所需要的新临建产品和服务。

（2）新临建运营将B端、b端、G端与各种需求联系起来成为一个整体，利用运营特性选定各自需要的服务，获得运营收益、共享收益是所有参与方共同追求的结果。

（3）新临建运营将工地建设者的C端需求和新临建服务有机结合，构成可以社区化的生活类服务体系，产生稳定的现金流回报，具有强大的运营特性。

（4）新临建是工地建设者职业化培训教育最前沿的阵地，设置工人文化站和电教设施，在最贴近他们生活和工作的地方进行现场教培工作，提高他们的职业素养、技能水平，树立他们自强、自立、自信的意识是运营特点的又一个突出表现。

6.辅助政务的特性

（1）构建和谐社会，离不开城市建设者群体。不能安置好这些以亿计的来自乡村的劳动者群体的生活和工作，社会综合治理就不能取得好的效果，这是国家花很大气力着重解决的一个难题。综合治理的难度有相当一部分就是外来务工人员的集中管理，包括治安、维稳，还包括疫情防治。做好城市外来务工群体的维稳和综合治理，不单单是政府的工作，也是企业和用人主体单位的责任义务。

（2）让新临建综合体成为培养建设者爱党、爱国、民族自豪感的教育基地，也是新临建运营服务的一个重要组成。建设者是祖国建设的重要力量，中国经济取得的伟大成就，离不开他们付出的汗水，中国建设日新月异的变化是他们辛勤劳动的成果。通过生活和工作的不断改善，让他们切身感受到国家发展和变化，让他们切实感受到党、国家和社会对他们的关心、关爱，让他们感受到自己在国家建设中的重要作用，对培养他们自信、自尊、自爱的精神，培养他们的民族自豪感有着重要的意义。激发建设者的爱国热情，激发他们主人翁意识和学习意识，激发他们为中华民族伟大复兴的干劲，激发他们建设祖国的豪情壮志，是新临建特殊作用的体现。

1.6.5 新临建独具特色的四个核心

1.独具特色的发展理念

（1）新临建和传统临建最大的区别就是创立思想和理念的不同，传统临建是“用”的思想，新临建是运营的思想。一个是静态的守成，一个是动态的变化。新临建理论思想的创新是基于供给侧改革和需求侧改革的趋势，是基于传统建筑业高质量发展的趋势，是基于现代商业模式融合发展的趋势，是基于共享社会共同发展模式的未来而集资金、产品、供应链、运营和服务为一体的虚实联动、传统与现代联动，是资产和运营联动，是客户和用户联动，是利润和现金流联动，是生态和单体联动，是区域和全国联动的整体发展思想的集成，是商业大格局、市场大布局的战略。新临建独具特色的发展理念通过为建筑业解决建设和保障难题，为城市运营解决外来务工人员生活和工作社区，为工地建设者提供优质的生活服务为出发点，突出为人服务而建立的商业生态体系，是带有强烈属性、特性的平台+实体形态。共享资源，共同发展是新临建创新思想的特色，是新临建业务健康发展的生命力所在。

（2）新临建独具特色的发展理念在微观上不仅表现在为企业和项目节省人力、物力、财力上，而是表现在为企业和项目创新一个新的盈利点，将新临建资产委托运营，将工地资源作为运营元素，企业和项目通过新临建生态获得稳定的、长效的经营性收益。这个收益是在工程收益之外的补充，是精细化管理要效益的管理型收益，是企业和项目向高质量发展要效益的结果。这对于项目管理有极大的推动作用，可以使企业管理水平和美誉度得到提高。

（3）新临建独具特色的发展理念在宏观上表现在对包括建设者在内的外来务工人的独特服务理念和半封闭社会管理理念上。让建设者的生活和工作质量得到质的飞跃，让城市外来务工人员的建设者之家社区高效率运营，让他们的生活和工作无后顾之忧，让城市建设者之家成为不可缺少的城市运营项目，成为城市的另一个特色名片，成为政府综合治理和城市防疫的抓手，成为和谐社会的助推剂。

2.独具特色的产品和实施方式

（1）新临建的产品规划和设计思想的不同，形成了独特的新临建单体产品和运营产品。单体产品的模块化设计、工业化制造、装配式安装，是它的特色。

（2）新临建运营类产品，则是更具特色的单体产品和服务的组合，是轻资产运营的基础和保障。

（3）新临建EPC&O的实施方式，是新临建的一个独具特色的应用。新临建整体解决方案对施工方式进行了改变，单体产品的标准化和模块化特色为新临建设计与施工一体化的实现提供了可能。新临建EPC&O方式，让新临建按照专业分包和集一个个小分包合同与采购合同的传统方式得到改变。EPC模式可以使得项目管理工作量大、时间长、质量难以控制的问题得到根本改善，避免传统施工中的一系列弊端的产生，提高了工作效率，省钱、省时、省力；新临建建设主体责任更加明确，也为日后的运营建立很好的基础。施工全过程通过BIM和数字化施工平台协同建设，比主体施工建设更具优势。交付后的运营和服务是建设基础的延续，一体化建设和运营服务在新临建的应用是极其有价值的改变，为建筑业总承包走出了一条探索之路。

3.独具特色的运营

（1）新临建的运营分为大运营和小运营两类。大运营主要是B端、G端客户资源整合和C端用户的融合；小运营主要是产品和服务b端供应链整合和业务整合，大小运营的特色和核心点是联通各个商业要素，突出投资价值的作用。对不同形式的新临建综合体开展不同的运营，也是一个显著的特色。

（2）新临建运营的盈利方式突破了传统的价差利润局限，更强调以人为本，以用户体验和需求带动的现金流获取，以及账期带来的各种金融产品增值的资本性收益。这在传统建筑业客户和用户思维中系首创。

4.独具特色的区域划分

（1）工地新临建的规划中，筑服新临建对整个施工场地进行了独具特色的功能区划分，分别为办公区、施工区、加工区和生活社区。四个区域既可以相连也可以独立，相连时它们之间用物理隔离的方法分割并且采用门禁管理。这样的划分充分考虑到工地平面布局和未来施工生产、后勤保障的独立性，更利于主要运营区域和管理区域的物理划分、职责划分，做到全局和局部的有效协调。

（2）按照四个功能区的划分，新临建整体解决方案对单体产品和运营产品做了更为详细的分类，并且根据不同区域、不同功能、不同需求的特点进行了产品和服务优化配置，实现了物理空间精细化和后勤保障的精细化。

（3）办公区是项目经理部的中枢，主要的职能是项目管理和项目经营，协同和下达指令，就像总参谋部。它的要求是办公舒适、环境优美、干净整洁、配备设施齐全，需要全物业化的保洁及保安服务、餐食服务和简单的休闲服务。因为在施工的周期中，所有参建人员，不论是甲方、乙方、丙方、监理，其他产检人员都集中在这个区域中。在工地信息化的应用中，多以OA、概预算、招标投标、合约、会议、资料信息化手段等为主。通常，同施工区域连接时用物理隔离方式分开，可以保障其环境和安全。施工区主要是施工生产，是智慧工地的集中应用区域。新临建生产指挥调度中心具有很大的价值。在数字化建筑的热潮中，指挥调度中心是工地各项生产指令、生产要素管理和质量、进度、安全监督控制的中心，也是产生施工数据的中心。它具有一定的感应、感知能力，是施工生产的中枢。加工区不论是现场加工区还是离场加工区，都是主要施工材料和物资的保障区域，是半成品加工以及其他物料集中管理的基地，也是智慧工地物料管理应用的一个重点区域。随着装配式应用的不断扩大，用数字化建造平台将生产指令和工业化制造联系在一起，实现构建的工业化生产。生活社区是后勤保障的重要区域，主要用于建设者的生活保障服务，是新临建最重要的运营区域，新临建的现金流的产生大多来自这个区域。

（4）在整个新临建业务中，城市建设者的家园是运营的另一个重点，后面的附录中有重点讲解。

1.7 新临建模式创新

在新经济、新基建、内循环新发展模式下，中国经济正在发生巨变，建筑业在改变，作为建筑业刚性需求的临建也在改变。以装配式箱式房为代表的新临建被时代赋予了更大的市场机会。如何将客户、用户、投资者、制造者、实施者、服务者、运营者整合起来，如何把电商、物流、配送、教育、资信、社区整合在一个平台上，构建一个新临建商业体系，成为新的经济模式和利润增长点，是新时代赋予我们的责任，更是一次极具挑战的巨大商机。

中国古语："变则通"，变革使建筑业发展进入细分垂直应用阶段，不断创造出新的需求和价值。如果用逆向思维重新认识这些新的需求，所有的传统产业的商业模式，都值得重来一次，这是创建新临建商业模式的原动力。以建筑业为支撑，基于马斯洛理论的基本需求结合高端思维，应用低端市场模式打造出的新临建生态体系，突出了新临建的工业化、信息化、社会化的生态属性；新临建业务的金融、资产属性构成了轻资产运营的核心；新临建实体功能构建了产品和服务双供应链体系；基础运营平台和综合运营平台则构建了一个全新的商业架构。新临建的业务构建顺应了社会发展的主旨，顺应了行业未来趋势，新临建闭环运营构建了一个千亿级的市场需求，具有长期性和广阔的边界效应，经济价值和社会价值都非常大。

1.7.1 商业模式的核心

在了解了新临建核心商业理论与基本架构之后，我们已经不难构思出新临建的商业模型了，它不是一个单纯的一卖一买的商业模型，而是将临建设施与工人从传统的建筑行业中提炼出来，自成一体。在融合了金融、投资、资产管理、电商、社区开发、商业管理等其他行业之后，通过B端赋能，引发C端裂变之后粘结b端的一个全新的商业模型，其特点归纳为：

（1）以G、B、C端为服务目标，新临建为内容、建设者为抓手、实体为载体、运营为手段、服务为价值、平台为支撑、金融为动力的全产业链可复制的共享发展的平台型运营模式。

（2）联合（伙伴）、整合（资源）、共享（利益）、发展（协同）为遵旨，以占据产业链、供应链顶端为目的，以为客户带来最大利益为价值的规模化模式。

（3）以合作开发（G、B端）针对建设者的综合商业体赚取固定利润；通过为G、B端服务（咨询、资产委托运营）赚取佣金；以G、B端赋能（新临建作为工作+生活载体）促使C端裂变，通过新临建运营获得现金流；联合G、B端以金融作为桥梁创造新的利润；通过平台运营获得利润的综合获利模式。

（4）以代理客户临建资产管理，代替客户运营获利和客户分享利益的模式。

（5）通过对产品附以金融、辅助政务等多重属性，使G、B端产生刚性需求；通过工作+生活使C端产生依赖，从而形成黏性客户，同时也吸引b端产生黏性并加盟，实现加盟管理获利，见图1-10。

综合以上，新临建项目最终实现目标：

1）打造城市建设者临时性生活+工作空间，实现高粘结性的平台+实体+社区。

2）新临建的商业概念定义为：全新背景下的商业综合体，通过B、G端赋能，完成C端与b端裂变。

而在此概念上衍生出的新临建商业模式就是B、G端赋能，C、b端裂变的全生态发展模式。这是一个在价格敏感的低端市场用高端思维构建的商业模式，让传统临建B端“不做饿死，做了恶心死”变成过去，用平台思维构建一套可以健康发展的长久性生意，成为一个新兴的生态链，创造出财富和价值。

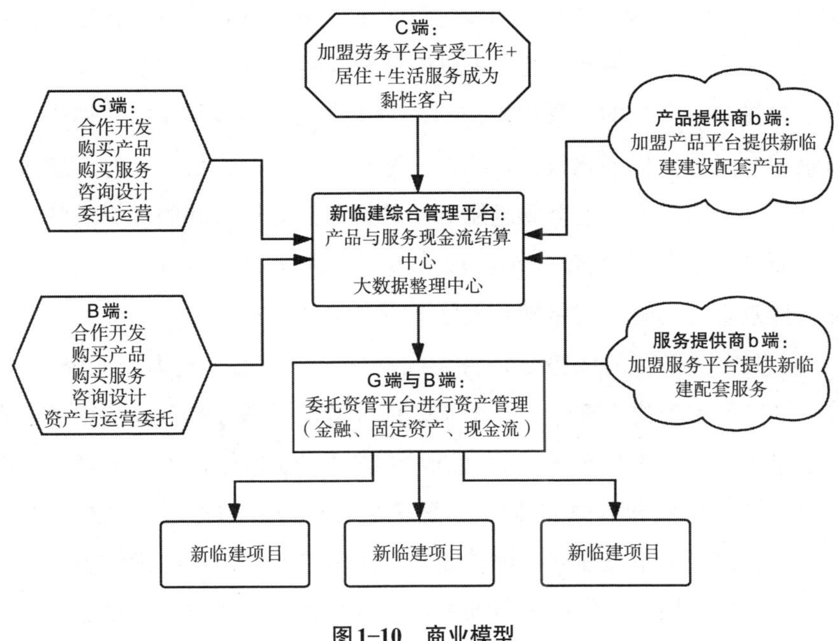

图1-10　商业模型

1.7.2 模式创新的优势

把“新临建综合体建设+运营”与“线下实体服务+线上生活平台”这两种商业模式进行结合，以合作运营的方式实现B、G端赋能、满足C端的刚需，促使C端裂变，赋予b端（服务提供商）点状服务转型与集约是服务的功效。这种B、G端赋能、C端裂变的模式虚实结合，具有较强的开放性、融合性和共享性，可以实现多行业共享发展，对于以资产运营的新临建具有巨大的价值和非凡的意义，具体内容在第5章详细介绍。

1.7.3 平台运营的优势

构建平台战略是新临建发展的终极目标，随着科技水平的发展和资本的进入，新临建的产业地位必将形成。新临建资产化的属性进一步得到释放，新临建的运营管理就是摆在面前的一道难题。

（1）综合运营平台就是基于轻资产运营管理搭建的互联网平台。它发挥大运营的功能，G端（政府）、B端（商业企业）、b端（配件及服务提供商）、C端的信息流导入，在平台上寻求供应链和其他生态企业的配合，同时利用运营平台进行一系列的工具化操作，按照平台制定的规则完成各种协同，完成新临建全过程的标准化设计、招标、采购、建造、建设、交付，进入运营服务体系，形成全面的运营管理服务。并且重点对运营和服务提供数字化的支持。而且，按照不同客户产生的大数据、财务数据进行分析控制，取得运营的最佳效果。同时，按照平台规则进行利益共享和分配。

（2）供应链平台的优势就是将无统一标准、无统一规则、无统一规范、无统一产品和服务集中整合为一个统一标准的电子商务平台，利用平台协同获得信息，平台分配信息至最为优选的几个客户（地点是主要因素，运距的长短直接影响价格和价值的体现），解决短距离服务的难题，达到二次资产优化使用。供应链不是建立一个垄断的市场体系，而是提供优化的产品给广大的客户选择，用最小的代价帮助客户获得最佳的使用效果。临建产品和服务中很多是细碎的工作，利用平台进行交易可以节省时间、节省精力，提高综合质量。其中，还包括许多租赁性质的周转材料，细碎、杂乱，通常很难找到。有了供应链平台，极大地方便了客户做选择。

（3）工人用工平台的优势就在于建立的是互联网劳务平台，具有和产品、服务供应链同样的实体属性，平台成熟度很高。在建筑业劳务实名制应用后，不同于市场上其他的工人平台，我们只要解决的是工人记工和三表合一工资核算管理制度，用工序级的精细化管理打通工人工日和工作的数字化，形成和工人生活、服务相通的、相辅相成的综合管理体系。让工人更好地粘结在平台上，形成稳定用户群，并且不断为工人提供各种便捷服务。

（4）资产管理平台是新临建的一大特色，将新临建作为固定资产进行管理和保值增值是诸多客户的愿望，将二手资产以代运营的方式不仅可以提高临建资产的使用效率，而且利用平台的影响力，优化临建资产的运转地区，缩短二次安装使用运距，减少物流成本，消除资产的浪费，增加资产的利用率，为客户提供稳定的资产回报。

1.7.4 资产运营的创新

新临建商业模式对传统临建进行了细化与专业分工，物业化的管理、社会化的服务、商业化的运营，使其摆脱了建筑施工领域，独立成为新兴行业，并且具有了资产运营的可能，这是符合当今商业社会发展方向的。

在作为轻资产运营商为工地的生产、生活提供了更加优质的工作条件和服务时，它具有了地产属性、社区属性、服务属性、商业属性、特许经营属性、金融属性。这为资产管理提供了广阔的空间，通过资产运营，可以将原来的采购甲方、融资资方等全部变为合作者，这样既完成了自身去乙方化的华丽转身，又可以团结更多合作者，提供更宽裕的资产价值增值空间。

1.资产管理的定义

新临建的资产管理中，依照管理对象的不同可以分为两条线。一条线是因临建本身所形成的固定资产以及由固定资产运营而产生的现金流；另一条线是因新临建项目所产生的资金聚集形成的资金池。这个资金池是具有金融属性的金融资产，在以后的第5章中我们会分别对这两种资产管理做详细介绍。在本章，我们主要对商业模式中固定资产管理的设计方式加以介绍。

2.资产管理设计

以往项目中，通常临建资产定义为短期（3年）的临时不动产，而新临建由于其采用了装配式建筑技术，具有多次重复利用的特点，所以企业进行资产管理，使这些资产能最大化地发挥出使用效益，是新临建资管设计的核心。

（1）主动式。参与开发，和投资人一同出钱（可以用应得利润当成投资），然后开发和运营，和参与方共同创造效益、分享效益。

（2）托管式。新临建使用者或投资方将新临建交由资管公司管理，产权归业主，经营权归管理者，产权方担负一定的管理费用。

（3）混合式。引入建筑商、开发商、金融机构多个B端加入，共同参与资源整合，共享金融资本类项目的运营成果。

（4）电商式。利用产业链优势，分地域利用产品平台采用电商化，在克服人、运输距离成本加大的前提下，重复利用就近解决二手产品，利用资产处置的思维盘活废弃资产。

1.8 新临建应用创新

建立在新临建理论基础上的应用是商业管理的创新，是向质量效益型发展的缩影，是建筑业从传统走向现代管理的必然，是信息化第三次工业革命的产物。

1.8.1 新临建应用的核心

以人为本，为建设者提供满足基础生活需求和精神需求的产品及服务，是新临建发展的核心目标。这不仅需要依据建筑业低端需求的实际情况设计一套完整的产品实现方案，更需要设计一套基于社区化服务的全新服务方法，还要设计适合新临建特点的轻资产运营体系和平台，以支撑这些方案和方法的快速应用。按照上述三种基础设计而产生的新临建综合体整体解决方案，更多的是产品、服务、运营的组合，是客户用户的融合，是资产和资本的融合，是共享发展的生态新业态。建立融合模式下的产品供应链与服务供应链、资金供应链的新临建轻资产运营平台，可以带给建设者居住的归属感、满足感和安全感，能够带来舒适的生活体验和保障，还能为建筑企业带来额外的长效收益，一举三得。得到生活满足保障的建设者将最大的精力投入到工地工作中，有助于通过劳务用工管理平台进行精细化用工管理和劳务实名制，安全教育等相应的配套服务，对于建设者摆脱农民工的标签走向职业化工人有着极其重要的意义，从而构建一个以建设者生活+居住+工作的新临建生态。新临建生态不仅解决了点状、散状产品和服务的融合，更有利于整个建筑业培养建设者的自尊、自信、自强、自立的意识，改变社会偏见，从根本上有利于职业化建筑工人队伍的建设。未来工地建设者的生活和工作将得到最大保障，促进整个社会和谐、稳定的发展。宏观上，把这种模式放大到为所有城市建设者而构建的建设者家园，协助政府对外来人员综合管理和对卫生防疫进行有效管理，解决外来人口务工中的生活和工作难题，新临建构建的城市建设者生活和居住综合服务生态体系是城市运营中一种有重大价值的外来人口管理办法。

1.8.2 工程现场管理垂直细分的应用

垂直细分应用的实质，就是需求侧和新价值链的挖掘与整合。将原来工程现场临建建设中的分散单项产品和单项服务的价值链、供应链与在新临建整体解决方案应用中加以后向整合，将新临建的客户链、金融链和资产管理、运营平台进行前向整合，形成新的需求和解决，形成一个可以独立的新专业，形成一个可以连续运营的带有资产运营和服务的机会，重塑传统建筑业粗放的管理而造成的资产流失、损失和巨大浪费。

经过整合后的新临建垂直细分应用将原本分散的点状需求集中为一个专项应用。这种应用不仅可以扩大新临建标准化应用的规模，更可以稳定关键产品和服务的供给，减少总成本投入，达到节约投资和提高效率的双重效果。因为垂直整合后，企业集中花费时间和金钱比与供应商单独进行交易便宜得多，对增加企业效益有着积极的促进作用。

建筑行业商业环境让普通新临建企业举步维艰，工地临建建设不能成为稳定发展的商业机会，临建产品和服务企业无暇顾及提高产品质量和服务质量。资金短缺、信用缺失损害了企业本身的发展，拖欠拖垮了多少下游企业，他们大多被裹挟在其中，不能置身事外，无法自拔。如果要突出重围，临建产品和服务企业间的业务整合势在必行。在缺乏整合手段和工具时，这种整合是不可能完成的任务。现在情况则完全不同，建筑信息化和互联网为整合提供了便捷的手段，而且信息化工具让不同主体间的交易成本、沟通成本大幅降低。“公司递减法则”非常适合整合供应链上的小规模企业摆脱生存艰难的困局。供应链企业利用运营平台的信息流和资金流赋能，可以增加竞争的能力，多了盈利的手段，也就多了生存和发展的机会。另一方面，新临建整体解决在工地的应用使得整个新临建进入良性循环发展的轨道，这有利于企业去乙方心态和去乙方化的行动。新临建在施工现场的垂直应用还体现了合作资源整合的优势，不仅形成了庞大需求的信息流，还扩大了整体市场规模。规模市场可以吸引市场急需要的资金导入服务，让工程前期的资金困局得以解决，利用外部资金流循环起来，形成正向效果，可以助力企业降低成本、增加竞争性，有利于新临建的健康发展，从而起到规范市场竞争行为、减弱供应链和客户端制约矛盾的作用，使得应用价值最大化。

1.8.3 城市建设者之家构建的和谐发展社区的应用

理论上，构建和谐社会是社会经济发展到一定程度后的必然结果。构建社会主义和谐社会，是马克思主义和谐社会理论在中国的实践。构建和谐社会具有紧迫性和重要性，是执政能力建设的一个重要组成部分，对于实现两个一百年目标和中华民族伟大复兴有着极其重要的意义。我们深刻意识到，中国改革开放40多年的历程中，解决好低端人口的生存问题是构建和谐社会的主要因素，为实现这一点需要调动一切积极因素，提高构建和谐社会的能力，提高驾驭市场经济的能力，增强构建和谐社会的物质基础；提高发展社会主义民主政治的能力，加强构建和谐社会的政治保障；提高建设社会主义先进文化的能力，巩固构建和谐社会的精神支撑；提高应对国际事务的能力，推动和谐世界的构建。

构建和谐社会的核心任务是以人为本、为人民服务的贯彻和执行，只有全社会对构建和谐社会的重要意义有认识、有紧迫感，切实利用相应资源为社会底层人们服务，改善他们的生活和生存条件，构建和谐社会才不会是一句空话。

构建和谐发展是中国社会发展的主旋律，和谐社会的发展离不开各阶层的公平、公正的机会，离不开外来城市建设者的融入。这是城镇化进程中的主要问题所在，也是城市运营中不可或缺的一个重要环节。用新临建整体解决方案和城市建设者之家表面上与构建和谐社会并无实际联系，但不要忘记和谐社会中的最为关键的因素是谁？关键要素是什么？数以亿计的处在社会低端的外来务工人员来到城市谋生和发展，他们分散在城市的大街小巷，分散在城市的每个角落，成了城市的管理难题。从某种意义上讲，也成了城市中最不稳定的因素，这个问题没有人质疑。这些人有自己的诉求和需要，有自己的生活方式，有自己的价值体现，但往往又很容易被社会所忽视。例如，拖欠农民工工资就是一个恶疾和顽疾，甚至一度上升到了需要国家出面解决的地步。外来务工人员按照马斯洛的需求理论，他们最基本的需求还是生存和生活的需要，关键是有工作、能够挣到钱、能够攒到钱、生活有保障，能够得到社会的尊重和认可。在中国一线城市和经济发达城市中，他们寄居在城乡接合部的三不管地带，散乱杂居，是被城市边缘化的一个群体。他们也渴望有品质、有尊严的生活，但由于高房价、高租金、高生活费用，让他们面临去留的艰难选择，政府无暇顾及，急需社会力量协助政府，特别是城市运营公司协助政府解决这个难题。城市建设者之家的新临建正是解决他们基本诉求的一种途径，特别是政府土地多种方式合作运营为这个利国利民项目提供了条件。建设城市建设者之家和谐社区是构建和谐社会的一个大胆尝试，是外来务工人员安居乐业的天堂，也是我们未来的主要发展方向和主要工作，是我们肩负的社会责任。

新临建理论体系的建立和应用，通过全新的角度为建设者生活、居住和工作提出了新的解决方法，这是它最大价值的体现。只有所有参与者能够站在利国、利民、利己的和谐发展的高度，才能让它生根发芽，开花结果。所以，我们一直强调新临建理论体系，绝不是一个单纯商业意义的考量，新临建完完全全是在社会主义市场经济大潮中一个崭新的老业务。随着改革开放的不断深入，科学技术日新月异变化、不断提高，传统建筑业也应该出现这种新业态。跳出传统产业思想的新临建理论提供了一个简单、实用、可快速落地、集中社会资源参与的理想的城市建设者家园，让城市建设者安居乐业，没有后顾之忧，是和谐社会稳定的压舱石。

1.9 新临建生态创新

新临建生态发展的优势主要表现在从客户到用户，从建设到运维，从运营到服务，从资金到金融服务的全生态链的共同参与、共同受益带来的闭环优势。这种优势对促进建筑业的持续健康发展具有重要的借鉴意义，主要表现在：

（1）新临建生态体系首先解决了C端建设者的刚性需求，利用生态的优势为使用与管理建设者的B、G端客户提供了物美价廉的产品和服务方案，不仅让B端客户带着需求成为伙伴，也为伙伴带来客观的商业价值。新临建生态为其他参与者（如产品配件供应商与配套服务提供商）祛除了市场恶性竞争的烦恼，突出了伙伴间的共生和共同发展的竞合关系。

（2）新临建保持着较高的C端获客优势，主要因为它是以人为本，以改善建设者的生活和工作为目的。在价格相同条件下，它的价值比较高。相比较价值时，它的服务好；相比服务时，它的模式好；新临建优势是综合体现的，连同它的其他优势和价值点，集团集采和标准化建设的优势更加显现出来。

（3）新临建生态可以极大地促进施工生产方式的进步和改善，让施工生产和后勤保障分离，为施工生产提供智慧工地和施工现场智能化、信息化、现代化产品三位一体的综合服务，一份钱取得三份服务的效果，这是传统方式不可能完成的。

（4）新临建生态有效推动物业化管理和社区化服务的水平，增加新的岗位和就业机会。不断拓展的服务内容，可以满足建设者不断提高的生活、娱乐、教育、资讯的需求。不断拓展边际效应，不断完善安全、健康、舒适、优质的生活、学习环境，让建设者始终保持良好的工作状态。

（5）新临建生态吸引各个资源方、利益方共同参加，将更多的社会力量整合参与运营和服务，让对手成为伙伴，减少行业乱象，有利于规范健康的市场秩序。这些伙伴利用各自的优势参与解决企业或项目如资金、资产管理的需求，既方便了广大的客户，还进一步提高运营水平和服务水平，减少新临建的浪费，进一步降低费用，增强生态企业关系。

（6）新临建生态将建筑业的人的要素集中处理，有利于建立职业化的建筑工人群体，不仅为走向世界的中国建筑业提供全面支持，也为企业参与更大的竞争提供了保障。“人多好办事”“集体抱团取暖”“团结就是力量”会使得生态伙伴在日益复杂和激烈的市场环境中得以进化和稳定发展，让建筑施工保障体系走向强大。这在本书第6章中有详细介绍。

1.10 新临建的优势

1.10.1 国家产业政策的优势

新临建是建筑业的不可或缺的一个环节，和建筑业相生相伴。多年来，建筑业的落后生产力与先进的建筑科技和管理的矛盾并没有随着产业体量的增加而发生实质性改变，在我国以前建筑业是仅高于农业的产业，建筑业大而不强是不争的事实，生产效率低下，劳动力水平低下和利润率低下是以前多年无法突破的死穴。造成这个结果的原因是多方面的，几十年不变的建筑标准、粗放的管理、职业化工人的缺失、信息化投入不足等都是外部原因；主要内因还是多年建筑业的老旧思想，缺乏创新的精神所致。习惯成自然，守着熟悉的东西不愿意放弃，求变意识的薄弱所致。

这种不求变化的内卷化使得大多数建筑企业没有核心竞争力，严重同质化的竞争使得企业利润率长期徘徊在3%以下，最终严重制约建筑产业高质量发展。国务院、住房和城乡建设部等国家相关部门已经充分认识到了这些问题的存在给建筑产业带来的问题，相继出台了若干政策加以刺激和鞭策。解铃还须系铃人，要想彻底解决建筑业的问题，变革是唯一的方法。需要业界各个层面的领导从思想改变做起，大胆变革以适应新时代的要求。可喜的是，国家主导的建筑业高质量发展纲要和行动已经开始实施，以装配式建筑、总承包管理、资质管理、劳务班组化、专业化、工人产业化机制这些具体而细致的工作入手，强调企业加大信息化的投入，加大高素质管理人员、高素质施工人员的培养，这些有力措施一定会让建筑业取得更大的成绩，同时给新临建带来政策性的优势条件和更大的发展机遇。

市场经济活动中，国家层面的产业政策对于行业的发展至关重要，绝大多数企业都会遵循国家指引的发展路径作出企业的战略调整，用符合国家的产业政策方向对企业的管理、经营、产品和服务进行改变，以契合和适应市场的变化。新临建作为建筑业的垂直应用新事物，它的发展也不例外，甚至比建筑业主业的变化更加明显，改变得更大。新临建在理论上是跨界创新的商业，从商业角度上更加贴近国家需求侧改革的要求和目标，更加注重从运营的角度、服务的角度和挖掘需求的角度走专业化服务之路，这是建筑业改革中没有的。近年来，国家先后对建筑行业相应的政策，特别是以装配式、BIM应用和信息化的应用，为新临建生态和平台的构建提供了坚实有力的工具和手段。新临建创新服务与新临建业务的联动、建设者的生活和工作联动、建筑企业或项目同新临建平台联动，不仅形成了密切关联体、共生体，也为未来的建筑职业化工人群体的形成打下基础。特别是劳务用工的改革推进，智慧工地和解决拖欠农民工工资的相关规定为建设者工作提供了很好的政策支持，最终让新型建筑劳务业态在政策的扶持下得到升华，让建设者得到实惠。从国务院、住房和城乡建设部先后出台的《关于促进建筑业持续健康发展的意见》《关于培育新时期建筑产业工人队伍的指导意见（征求意见稿）》《关于进一步做好建筑业工伤保险工作的通知》《建筑工人实名制管理办法（试行）》《拖欠农民工工资"黑单"管理暂行办法》《关于培育新时期建筑产业工人队伍的指导意见（征求意见稿）》等政策的实施，足以证明国家改革建筑业的生产方式的决心和力度。

1.10.2 发展新动能的优势

2020年，中国经济发展受到新冠疫情和外部制约的影响，出现了一定的压力。国家及时做出调整，提出了以双循环为主要发力点的新战略，提出了新基建和传统基建并行的发展战略，特别是产业结构性改革和金融结构性改革的不断推进，催生了整个社会以高质量发展为基调的决定性目标，为建筑业未来的发展指明了方向。传统建设的改革不断涌现，企业的整体信息化、平台化、数字化在互联网、物联网、5G、区块链等新技术的加持下不断得以深化。技术革新、科技进步、智能建设正在为传统建筑业提供发展的新动能，建筑业正在蓄势待发，向高效率、高效益、可持续发展的阶段性发展目标迈进。新临建作为建筑业中与信息化最为贴近的专业应用，在工程现场施工管理中处处走在前列，以劳务实名制管理为先导，以智慧工地的全场监控、环境监测和管理、塔式起重机安全管理、数字化智慧调动中心等带有感应感知的物联网设施，发挥出巨大的作用。工地新零售、工地无人值守文娱设施、工地消费结算系统及运营管理平台让后勤保障体系更加丰富多彩，更加简便。工地门禁、号牌管理、收料系统、物料管理系统等让管理更加科学。各种管理工具的实施，让项目管理进入了平台化时代，这些变化无疑都对工地产生了极大变化，所以随着时间的推移，发展新动能会让整个建筑业走在世界的最前沿。

1.10.3 行业先发优势

中国俗语说："商场如战场""先发制人，后发制于人"，先发优势有利于新临建在行业变革中占据有利的地位。新临建以一个全新模式出现，成为建筑施工的新标杆。新临建作为新型商业机会，占领制高点，占据有利战略位置的重要性就凸显出来。如何建立新临建的先发优势？就要有敢为天下先的气概，除了保持新临建理论的先进性之外，还需要制定完整的新临建整体解决方案和标准，制定新商业模式下的规则，制定相应的产品标准、服务标准、运营标准，并且实施全过程标准化、流程化、工业化。还需要建立便于整合客户资源，整合供应链的平台，并且让新临建进行快速复制。未来传统临建必将逐渐被新临建替代，谁掌握新临建先机，谁掌握了新临建规则和标准，谁掌握了新临建生态的节点，谁就有市场主导权，谁就有较强的竞争优势。

1.10.4 技术的优势

新临建的技术创新是建筑业中和科技结合最为密切的，它不仅依托于工业化制造技术，而且还是装配式建筑的衍生和应用。新临建环保、绿色、节能的特点是产品的最高要求，模块化、标准化、无公害处理、重复使用是可持续发展的重要标准。新临建生态各种工作平台和运营平台则是通过移动互联网和物联网技术的具体应用，新临建综合体的各种要素通过4G\5G、

WIFI的应用构成工地感应感知的智慧性工地，施工现场管理的实体消耗、人力消耗和生活中产生的各种数据是智慧工地平台、项目管理平台、企业管理平台的大数据支撑，具有管理和辅助决策的作用，为企业高质量发展提供重要、可以量化的依据。新临建运营平台和产品供应链、服务供应链、劳务用工平台和资产管理子平台，是当今施工行业应用的前端科技，具有巨大的产业优势。

1.10.5 超期价值的优势

新临建的价值不仅表现在客户利润增加的价值一个方面，它的价值优势还表现在更多方面。作为C端建设者的价值就是对于生活和工作满意度的提高，对服务和保障的有力促进。新临建是一个贯穿整个施工过程的全生态服务，是融合发展的典范。它的新价值点还表现在共享价值和社会价值上。我们应该看到，新临建是时代的产物，对于所有参与者、资源贡献者、合作者，不论对个人、项目、企业、行业、社会都有巨大的价值，具体体现在：

（1）新临建的价值体现了以“人”为理念的全新服务模式，构建了与人密切相关的工作、居住和生活的有机综合体，“让工人工作舒心，生活更美好”，增强了工人的归属感和安全感，为工人带来直接的体验价值；在于解放了工人的活力，改善了工人的生存环境，提高了工人的积极性和主人翁意识，改善了工人工作的粗放，减少了劳务纠纷和潜在的不安定因素。

（2）新临建生态的价值是利用传统建筑业的细分市场构建的商业体系和生态节点逐级进行传导，促进了散落在建筑业竞争怪圈中的诸多产品和服务商不断改变竞争意识，促进他们不断按照新临建标准和规范改变存在的技术及生产管理中的问题，积极进入新临建生态发展。新临建生态则为这些生态伙伴提供健康的、持续性的发展平台，为它们带来短期和长期的经济价值。

（3）新临建的价值表现在构建了金融服务的通道，为企业和项目，为政府打通了前端和末端的障碍，让困惑在其中的建筑企业和项目的新临建建设更加顺畅。为建筑企业和项目提供了前期资金导入的价值，也为金融服务提供了一个稳定的回报。

（4）新临建的价值还在于优化了企业临建资产的管理，让临建作为资产参与重复使用和运营，不仅让原来工程后成为建筑垃圾的临建资产获得了新生，而且也为企业增加了获得新收益的渠道和路径。如果企业将新临建产品纳入整体解决，可以进一步优化和改善建筑企业低利润率的现状，让项目也可以获得盈利性收益。

（5）新临建的价值还体现在改变了施工现场管理方式，项目的管理重点更加聚焦在施工生产上，减少了相关人员的配置，解决项目冗员难题，节省费用，增加额外的盈利点，增强核心竞争力；新临建EPC&O方式为项目规划→建设→交付→运营服务，独特的共享模式商业化运营，为项目贡献了临建的优化、垫资、运维、收益的自循环路径，让项目更简单，收益更大。

（6）新临建的社会价值是社区为城市的综合治理、卫生防疫、改善城乡接合部的混乱提供了解决方案，为城市的发展、为解决城乡二元化的结构提供了新的思路和方法，为和谐社会的发展注入了稳定的动力，是连接城市和乡村的力量。

1.10.6 金融服务的优势

在传统施工管理中，金融服务是个空白点。通过创新的新临建理论，让新临建生态引入金融服务参与，可以设计出不同的金融产品为新临建服务。通过运营现金流，以求破解工程项目前期资金不足以及后期欠账难题，有利于建筑业形成健康和规范的资金需求市场，为落后的建筑金融服务市场提供机会。新临建轻资产运营搭建前、后产业整合的桥梁，为资本和客户之间、商户之间消除各种障碍。在一般的临建推广初期，B端客户群体不断扩大，因为垫资等原因，需要的资金也随之增大。在以往，没有一个平台可以提供媒介的服务，单点项目和企业都很难利用有限的资源解决这些难题。形成有钱找不到好项目、有项目找不到钱的尴尬局面。通过轻资产运营，新临建整体解决方案就可以完美解决这个横亘在通道之间的障碍，新临建就可以成为需求方和供给方疏通渠道的最好媒介，这是传统临建不具备的优势。

1.10.7 资本运作的优势

建立并保持一个独立专业的应用，是新临建生态的一大创新，创造出一个细分市场垂直应用保持它的独特性，这样目标准确、精准，容易聚焦、专注于为建设者服务形成的局部优势，具有千亿级的市场的刚性需求，对于任何方式的资本运作都有巨大的诱惑力，这也是新临建的魅力所在。新临建资产属性使它具有轻资产运营的巨大优势，这是未来资本运作的优势所在。新临建轻资产运营除了具有获得销售利润和获得稳定现金流收益外，还具有容易形成高粘结性人群的优势，稳定的用户群是现代流量经济的源泉。通过服务和运营产生的现金流能力固化，通过金融产品实现融投管退闭环，就具备了复制扩大及开展资本运作的优势，符合未来经济发展的趋势，是新临建持续稳定发展的动力。新临建的资本运作是低端产业高端思维的产物，是互联网和平台思维在传统产业应用的例证。按照资本运作的理念，通过降维打击获得市场优势，完全具备很强的资本运作潜力。

1.10.8 行业延展的优势

新临建的社区化与平台化属性，为其包容诸多潜在的互联网产品和服务提供了通道，使新临建具备跨行业延展和边界拓展的优势。相信未来，会有许多还未曾发掘的商业机会不断涌现。

1.10.9 其他优势

（1）新临建不仅为6000万建设者提供生活、居住和工作的综合解决方案，还为他们提供走向职业化道路的各种培训，包括技能培训、素养教育、安全教育、爱国主义教育，以解决这些农民工的知识和技能、思想意识、心理素质，教育和培养他们爱国、敬业的精神。利用新临建生态提供的物理空间进行职业化培训教育，更接地气、更具优势。

（2）新临建的服务是工地管理第三方服务的典型应用，除了物业化、社区化的服务职能外，为工地提供具有特色的工地物业管家服务，为智慧工地设施提供驻场工程师服务、寻常工程师服务，及时解决生态伙伴企业不能及时跟进服务的问题。通过生活服务和劳务用工的精细化管理，将建设者粘结在基础平台上。

（3）价格的优势。价格和价值永远是客户的关注点。由于是工业化产品的集中生产、标准化的模块产品，在制造成本上容易形成规模效益，价格具有很大的优势。尤其是重复利用的箱式房产品，通过摊销和租赁，价格比以前的老旧产品具有价值优势。

（4）差异化竞争的优势。新临建从技术和产品质量上都不是传统临建可以比拟的，具有很强的差异化优势。新临建的最大特点就是加入了运营的概念。新临建的运营不是单纯的服务运营，而是轻资产状态下的大运营和服务下的小运营的综合。它将整个施工全过程中的关键要素集中在一个平台，既解决客户前段难题，又解决在过程中的各种管理和服务难题。

1.11 新临建的商业机会、工作目标和价值体现

1.11.1 新临建的商业机会

从2018年开始，中国的结构性改革进入实质阶段，供给侧改革，去高杠杆的国家政策、金融政策不断出台，以挖掘的需求侧改革的服务型高质量发展模式成为主要方向，新基建、5G、科技创新的新动能不断为传统行业带来新的发展机会。可以肯定，轻资产是未来企业发展主要方向，产生稳定现金流和长效发展是企业转型的重点。新临建在这些利好的发展趋势中，符合需求侧改革方向，以改善与提高建设者生活和消费需求的新临建轻资产运营容易形成业务闭环，是一个极具商业机会的新事物。主要表现在以下几个方面：

（1）建筑业高质量发展的要求，庞大数量的建筑企业对跨建设期建设者居住和生活整体解决的需求不断增加，工地建设者本身生活要求的不断提高，工人职业化进程的加快等外部条件的催化。

（2）新临建解决的是建设者工作、居住和生活刚需，容易形成高粘结性客户群，针对这一群体的服务型综合体还是市场空白。

（3）行业分散，产品和服务细碎，点状化市场格局有利于整合，形成规模经济，具备闭环运营、形成企业核心竞争力的条件。

（4）新临建可以形成一个独立运营的专业分包体系的条件，是专业市场垂直细分应用，通过建设和运营可以获取稳定的利润，形成稳定的日常生活服务现金流。

（5）装配化、模块化、智慧化的新临建产品可以形成规模化条件，新临建资产重复利用和短期运营为B端提供资产优化、保值增值的方法，符合工程的精细化管理，有利于节约型社会的构建。

（6）有金融产品设计的入口，有形成融合发展的可能，具备形成以新临建金融产品构建闭环发展的条件。

（7）以新临建整体解决方式开发的建设者营地和建设者之家，是大型建筑企业资产运营和城市运营有力的补充，是未来集中临建社区化发展的方向，是构建和谐社会的另一种手段，可以解决城市外来务工人员综合管理与卫生防疫需求所带来的挑战与机会。

（8）建筑业是一个具有长期发展的行业，需求点多，短期和长期发展都有很大的机会。新临建经过近十年的各种积淀和市场验证，已经趋于成熟，处在爆发前的静默期，成功的机会大。

1.11.2 新临建的工作目标

新临建的价值围绕着整个生态，为满足客户、用户的最大需求，为生态伙伴带来企业收益，为行业高质量发展的推动，为社会和谐、稳定和发展的促进，这些价值体现在有目的的工作目标的实现。新临建是新事物，它的发展需要经历培育期、婴儿期、成长期和成年发展期，对于它的发展必须按照事物发展的普遍规律，有目的、有目标地一步步推进。所以，按照现在的新临建的实际情况，需要对新临建工作目标进行设定。

1. 总目标

（1）建设和运营标准化的“工地新临建综合体”，为建设者提供高质量的生活、居住和工作服务，构建新临建的轻资产运营平台；

（2）打造和运营以新临建为基础的城市建设者生活+居住+工作的社区——“城市建设者之家”，创建新的商业机会，构建新临建商业生态。

2.短期目标（3年）

（1）普及新临建理论和实践的结合，同有影响力的B端（建筑企业）合作，服务C端建设者的生活和工作需求，运营标准化的新临建综合体“乐美工地”；

（2）整合新临建供应链实现b端（硬件与服务商）聚合；

（3）构建新临建的轻资产运营平台，利用金融产品形成资金闭环，实现新临建业务去乙方化健康发展。

3.中长期目标（5～10年）

（1）不断巩固和发展前述目标，进入工地新临建快速发展期；

（2）打造一线城市、重点城市的城市建设者生活+居住+工作的综合型标准化社区样板，新临建生态形成；

（3）建设建筑职业化工人工作技能综合培训与认定平台，推进建筑工人职业化发展；

（4）创造出城市综合治理和城市运营的典范，提供一个既可以加强城市外来务工人员综合治理与卫生防疫管理，又能实现城市土地长效收益的城市运营管理新模式。

1.11.3 新临建的价值体现

新临建是一个独立运营的商业生态，它存在不同的客户和客户群体，除了C端用户，主要的客户群体还有资源贡献者和各类伙伴，他们是新临建的使用者B端（建筑企业）和城市管理者G端（政府）；新临建产品供应链和服务供应链客户b端（产品配件与配套服务提供商）；新临建金融服务链的合作者B端（机构）和其他参与者，他们都是新临建生态伙伴，并不是传统意义上的购买者和使用者。新临建生态是建立在去乙方心态和去乙方化的融合发展模式上，每个客户在生态中都有各自的角色，是链条中的环节，共同参与新临建生态建设和业务，获得相应的价值，每个参与者的价值是不同的。

1. 新临建生态组织的价值

（1）新临建的资源贡献者和伙伴

1）知名房地产开发企业，城市运营企业；

2）泛建设行业企业，建筑业总承包企业；

3）设计院，建筑科技企业；

4）泛家居品牌企业，公众化企业；

5）知名物业管理公司，知名建材行业龙头企业；

6）有实力的平台服务企业；

7）有实力的装配式生产企业；

8）金融机构和投资机构；

9）有资源、有平台资源的其他伙伴。

（2）新临建生态的主要角色

1）平台提供者；

2）资源贡献者；

3）产品、服务和运营者；

4）金融服务提供者；

5）生态伙伴；

6）其他参与者。

（3）新临建伙伴共同的价值

1）融合发展，所有伙伴分享新临建利润和运营收益；

2）生态伙伴去乙方化，创建生态体系闭环，共享公众化带来的巨大利益；

3）独立业务，所有伙伴都能获得营收增长，业绩和绩效增长；

4）优化结构，延伸经营边界，补充业务体系；

5）实体业务和平台业务并行发展，夯实长期发展基石；

6）新临建的融、投、管、退，形成金融业务，形成体量巨大的板块。

2. 平台提供者的价值

（1）贡献

1）贡献良好的企业品牌和可以支撑规模发展的平台；

2）贡献充足的行业外资源，贡献完整的公司治理方法和手段；

3）贡献企业公众化的经验和人力资源和资金。

（2）价值

1）获得B端客户市场的条件和相关的业务板块，拓展了业务范围；

2）获得新运营的思维和方法，获得去乙方化经营手段，获得以新临建运营产生现金流的产品和服务体系，有效拓展新的利润增长点；

3）获得一个资产运营管理平台和公众化业务发展龙头地位，获得一个成功的可能；

4）获得企业为社会和谐发展的荣耀，获得平台企业的社会地位。

3.资源贡献者的价值

（1）贡献

1）贡献一定数量的工程项目资源、贡献品牌、贡献商誉；

2）贡献新临建建设的需求、建设者生活需求，贡献金融服务需求；

3）贡献已经具备的新临建资产，贡献长期发展的机会；

4）贡献创造利润的机会，贡献创造现金流的机会。

（2）收获

1）收获行业垂直细分应用的概念，收获新临建资产运营的思维；

2）收获长期的、高质量发展的运营模式和实现方法；

3）收获新临建产品平台、服务平台、劳务平台、资产管理平台、综合管理平台形成的新临建运营系统；

4）收获新临建前期资金垫付的金融产品设计，新临建建设中的融、投、管、退的机制；

5）收获能够帮助企业变革和发展的合作伙伴和合伙人地位；

6）获得一个稳定的利润增长点和新临建资产处置方式；

7）收获企业形象和美誉度的提高，收获稳定、高素质的建设者群体。

4.产品、服务和运营者的价值

（1）贡献

1）贡献建筑业垂直细分的经验和独立创立的新临建应用概念，新临建资产运营理论，新临建项目融合发展，创新发展，跨界合作的思维；

2）贡献一套完整新临建的商业模式以及商业体系供应链、服务链的方法和经过验证的清晰的获利方法；

3）贡献产品平台、服务平台、劳务平台、资产管理平台、综合管理平台和完整的新临建轻资产运营体系；

4）贡献新临建配套金融方案和资金闭环方法；

5）贡献快速复制业务的方法和模式；

6）贡献行业先发优势资源，客户资源和业已形成的业界品牌和口碑；

7）贡献有丰富经验的研发、实施、服务和运营团队。

（2）收获

1）收获新临建生态龙头企业地位和企业较快发展的结果；

2）收获众多的B、G端客户、C端用户和多方位的合作伙伴；

3）收获融合发展的客户资源和平台、供应链的主导地位；

4）收获平台运营中的利益和未来企业公众化的利益。

5.金融服务提供者的价值

（1）贡献

1）贡献新临建生态发展中的金融资源和资金；

2）贡献新临建金融产品的设计，提供实现融、投、管、退资金闭环的方案；

3）提供优质的资金合作伙伴，推动新临建公众化发展；

4）贡献不断扩大金融服务应用的边界效益能力，促进新临建不断向前发展。

（2）收获

1）收获新的、优质的产业发展领域服务的机会，提高资金运用效率，促进金融结构性改革和发展；

2）获得长久的、稳定的行业发展机会，获取稳定的、安全的收益保障；

3）获得在行业应用中的不同类型的伙伴，获得参与城市运营项目的机会；

4）获得一个千亿级的市场机会。

6.生态伙伴和其他参与者

（1）贡献

1）贡献各自领域的资源、产品和服务；

2）贡献各自优势的团队和管理方式；

3）贡献参加新临建生态的热情。

（2）收获

1）收获参加新临建业务的机会，获得参加新临建生态建设的机会；

2）收获更多的业务发展机会，减少恶性竞争带来的恶果；

3）获得新临建业务产生的利益，消除垫资、账期等制约企业发展的因素；

4）保持企业在健康的环境中长久发展。

7.融合发展的价值

（1）在激烈的市场竞争中，单打独斗的方式已经过时，合作、共享、共同发展、融合发展的时代会给各方带来更大的竞合优势；

（2）由资源贡献者、金融服务提供者、运营者和生态伙伴构成运营联合体，分享新临建利润和运营收益，进行良性循环发展，可以最大限度地扩大应用价值和平台价值；

（3）形成不同于传统施工生产体系的平台，易于消除经营过程中的乙方心态和思维，建立平等、可持续发展的商业伙伴关系；

（4）体现供给侧、需求侧的改革结果，在传统产业中不断挖掘新的经济增长点，挖掘更多的商业价值和社会价值；

（5）融合诸多中小微企业抱团取暖，聚势、聚资、聚人，发挥各自独特的优势、区域优势，构建起强大的生态生存优势，保持活下来、活好，保持企业持续稳定的发展；

（6）通过融合发展，立足于行业内发现问题，站在行业外解决问题，有利于打通行业发展的堵塞节点，达到事半功倍的效果。

8.新临建拓展的社会价值

（1）针对政务管理的价值体现在城市外来务工人员半封闭化社区的建立，对城市外来务工人员采用集中管理，有利于城市综合治理与卫生防疫的政务开展，符合政府购买服务的需求。

（2）针对土地管理的价值体现在新临建跳出传统城市土地开发的模式，以新临建方式对土地1.5级开发进行间歇性利用，建设针对外来务工人员的生活+居住+工作的短期租赁型居住综合社区并进行运营。一方面，灵活利用土地一、二级开发空档期，实现运营收入；另一方面，也可在项目成功的基础上与政府联合开发，实现土地长效收益。不影响土地性质和规划，方便短期内的移动和搬迁。

（3）针对城市管理的价值体现在政策层面符合土地综合管理与利用长效收益的政策趋势，帮助政府解决城市外来务工人员管理的居住生活问题。

（4）与地方政府联合开发建设者之家，将地方政府作为项目资源提供者，或以购买服务的方式，或以城市投资合作的方式立项开展城市运营项目，拓宽了政府的选择范围。

（5）和其他社会服务型企业、平台共建建设者之家，垂直挖掘更大的生活和工作需求，形成功能齐全的城市特定人群社区。同时以劳务平台联合地方政府开展针对劳务派遣、劳务培训、劳务分级的工作。

1.12 新临建创新的八大关键

1.12.1 轻资产运营

新临建业务的创新是盘活工地资产中可以重复利用和运营的部分，用平台同步信息，用生态发展整合资源，用资金集中解决垫资账期问题，是新临建建设具有资产属性和金融属性。资产是项目和企业的，新临建生态是资产的管理者和运营者，保持轻资产运营稳定的现金流是成败的关键。

（1）工地短期临建的居住空间是新临建轻资产运营的重点。

（2）工地新临建人居合一的属性、临时用地属性、资金周转使用属性确定了新临建低成本运营的基础，低成本运营是产生稳定现金流的关键。

（3）前期资金投入方式是金融产品和运营产品结合的条件，固化现金流为资产证券化提供支持。

1.12.2 生态闭环

（1）新临建生态的基础是由资源贡献者、运营平台和新临建业务构成的闭环，见图1-11。

（2）资源贡献者是项目来源、利润来源，是构成业务客户关系的主体之一。

（3）运营平台是由四个基础平台和供应链平台构成的综合平台。

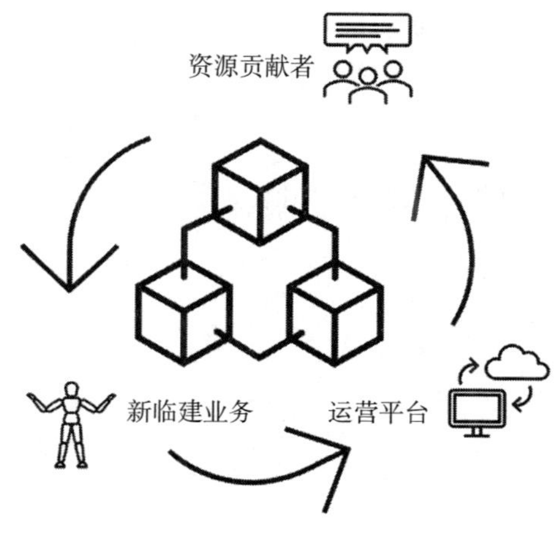

图1-11　生态闭环示意

1.12.3 业务闭环

（1）把产品设计、生产与建设的过程与配套资金的融、投、管、退双轨并行、结合，达到产品流结合现金流从初期的设计、立项、融资、投放给新临建实体建设，并对全过程进行管理，最终通过运营变为现金流收益，通过证券化进入资本市场，完成资金退出的商业模式。

（2）闭环商业模式的核心是轻资产运营与现金流产生，通过运营将产品和服务转化为现金流，完成循环的过程，是一个在实际项目运营中实现乙方化的过程，闭环可以将整个新临建变成一个健康发展的生态，一个具有资产运营和金融属性的创新需求。业务闭环见图1–12。

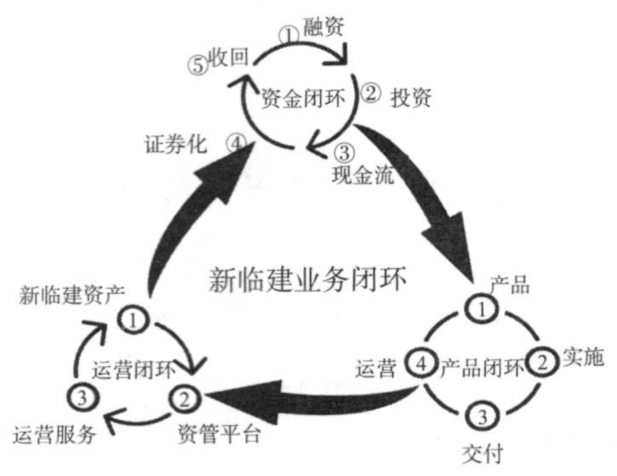

图 1–12　业务闭环示意

1.12.4 产品闭环

（1）产品：规划、设计、制造、组装、物流。

（2）实施：安装、施工。

（3）验收、交付。

（4）运营、服务。

产品闭环见图 1-13。

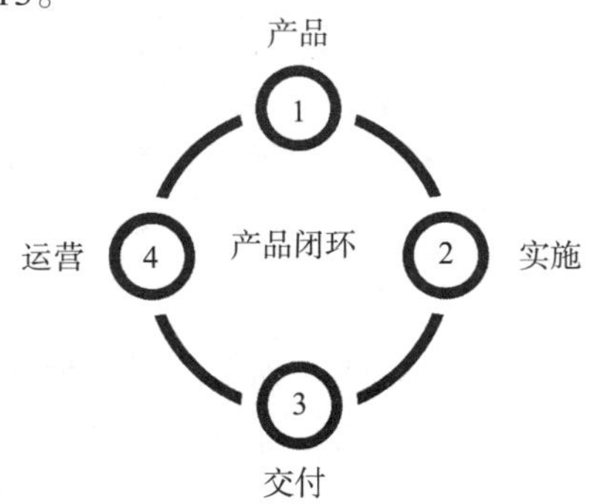

图 1–13　产品闭环示意

1.12.5 运营闭环

（1）购买、租赁+委托新临建资产。

（2）调配+重置业务闭环。

（3）运营服务+资产再利用。

运营闭环见图 1-14。

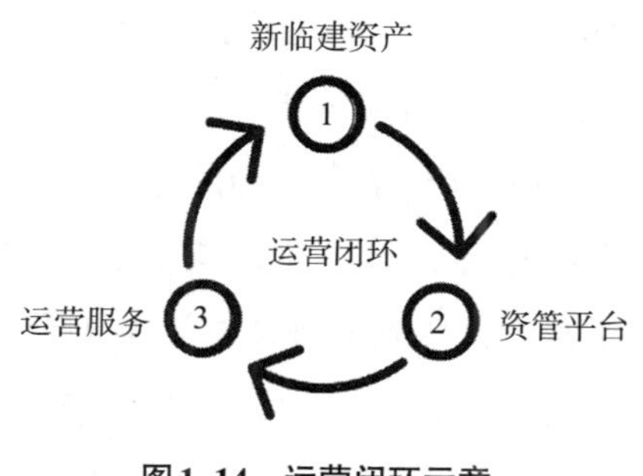

图1–14　运营闭环示意

1.12.6 资金闭环

（1）与金融机构的表内外业务对接完成前期融资。

（2）完成项目初期资产层面的投资。

（3）进入运营，完成产品现金流转换过程。

（4）资产运营产生的现金流证券化。

（5）证券化产品进入二级市场，收回前期投资。

资金闭环见图1-15。

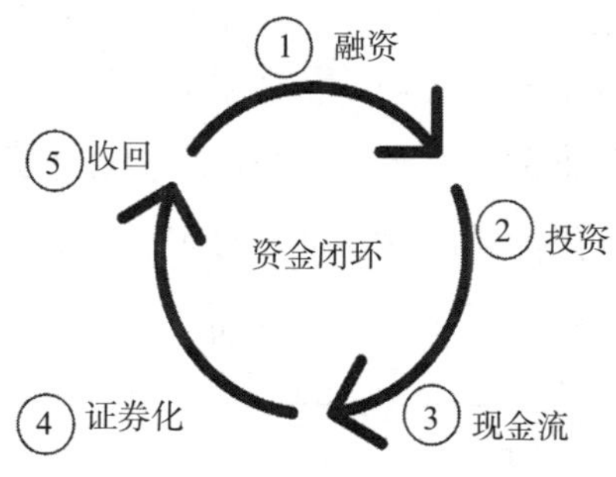

图1–15　资金闭环示意

1.12.7 资金配套的重要性

（1）临建工程处在工程前期的准备，一般工程的预付款都没有支付，所以垫资成为通常的做法。层层转嫁后，垫资任务一般都由产品提供方或施工方以账期的形式垫付。账期就使得业务很难规模化，如果不能构成一个金融参与的账期解决方式，就很难形成一个健康的业务体系，也不利于供应链的整合。

（2）账期具有事物的两面性。由于B端的雄厚实力，B端形成的账期实际上是一个可靠的支付信用，利用新临建产品金融属性而设计的产品，可以打通B端的资金需求和金融产品向实体业务延伸的通道，是两方都有意义的事情。

（3）在业务闭环中把产品设计、生产与建设的过程与配套资金的融、投、管、退全流程双轨并行，达到业务流与资金配套结合，在初期的设计、立项时期通过金融手段完成前期融资并投放到新临建实体建设中，通过运营实现正向现金流收益，最终运用金融手段完成资金回笼，这是通过轻资产运营将产品和服务转化为现金流完成资金循环的资金闭环过程，这个闭环过程可以将整个新临建业务变成一个实现了去乙方化的健康发展生态，也是对新临建业务闭环进行资金配套的顶级操作模式，是一个具有资产运营和金融属性的创新。

1.12.8 保持最小商业单元的复制

最小商业单元的组成是根据新临建业务的特性，根据新临建融合发展的规划设计的一种商业模式。它是由具有一定实力的平台企业提供一定数量的资金和新临建运营商业务整合而来的项目型联合运营公司，它具有模块化和可复制的性质。最小商业单元联合一个B端资源提供者、金融产品提供者共同发展，共享利益的商业实施单元。每个最小商业单元可以根据合作者和资源的不同制定相应的经营指标，可以是一对多、多对一的模式。见图1–16。

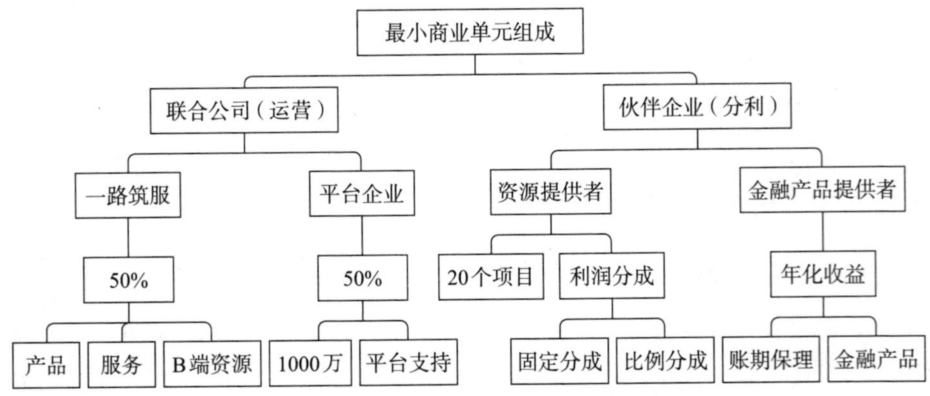

图1–16　最小商业单元的构成架构

1.13 新临建的现状

1.13.1 技术层面应用

临建是工程必不可少的辅助性设施，是对施工生产最大的支撑和保障，临建的刚需作用也是无法被替代的。它的技术层面应用现状如下：

（1）作为施工组织设计的一部分，临建方案的规划、设计、建造、使用和管理的责任由项目经理部直接承担，每个项目经理部都会按照公司特定的CI和工程特点进行设计。

（2）在项目开工前，通过集采或直接招标采购分包建设，临建费用摊入成本或计入固定资产中。不同公司不同项目的计提方式不同。

（3）大型企业临建为标准配置，集中纳入集团固定资产采购中，临建的实施行为归属项目部管理，临建费用由项目部核算，与主体工程一同进入成本核算。为保证成本控制，临建省钱是主要目的，价格合适的临建建设方案最受欢迎。

（4）现阶段，临建建设还是传统招标采购和分包方式，临建设施也较为定性、定型，项目部有临建的决定权。

（5）临建作为施工环境美化和企业形象工程，以国内大型地产项目开发企业为代表的，对于临建的美观、场地环境都有着自己的要求，在费用上也有成熟的控制经验。

（6）以工程为主的大型施工企业本身对于企业形象也有着完整的设计，临建产品作为公司CI有比较细致的规定，包括各种宣传用语、标识标牌等。对于临建房的选择还没有统一的标准，一般也是由项目部自己决定。

（7）临建应用现状中，道路、消防环线等基本生产保障运用装配式还是少见的。尤其是施工厂区内的道路，大型机具碾压报损严重，浪费严重，做不到细致规划的装配式预制道路。

（8）信息化和智慧工地在工地较为普及，有线网络、WiFi、4G在城市工地普遍应用。工地监控视频、塔式起重机监控、扬尘监控等，增添了数字化科技应用的色彩。劳务实名制、车牌识别和物联网物料感应感知，为传统落后的管理增添新手段。各种管理平台和工具软件的应用，使得指挥调度中心成为施工数据的中心。还有各种安全体验、标准工法展示、安全走廊等，都使得传统建筑业发生着潜移默化的变化。

（9）工地的后勤和生活保障工作一直以来都是项目部的痛点，也比较乱。随着劳务承包的变革，大的劳务公司逐步走向班组化管理，劳务工人的生活保障就成为难题。现行的项目经理部都是设定专人负责，一般由项目部的书记或工会主席等后勤人员统筹管理，很多的则是统一划归劳务自己管理，项目部划出一定的费用包干。这种方法项目部的责任减轻不少，但是带来的居住和餐饮质量的下降又影响了工人工作的积极性，工人队伍不稳定，工人出走多与此有直接关系。

（10）工地的物业化管理基本上是个空白，卫生保障基本都是劳务派人定时清理，项目为了节省费用，一般不采取第三方物业管理方式。

（11）在人力成本居高不下的情况下，解决后勤保障一直很难有突破，文明施工的取费还需要一定程度的细化。

1.13.2 主观意愿应用

新临建和传统临建短时间会出现观念和意识上的冲突，主要是人们担心新临建的价格比传统临建高许多。相信经过实际操作，就会发现新临建带来的综合经济效益和价值远大于传统临建。一再强调新临建的价值体现，就是为了打消这种担心。通常来讲，项目最关心的就是在能够承受的价格内进行简单选择、采购或者租赁。新临建生态的建立和规模化的效益会让成本进一步降低，服务进一步提高。通过我们的观察和分析，项目是否选择新临建，主要有以下几个方面：

（1）大多项目管理上的临建意识还停留在传统临建上，还停留在单纯使用和功能上，归根到底还是没有看到或者想到新临建的优势和效果上。

（2）没有现成的新临建概念和服务，项目根本没有选择的选项。

（3）项目考虑的重点还是造价问题，不知道一套新临建实施下来的费用是否合算，单凭想象的价格套用，没有资产的概念和周转使用的分摊费用的考量。

（4）不愿意尝试新临建的模式，怕出现问题后不好交代。

（5）项目缺乏算细账、算长远账的思想，只顾眼前的利益得失。

（6）项目上不重视工人的生活和工作条件的改善，不论哪种方式的改变都不想尝试，怕麻烦。

（7）以包代管的思想的延伸，从人工费用到工人生活都希望由分包商协助管理。

（8）从企业的角度和项目的角度没有发现新临建的真正价值。

综上所述，新临建的应用还需要做很多工作。新临建的推广需要多方面的努力，不仅有政策的加持、经营方式的改善、管理者意识的增强，更多的应该是认真思考新临建为工程带来的不可替代的价值体现。纵观发达经济体的建筑业发展，已经构建成了完整的职业化体系，工程管理和工程服务形成了各自的特色，相对独立的两个体系相得益彰，体现出较强的专业分工和职业化水平，这两者是企业管理水平和行业的竞争力的体现。企业有核心竞争力，效益才能得到很大提升。相比较我们建筑企业1%～3%的利润率水平，我们没有理由不进行行业的细分市场和精细化管理的变革。让专业人做专业事，才是行业健康发展的唯一途径。

1.14 新临建的未来展望

一路筑服经过准备、酝酿、豁朗、验证程序后提出新临建概念，围绕新临建为建设者提供生活、居住、工作是项伟大的工作，值得在业界大力推广。新临建业务不仅是一个充满希望的新商业机会，也是一个值得全社会不断给予重视的社会问题，更是值得我们为之奋斗的一项事业。今天，有机会将这些年来沉淀下来的知识、理论、产品和应用经验整合在一起，整理成书籍，展现在读者面前，就是想让更多的业者感受到新临建的生命力所在，跨越传统思维，推动施工管理的变革，让项目管理走向精细化和专业化。同时，为众多的建筑企业和下游服务企业找到一套适合中国国情、符合行业发展趋势的新商业之路，助力中国建筑业由大到强、增强竞争力、走向世界的目标早日实现。

客观上讲，临建业务虽然市场巨大，但很分散，存在严重的浪费现象。据我们的粗略估计，50%以上的临建产品和90%的临建设施都没有发挥出重复利用的效能，这种现象令人痛心。建筑企业的现实利润率很低，但项目产生的浪费却很严重，临建产生的垃圾对环境也造成了威胁和破坏，得不偿失。问题明显摆在面前，是否能够引起管理部门、企业、项目、供应链、服务链参与者的重视呢？还有待于企业领导和项目管理人员认识水平的提高与重视，这是新临建的重要工作方向。

新临建解决的绝不是单纯的临时设施使用问题，更多的是解决生产方式变革的问题，解决工程中资金链、产品链、服务链有序协调良性发展的问题，解决工程领域中的失信、拖欠问题，是关系到建筑业健康发展的大问题。用商业手段解决工程开工前的资金难题，让第三方服务解决工程过程后勤保障问题，让运营解决工程全过程资产管理问题，利用科技、数字化手段进行平台化管理，让企业和项目的关注点更加聚焦在施工生产，这难道不是一种很好的变革和尝试吗？

新临建的推动力来源于企业和项目本身，来源于实践的结果，来源于管理水平的提高和企业领导的认知和境界。任何创新都不会一帆风顺，新临建是一个崭新的老事务，想要推动它的发展，需要社会各界有识之士的共同努力。

展望未来，新临建概念的提出，理论的建立，整体解决方案的实施只是万里长征第一步，后面的道路还很漫长。新临建供应链体系的建立，新临建生态的形成都需要时间，需要投入巨大的资源、资金力量去完善。无须讳言，虽然任务还很艰巨，新临建的成功是事物发展的必然，因为它符合事物的发展规律，符合中国社会的特色需求，符合未来共享、共生、共利的发展。因为新临建成功的关键符合商业的本质，新临建能够为社会、企业、建设者带来极高的经济价值和社会价值。

是否能够有效控制投入与产出是经济社会最重要的成功条件，新临建业务的扩展首先要解决价格和价值的矛盾。用辩证统一思想对待矛盾双方，解决性价比的问题是新临建的重点。商场上有句名言："只要有需求，就有方法；有方法，就有生意"。其实，对于体量巨大的中国建筑业，巨头垄断的力量很强大，大而全是这些企业固有的思想。强势主导地位而形成的甲方心态，让整个行业多年来在内卷化中变大，低效率、低效益的经济学魔咒始终难以突破。中国经济下半场，企业高效和高质量发展是主题，我们是否能够跨越中等国家陷进的关键，是如何做到高效和高质量发展，而答案就摆在那里。垄断性的发展在某个时期有它的先进性，但不符合发展的规律，竞争才能带来优势，才能得到进化，通过竞争和更加专业化的服务才能取得优势地位，才能站在食物链的高端，这不是一纸指令或以人的意愿可以决定的。中国改革开放取得的伟大成就证明了这个发展规律，建筑业和新临建的发展也不例外。未来的社会一定不是零和而是竞合关系，新临建参与其中一定也是共享和竞争并存，只有这样才能共赢。企业应该有强烈的合作意识参与构建新临建生态，这不仅有利于企业自身的发展，而且有利于整个行业的健康成长。

建筑业全面转型升级，深度挖掘各种发展新动能，打造具有国际竞争力的"中国建造"品牌，推动绿色发展和高质量发展是未来建筑业的主要任务。通过新一代信息技术驱动，以工程全生命周期系统化集成设计、精益化生产施工方式，整合工程全产业链、价值链和创新链，实现工程建设高效益、高质量、低消耗、低排放战略。加强系统化集成设计、工业化生产，推动标准化、精益化、数字化施工，这都给建筑业者提出了高要求。推动全产业链协同，推广装配式建筑体系是未来建筑业的新业态。新临建业务很好契合了国家发展的政策。新临建创新地提出了新临建的生活+居住+工作的一体化解决方案，占据了理论的制高点，解决了施工以外的各种保障难题，这无疑是一种创新。随着工地建设者工作和生活需求的不断提高，对施工环境改善要求的不断增强，新临建无论是单点建设还是集群建设，对临建产品质量、对后勤保障和服务的要求都会越来越高，第三方服务的模式会越来越多地出现在项目管理的各个层面。随着施工管理工作的精细化，提高服务质量、减少项目管理人数、节约成本，是每个项目都要认真考虑的问题。

不可否认，施工承包的方式决定了新临建的推广速度，选择新临建整体解决方案的决定权还掌握在企业和项目经理部手中。虽然新临建的优势突出，科技和数字化也赋予新临建产品更多的功能，可以解决很多的后勤保障问题，但强烈的甲方意愿会影响新临建业务的推广，任何价值和价格都敌不过人的欲望和决策者的意志，这个状况在短时间内不能得到改变。工地新临建的推广一定还会遇到很多与传统方式的竞争，会遇到恶意竞争，这都是新临建发展中的必经之路，需要做好充足的准备。

“没有人能够熄灭天上的星星！”只要不忘初心，我们应该乐观看待发展中存在的现实问题，应该看到新临建积极向上的力量。施工班组化的形态趋势，让新临建使用群体和服务对象发生实质性的变化。新临建生态的建立，赋予新临建更大的空间，超出了工地边界，新临建不仅仅是工地那点事儿。

新临建的智慧科技将施工要素和生活终端的互联、互通展现在综合运营平台上，成为改进生产管理数据的依据，现场指挥调度中心将助力工程辅助管理。我们有理由相信，科技赋予新临建的力量是任何人为因素不可阻挡的。新临建提倡的“以人为本”的理念是普惠建设者的善举，让工人生活和工作得更美好是新临建的愿望，高质量的服务在提高工人生活质量的同时，也促进了施工队伍的稳定。

让项目管理人员更专注于施工生产，让每个项目都能获得成功，是新临建无法让人拒绝的优势所在。

建设者集中管理营地，城市建设者之家的建设是未来新临建的发展方向，轻资产运营将成为具有潜力的商业之路。新临建运营成为热点，蕴含着巨大的商机，谁拥有了掌握新临建资源的机会，谁就会拥有未来。

新临建的创新发展也为落后的建筑企业提供了混合所有制改革的可能性，依托新临建的机会，以方案换市场，以市场换效益，所有参与方都增加了盈利的机会。特别是新基建和基础建设高速发展期，新临建的需求还会不断扩大，希望更多建筑服务行业的中小微企业参与相连接的生态建设，突出重围，走出困境，走向辉煌的未来！

（本章编写人：午甬）

第 2 章

新临建的产品

——工业化、标准化的“智”造

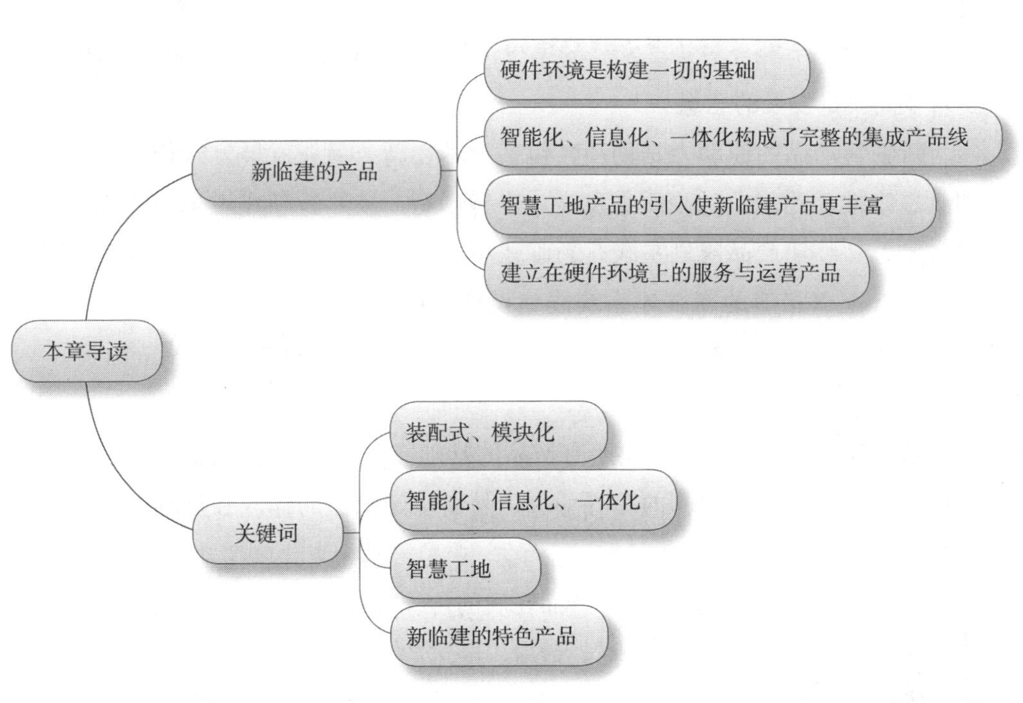

2.1 新临建产品规划与设计

2.1.1 新临建产品规划

新临建产品规划始终围绕着“建设者的生活、居住和工作”的主题展开，按照为建设者服务、为建设工程服务、为建筑企业服务、为社会服务的次序，从低阶的基本服务逐渐向高阶的城市运营不断提升，并以此满足所有客户不同的需求。新临建产品的规划思想就是“用”的思想、服务的思想、运营的思想，是融合与共享发展的思想，是金融、生态、去乙方化的思想，是行业高质量发展的思想。

新临建产品的原动力是创新，包括技术创新、商业发展方式创新，用创新思维推动建筑业的高质量发展。坚持创新，按照新临建生态商业模式的需要，新临建产品规划主线有新临建单体产品和新临建运营产品两个主要层面，配以相应的新临建系统规划设计，以模块化、标准化、系统化、信息化为目标，用最新的科技和生产手段达到产品规模化、自动化的生产方式。

新临建单体产品是新临建所有产品的基础。运营产品是新临建的核心，是单体产品、服务和运营的跨界融合，是新临建价值的体现和盈利的主要来源。

新临建产品一改规划在先、产品在后的传统方式，在各种产品不断使用中、在客户实践中不断总结而成，最后，经过产品归类，重新组合，重新设计和优化，不断提炼而成的带有企业标准性质的完整技术方案和蓝图，并在小规模商业单元测试中不断融入新的要素，最终形成适合于新临建产业生态的广义产品概念，形成具有创造性的产品规划。

1.单体产品规划要点

（1）在产品规划中，我们已经考虑到新临建产品零散、没有统一标准的现状，力争做到和市场现有的大多数产品的兼容，以便未来形成统一的产品标准，这是具有前瞻意义的。

（2）产品规划兼顾适应工业化生产的条件和远期工业4.0制造的标准和模式，兼顾适应上下游供应链的条件，便于运输、便于组装、便于拆卸，在满足使用、安全、便捷、环保的条件下，减小产品制造成本、运输成本、周转成本，以增强产品的生命力。

（3）产品规划强调所有单体产品都是装配式、模块化、标准化的产品，这有利于作为新临建资产重复运营时周转和维护的方便，具有通用性强、质量高、方便快捷、节能、环保的特性。产品可多次周转使用且坚固耐用，产品设计使用寿命在10年以上。

（4）在规划中，还注重考虑产品价格和价值的统一性。考虑价格和质量具有辩证关系，客户对价格敏感性的现实状况，力争通过产品设计和工业化制造中的高效方法，用科技集成手段去克服，使得单体产品具有最佳的性价比，最大地惠及客户。

（5）新临建单体产品门类众多，很多产品之前都是非标准化的手工产品，在本次规划中也分门别类地将它们纳入标准工业化生产的范畴中。

（6）新临建单体产品的规划立足于建筑施工现场的应用，单体产品的规划更是对四个物理分区使用不同产品进行了细分，规划不同功能的集成产品、功能性产品，同样的产品具有不同的标准和属性，以方便客户的选择。

（7）新临建单体产品全面响应实用性、安全性、功能性、经济性、高效性的规划思想，确保在工程全过程使用，改善工地文明施工形象，降低施工造价。

2.运营产品规划要点

（1）运营产品的规划严格遵循新临建整体解决方案蓝本，以新临建单体产品为核心要素，同社区化服务、物业化服务，形成新临建轻资产运营的组合，突出新临建产品的创新。

（2）运营产品是在用新临建单体产品构建物理空间综合体，是未来新临建整体解决的载体。突出运营产品的综合性、服务性，突出运营产品的资产属性和金融属性，是运营产品设计的重点。

（3）运营产品规划思想与新临建商业模式休戚相关，它不仅是单体产品的具体应用体现，更是新型商业模式下协同、共享、共利模式的体现。随着运营产品的优势逐步体现，它终将成为新临建产品的主流。

（4）城市外来人口生活社区是运营产品的顶端设计，"城市建设者之家"是未来城市综合管理和城市运营的一个重要产品。

3.新临建产品规划依据

新临建产品属于新兴事物，没有相应的专业规划及执行标准。新临建归属轻钢结构，只能参考国家现有的相关规范、规程、标准和技术要求，有些则是地方或者企业的相关标准、规程、制度，我们在最大限度地满足国家现有标准后，形成了一套企业标准，随着产品逐渐成熟，应用范围逐渐扩大，我们相信国家相关产品的标准会逐步制定完备。

4.新临建产品规划分类

新临建产品主要规划为单体产品和运营产品两大类。

（1）单体产品主要按照四区，即办公区、生活区、施工区、加工区的不同设施规划产品。单体产品主要是建设工程的临建产品，包括现场围护工程产品、安全防护工程产品、场地道路工程产品、形象亮化工程产品、安全体验集成产品、门禁监控系统集成产品、装配式集成箱式产品、管理类箱式产品、装配式组合设施和其他临建临设产品等。具体产品见表2-1～表2-4。

新临建单体产品一览表 **表2-1**

序号	产品编号		产品名称		产品规格用途
	系列	编号	名称	解释	
1	A-WS-TD-	01	大门	装配式大门	净空8.4m×6m
2		02	定制大门	其他形式	参见施工图
3	A-WS-GD-	G1	隔离护栏	装配式	装配式隔离护栏（区域管理）
4		S1	安全防护	装配式	装配式安全防护

续表

<table>
<tr><th rowspan="2">序号</th><th colspan="2">产品编号</th><th colspan="2">产品名称</th><th rowspan="2">产品规格用途</th></tr>
<tr><th>系列</th><th>编号</th><th>名称</th><th>解释</th></tr>
<tr><td>5</td><td>A-WS-GD-</td><td>E1</td><td>设备护栏</td><td>设备护栏</td><td>设备护栏</td></tr>
<tr><td>6</td><td rowspan="8">A-WS-TF-</td><td>01</td><td>砌筑围挡</td><td>砌筑</td><td>砌筑围挡</td></tr>
<tr><td>7</td><td>02</td><td>塑木围挡</td><td>装配式</td><td>装配式塑木围挡</td></tr>
<tr><td>8</td><td>03</td><td>PVC围挡</td><td>装配式</td><td>装配式PVC围挡</td></tr>
<tr><td>9</td><td>04</td><td>护栏</td><td>装配式</td><td>不锈钢、铁艺、工程塑料</td></tr>
<tr><td>10</td><td>05</td><td>轻质混凝土</td><td>装配式围挡</td><td>轻质混凝土装配式围挡</td></tr>
<tr><td>11</td><td>06</td><td>钢筋混凝土板</td><td>装配式围挡</td><td>钢筋混凝土板装配式围挡</td></tr>
<tr><td>12</td><td>07</td><td>钢板</td><td>装配式围墙</td><td>钢板装配式围墙</td></tr>
<tr><td>13</td><td>08</td><td>植物</td><td>围墙、围挡</td><td>植物围墙、围挡</td></tr>
<tr><td>14</td><td rowspan="6">B-TR-ZP-</td><td>01</td><td>道路</td><td>步道砖</td><td>装配式块料地砖</td></tr>
<tr><td>15</td><td>02</td><td>树脂纤维板</td><td>树脂纤维板</td><td>（100～600）mm×（120～6000）mm×（9～60）mm</td></tr>
<tr><td>16</td><td>03</td><td>板材道路</td><td>塑木地板</td><td>（100～600）mm×（120～6000）mm×（9～60）mm</td></tr>
<tr><td>17</td><td>04</td><td>混凝土道路</td><td>混凝土道路</td><td>1200mm×2400mm×（60～100）mm</td></tr>
<tr><td>18</td><td>05</td><td>钢筋混凝土道路</td><td>钢筋混凝土道路</td><td>1200mm×2400mm×（100～200）mm</td></tr>
<tr><td>19</td><td>06</td><td>钢板道路</td><td>钢板道路</td><td>（1200～3000）mm×（4000～9000）mm×（10～30）mm</td></tr>
<tr><td>20</td><td rowspan="11">C-CI-ZP-</td><td>01</td><td colspan="2">施工现场强制性图板</td><td rowspan="11">不锈钢框，喷绘板面，定制LOGO，制作“五牌一图”，即工程概况牌、管理人员名单及监督电话牌、消防保卫（防火责任）牌、安全生产牌、文明施工和环境保护牌和施工现场平面图。还有六牌一图、七牌二图、八牌二图、九牌二图等。规格：宽880mm×高2000mm×厚（40、60、80）mm</td></tr>
<tr><td>21</td><td>02</td><td colspan="2">安全教育图板</td></tr>
<tr><td>22</td><td>03</td><td colspan="2">质量控制图板</td></tr>
<tr><td>23</td><td>04</td><td colspan="2">环境保护图板</td></tr>
<tr><td>24</td><td>05</td><td colspan="2">职业化教育图板</td></tr>
<tr><td>25</td><td>06</td><td colspan="2">节能宣传图板</td></tr>
<tr><td>26</td><td>07</td><td colspan="2">安全生产责任、考核制度</td></tr>
<tr><td>27</td><td>08</td><td colspan="2">安全管理目标及考核制度</td></tr>
<tr><td>28</td><td>09</td><td colspan="2">危险性较大的分部分项工程</td></tr>
<tr><td>29</td><td>10</td><td colspan="2">安全生产管理制度</td></tr>
<tr><td>30</td><td>11</td><td colspan="2">安全防护用品管理制度</td></tr>
</table>

续表

序号	产品编号		产品名称		产品规格用途
	系列	编号	名称	解释	
31	D-TG-IG-	01	箱式门卫	值班室	3000mm×（3000）6000mm× 2820mm
32	S-SA-ZP-	01	变、配电房	2箱组合	3000mm×6000（9000、12000）mm × 2820mm，3000mm×6000mm×2820mm
33		02	配电房	单箱	
34	S-AQ-TD	—	安全通道	组合	3000mm×6000mm×2820mm
35	C-XX-ZP-	01	旗杆台及旗杆	装配组合台阶	上600mm×4000mm，下800mm × 4200mm，高600mm，可拆除、移动重复利用
36		02			
37	A-GE-GD-	01	绿化	植物	乔木、灌木
38		02		草坪	草坪、花池、带草坪护栏
39	F-EG-IG-	—	门禁	控制系统	人脸识别+IC项目工地一卡通
40	F-JK-ZP-	—	监控	监控系统	无死角监控覆盖语音提示
41	G-FP-ZP-	01	消防站	消防泵房	3000mm×6000mm×2820mm
42	G-HJ-JC	—	环境检测站	天气、扬尘	环境及扬尘检测站
43	G-HJ-PZ-	01	防尘降温设施	防尘喷雾头	固定
44		02		喷雾炮	移动
45		03		塔式起重机喷淋	高空
46		04		围墙喷淋	固定
47		05		屋顶喷淋	固定
48		06		洒水车	电动
49		07			燃料
50	G-FP-ZP-	02	消防箱	消防箱、室外、室内	800mm×600mm×240mm，1000mm×700mm×240mm，160mm×700mm×240mm，1800mm×700mm×240mm
51	S-DA-IG-	01	配电箱、配电柜	配电系统	普通配电箱及专用配电箱
52	H-WC-ZP-	01	卫生间	箱式组合	3000mm×6000mm×2820mm（冲洗式）
53		02		箱式组合	3000mm×6000mm×2820mm（冲洗式）
54	H-WC-IG	—		独立旱厕	900mm×900mm×2000mm

续表

序号	产品编号		产品名称		产品规格用途
	系列	编号	名称	解释	
55	T-ST-ZP	—	化粪池	装配式	化粪池
56	T-TDR-ZP	—	配餐中心	—	3000mm×6000mm×2820mm
57	H-XS-ZP	—	洗漱间	—	3000mm×6000mm×2820mm
58	T-WTT-ZP-	01	洗轮机	洗车机	普通洗车机
59		02			无基础洗车机
60		03		洗车房	封闭式洗车机
61	S-GS-ZP	—	封闭垃圾站	装配式分类	3000mm×6000mm×2820mm
62	S-JB-ZP	—	砂浆搅拌站	封闭式	3000mm×6000mm×2820mm
63	T-LY-ZP	—	更衣室	—	3000mm×6000mm×2820mm
64	S-ST-ZP-	01	茶水间	装配式（开水房）	3000mm×6000mm×2820mm
65	S-XX-ZP-	02	休息室、吸烟室	配置新风系统	3000mm×6000mm×2820mm
66	S-TPR-IG	—	标养室	装配式箱	3000mm×6000（12000）mm×2820mm
67	S-SY-ZP	—	实验室	装配式箱	3000mm×6000mm×2820mm
68	S-HP-ZP	—	卫生服务站	装配式箱	3000mm×6000mm×2820mm
69	F-SE-ZP	—	安全教育长廊	装配式	3000mm×6000mm×2820mm
70	F-RNC-ZP-	01	实名制通道	翼闸人脸	3000mm×6000mm×2820mm
71		02		翼闸IC通道	3000mm×6000mm×2820mm
72		03		高闸通道	3000mm×6000mm×2820mm
73		04		高闸通道	3000mm×6000mm×2820mm
74	S-EAT-ZP	—	指挥调度中心		3000mm×6000mm×2820mm

新临建办公区产品表　　表2–2

序号	产品编号		产品名称		产品规格用途
	系列	编号	名称	解释	
1	F-BG-ZP-	01	办公室——独立	单人间	3000mm×6000mm×2820mm
2		02	办公室——独立	2人间	3000mm×6000mm×2820mm
3		03	办公室——独立	4人间	3000mm×6000mm×2820mm

续表

序号	产品编号		产品名称		产品规格用途
	系列	编号	名称	解释	
4	F-BG-ZP-	04	会议室	装配式组合	3000mm×6000mm×2820mm
5		05	综合办公室		3000mm×6000mm×2820mm
6		06	财务办公室		3000mm×6000mm×2820mm
7		07	材料计划、采购		3000mm×6000mm×2820mm
8		08	预算		3000mm×6000mm×2820mm
9	F-TR-ZP-	01	接待室		3000（6000）mm×6000mm×2820mm
10	F-ML-ZP-	01	值班室		3000mm×6000mm×2820mm
11	T-TDR-ZP-	01	配餐中心	标准配餐中心	3000mm×6000mm×2820mm
12	T-DR-ZP-	ZH	就餐厅	食堂	3000mm×6000mm×2820mm标准组合
13	T-CT-ZP-	OF	保洁办公室	办公室+值班室	3000mm×6000mm×2820mm标准组合
14	F-EG-IG-	02	门禁、监控		无死角监控覆盖语音提示
15	H-WC-ZP-	01	卫生间	装配式组合	3000mm×6000mm×2820mm标准组合
16	T-LR-ZP-	01	洗漱+洗衣间	组合	3000mm×6000mm×2820mm标准组合
17	T-SR-ZP-	02	淋浴间组合		3000mm×6000mm×2820mm标准组合

新临建生活区产品表 **表2-3**

序号	产品编号		产品名称		产品规格用途
	系列	编号	名称	解释	
1	T-TD-ZP-	01	宿舍	1个单人间	3000mm×6000mm×2820mm
2		02		2个单人间	3000mm×6000mm×2820mm
3		03		3个单人间	3000mm×6000mm×2820mm
4		04		2人间	3000mm×6000mm×2820mm
5		05		4人间	3000mm×6000mm×2820mm

续表

序号	产品编号		产品名称		产品规格用途
	系列	编号	名称	解释	
6	T-TD-ZP-	06	宿舍	8人间	3000mm × 6000mm × 2820mm
7	T-SZ-ZP	ZC	实名制注册箱		3000mm × 6000mm × 2820mm
8	T-MC-ZP	—	教育、娱乐影院		3000mm × 6000mm × 3200mm
9	T-TDR-ZP	—	职工配餐中心		3000mm × 6000mm × 2820mm
10	S-ST-ZP	—	开水房		3000mm × 6000mm × 2820mm
11	T-SR-ZP-	01	淋浴间	淋浴间（一）	3000mm × 6000mm × 2820mm
12		02		淋浴间（二）	3000mm × 6000mm × 2820mm
13		03		淋浴间（三）	3000mm × 6000mm × 3200mm
14		04		淋浴间（四）	3000mm × 6000mm × 2820mm
15	T-LY-ZP-	01	浴室配套装配式更衣室	更衣室（一）	3000mm × 6000mm × 2820mm
16		02		更衣室（二）	3000mm × 6000mm × 2820mm
17	T-LR-ZP	—	洗衣房		3000mm × 6000mm × 2820mm
18	H-WC-ZP-	01	装配式卫生间	卫生间 W1	3000mm × 6000mm × 2820mm
19		02		卫生间 W2	3000mm × 6000mm × 2820mm
20		03		卫生间 W3	3000mm × 6000mm × 2820mm
21		04		卫生间 W4	3000mm × 6000mm × 2820mm
22		05		卫生间 W5	3000mm × 6000mm × 2820mm
23		06		卫生间 W6	3000mm × 6000mm × 2820mm
24	H-XS-ZP	—	装配式洗漱间	洗漱房	3000mm × 6000mm × 2820mm
25	T-TS-ZP	—	综合服务中心	便利店	3000mm × 6000mm × 2820mm
26	S-EAT-ZP	—	教育中心	装配式箱房	3000mm × 6000mm × 2820mm
27	S-DC-ZP	—	指挥调度中心	指挥调度中心	3000mm × 6000mm × 2820mm
28	S-RC-ZP	—	阅览中心	信息化中心	3000mm × 6000mm × 2820mm
29	S-RS-ZP	—	物业服务管理	管理服务中心	3000mm × 6000mm × 2820mm
30	S-TCK-ZP	—	中央厨房（The central kitchen）	组合配套	标准箱组合 500 ～ 600m^2
31	T-AHP-ZP-	01	中央空调	装配式集成	3000mm × 6000mm × 2820mm
32	F-BGS-ZP	—	走道箱	装配式	1.5/2m × 6/2/3m × 2.8m

新临建加工区产品表　　表2-4

<table>
<tr><th rowspan="2">序号</th><th colspan="2">产品编号</th><th colspan="2">产品名称</th><th rowspan="2">产品规格用途</th></tr>
<tr><th>系列</th><th>编号</th><th>名称</th><th>解释</th></tr>
<tr><td>1</td><td rowspan="2">T-TD-ZP-</td><td>01</td><td rowspan="2">晾衣架</td><td>露天晾衣架</td><td>长2000mm×宽600mm×高1800mm</td></tr>
<tr><td>2</td><td>02</td><td>封闭晾衣架</td><td>长2000mm×宽1200mm×高2400mm</td></tr>
<tr><td>3</td><td rowspan="4">S-PW-ZP-</td><td>01</td><td>构件加工车间</td><td rowspan="4">装配式组合</td><td>长3000mm×宽6200mm×高2820mm</td></tr>
<tr><td>4</td><td>02</td><td>钢筋加工车间</td><td>长3000mm×宽6200mm×高2820mm</td></tr>
<tr><td>5</td><td>03</td><td>木工车间</td><td>长3000mm×宽6200mm×高2820mm</td></tr>
<tr><td>6</td><td>04</td><td>库房</td><td>长3000mm×宽6200mm×高2820mm</td></tr>
<tr><td>7</td><td>JC-PF-</td><td>01</td><td>平板基础</td><td>整体</td><td>现场浇筑</td></tr>
<tr><td>8</td><td>JC-SFC-ZP</td><td>—</td><td>条形基础</td><td>钢筋混凝土</td><td>预制钢筋混凝土</td></tr>
<tr><td rowspan="2">9</td><td rowspan="2">JC-PFC-ZP-</td><td>01</td><td>预制桩基础</td><td>钢筋混凝土</td><td>预制桩+预制梁</td></tr>
<tr><td>02</td><td>预制柱基础</td><td>—</td><td>预制柱+预制钢梁</td></tr>
</table>

（2）运营产品则主要是按客户不同服务需求和不同建设、服务方式规划的综合产品，主要为采用整体解决方案的乐好工地、好美工地、万美工地和建设者营地、城市建设者之家，见表2-5。

新临建运营产品表　　表2-5

名称	产品属性、类型	产品内容	金融配套	对应平台
好美工地	产品供应链定制生产、资产委托	EPC、资产委托运营	保理、融资、租赁、供应链	产品、资管
乐好工地	服务供应链、定制服务、委托运营、管理	工人派遣、生活配套、工地及生活区物业化管理	保理业务、代收代付业务、工资代管服务、证券化业务	服务、劳务、资管
万美工地	咨询服务、定制咨询、设计服务	新临建建设+运营、方案、产品、配套企业产品发展战略咨询与设计	—	产品、服务、资管

续表

名称	产品属性、类型	产品内容	金融配套	对应平台
建设者营地	联合运营+产品、服务、供应链、合作开发（B端客户）	EPC、资产委托运营、工人派遣服务、生活配套服务、工地及生活区物业化管理	多种金融产品、作为现金流保障工具参与组合业务	产品、服务、资管、劳务
城市建设者之家	城市运营+产品、服务、供应链（综合治理、卫生、防疫）	EPC、资产委托运营、工人派遣服务、生活配套服务、工地及生活区物业化管理、城市土地运营、辅助政务	多种金融产品、作为现金流保障工具参与组合业务、政府融资平台	产品、服务、资管、劳务

2.1.2 新临建产品设计

1. 新临建产品设计思想

（1）单体产品设计思想

1）产品设计必须符合产品规划的思想，必须遵循高质量、高性价比的经济原则。

2）产品设计必须符合标准化、模块化、集成化、装配式的原则。

3）产品设计必须带有信息化、数字化、智能化新临建的思想。

4）产品设计必须符合工业化制造的设计理念，必须符合绿色、节能、环保的要求。

5）产品设计必须达到基础稳定牢固，防震性能好；结构安全可靠，抗变形能力强；材料坚固耐用，产品密封性能好；防水、防火、防腐。

6）产品设计必须采用新材料、新工艺、新技术、新方法，必须符合工地环境中的使用条件。

7）产品设计必须功能齐全、简洁美观、高集成化，必须满足可任意搭配组装的要求，必须符合机电一体设计的室内模块设计理念。

8）产品设计必须突出便于生产、便于物流运输、便于移动、便于安装、便于拆除的特色，必须满足数字化施工的管理理念，具有高效、工期短、扬尘少、无垃圾的优势。

9）箱式房产品设计时考虑挪移的特点，基础结构设计采用独立的板式设计和螺旋桩基设计，还应该满足围护结构插片式、地面装配式、屋面装配式、配管配线集中式的设计理念，便于重复使用和局部更新。

10）箱式房办公室和居住空间色设计支持工业化装饰的选择，以满足客户个性化需求。

11）特定集成产品设计采用低压配电方式，以减少维护人员持证上岗的要求，为第三方服务提供方便。

12）工人宿舍必须采用低压供电方式，以减少火灾隐患，减轻项目管理难度。

13）库房、办公、居住空间应考虑集中烟感消防节点，便于运营管理。

（2）运营产品设计思想

1）产品设计具有可复制化、电商化、外包化、模块化的特点。

2）产品设计突出产品供应链与服务供应链构成的新临建供应链体系，在这个体系之上我们给新临建植入了劳务派遣与管理的内容。

3）产品设计突出新临建运营产品不是单纯的硬件产品，而是服务组合的综合产品，在新临建设计中，运营产品分为两部分：一部分是硬件环境范畴下的单体产品，包括120大类硬件产品；另一部分是服务产品。

4）产品设计按照由简到繁、由易到难循序渐进的设计思想，设计了五个新临建的基础产品。这五个基础产品针对不同需求而形成，每一个产品是一个服务方向，根据不同的服务方向采用定制化的方式配合。

（3）新临建基础产品设计内容

1）单体基本结构和配套系统产品设计

①基本结构和系统设计；

②基础结构设计；

③轻钢结构框架设计；

④围护结构设计；

⑤临时道路工程及零星土建工程；

⑥装饰设计；

⑦电气设计；

⑧给水排水设计；

⑨通风空调设计；

⑩环保节能设计；

⑪电器家具配置；

2）单体外围及辅助产品

①现场围墙、围挡、防护栏、管理护栏；

②四区装配式箱式房产品设计；

③装配式集成配餐中心、中央厨房、综合商超、开心影屋、安全体验工程、实名制劳务管理工程、洗衣房配套产品；

④CI形象标准化产品。

3）工地信息化和智慧工地产品

①工地网络工程；

②生产指挥调动中心；

③监控系统工程；

④工地商业结算系统；

⑤智能办公室、宿舍管理系统；

⑥一卡通综合管理系统；

⑦智慧工地产品，详见分项设计。

4）新临建机电一体化设计

详见分项设计。

（4）新临建运营产品设计内容

1）好美工地

好美工地只提供新临建硬件设备采购、安装和交付，不需要运营和服务的单个项目业务，是新临建运营的重要部分，见表2-6。

2）乐好工地

乐好工地是针对新临建硬件环境已经具备，有办公区、施工区或生活区物业化管理及生活配套服务需求的单个项目的综合性服务方式，是新临建运营的重要部分，见表2-7。

新临建好美工地运营服务　　表2-6

产品属性	产品供应链
服务方式	无
服务内容	EPC、资产委托运营
金融支持	保理业务、融资租赁
支持平台	产品平台、资管平台

新临建乐好工地运营服务　　表2-7

产品属性	服务供应链
服务方式	定制
服务内容	工地管家外派服务、生活区各类服务、工地及生活区物业化管理
金融支持	保理业务、证券化业务
支持平台	服务平台、劳务平台、资管平台

3）万美工地

万美工地是以新临建整体解决方案为蓝图的代建，以EPC建设、管理、运营、服务的全套新临建综合性服务方式，是新临建运营的重要部分，见表2-8。

新临建万美工地运营服务　　表2-8

产品属性	整体解决
服务方式	定制
服务内容	新临建总体建设+运营，新临建产品配套企业产品发展战略咨询与设计
金融支持	保理业务、融资租赁
支持平台	产品平台、服务平台、资管平台

4）建设者营地

建设者营地是以B端为目标客户，针对城市级别的B端分散或集中开发的多个工地的建设者提供临时性半封闭、综合性居住服务社区，是一路筑服新临建运营的高级产品，它具有以下特征（表2-9）。

①不以单一工程项目为服务对象，而是以B端客户为服务对象，同时针对几个项目。

新临建建设者营地运营服务 **表2-9**

产品属性	联合运营+产品及服务供应链
服务方式	合作
服务内容	EPC、资产委托运营、工人派遣服务、生活配套服务、工地及生活区物业化管理
金融支持	多种金融产品、作为现金流保障工具参与组合业务
支持平台	产品平台、服务平台、资管平台、劳务平台

②以与B端合作的方式设立。

③施工区、办公区与生活区分开管理，社区化明显。

④采用组团化设计，每个组团针对一个工程项目，管理方便。

⑤区内有完善的商业化配套与管理。

5）城市建设者之家

城市建设者之家是在建设者营地的基础上发展而来的，是筑服新临建运营的顶级产品，城市建设者之家是以整个城市为服务对象，联合G端，以所有为城市发展与建设出力的建设者为目标客户，提供居住+生活的配套服务，其除了具有建设者营地所有的功能与特点之外，还具有极强的扩展性，并有以下特征（表2-10）。

新临建城市建设者之家运营服务 **表2-10**

产品属性	城市运营+产品及服务供应链
服务方式	合作
服务内容	EPC、资产委托运营、工人派遣服务、生活配套服务、工地及生活区物业化管理
金融支持	多种金融产品、作为现金流保障工具参与组合业务、平台融资
支持平台	产品平台、服务平台、资管平台、劳务平台

①客户群体广泛，可同时针对城市所有的建设者，包括集体与个体的建筑工人、产业工人、适于半封闭化管理的城市打工者等。

②采用组团化设计，每个组团可针对不同属性的居住者，管理灵活。

③区内有完善的商业化配套与管理。

④半封闭化管理，在政府外来人口管理层面，具有辅助综合治理与卫生防疫工作的功能。

⑤G端购买服务方式，可进一步参与城市辅助管理。

⑥利用城市临时建设用地建设，可参与城市土地前期运营。

⑦由于其对城市综合治理与卫生防疫辅助功能明显，所以具有基础设施的特征。

（5）新临建产品设计标准

1）标准来源

国家法律、法规、国家规范、地方标准、行业标准、政府指令及有关建筑工程现场管理要求及有关企业标准等。

2）企业标准

在国家、政府、地方、行业没有明确标准的情况下，新临建产品采用企业标准或企业产品生产图集。

3）新临建产品参考的设计资料汇总

设计资料汇总见表2–11。

设计资料汇总 **表2–11**

序号	法规、规范、标准等资料名称	编号
1	《中华人民共和国安全生产法》	中华人民共和国主席令第十三号
2	《建设工程安全生产管理条例》	中华人民共和国国务院令第393号
3	《建设工程施工现场安全防护、场容卫生及消防保卫标准》	DB 11/945—2012
4	《建设工程施工现场生活区设置和管理规范》	DB 11/T 1132—2014
5	《建设工程施工现场消防安全技术规范》	GB 50720—2011
6	《建设工程施工现场安全资料管理规程》	DB 11/383—2017
7	《建设工程施工现场供用电安全规范》	GB 50194—2014
8	《建筑工程检测试验技术管理规范》	JGJ 190—2010
9	《建筑工程施工质量验收统一标准》	GB 50300—2013
10	《建筑施工扣件式钢管脚手架安全技术规范》	JGJ 130—2011

续表

序号	法规、规范、标准等资料名称	编号
11	《建筑施工现场安全文明施工标准图集》	(全国通用)
12	《施工企业安全生产管理规范》	GB 50656—2011
13	《建设工程施工现场环境与卫生标准》	JGJ 146—2013
14	《建筑施工安全检查标准》	JGJ 59—2011
15	《建筑地基基础工程施工质量验收标准》	GB 50202—2018
16	《建筑地基基础设计规范》	GB 50007—2011
17	《建筑桩基技术规范》	JGJ 94—2008
18	《砌体结构设计规范》	GB 50003—2011
19	《建筑灭火器配置设计规范》	GB 50140—2005
20	《建筑结构荷载规范》	GB 50009—2001
21	《建筑设计防火规范(2018年版)》	GB 50016—2014
22	《建筑抗震设计规范(2018年版)》	GB 50011—2010
23	《施工现场临时用电安全技术规范》	JGJ 46—2005
24	《施工现场安全管理强制性规定》	城建安发〔2018〕
25	《施工现场临时建筑物技术规范》	JGJ/T 188—2009
26	《钢结构结构施工质量验收标准》	GB 50205—2020
27	《钢结构设计标准》	GB 50017—2017
28	《冷弯薄壁型钢结构技术规范》	GB 50018—2002
29	《普通混凝土长期性能和耐久性能试验方法标准》	GB/T 50082—2009
30	《普通混凝土力学性能试验方法标准》	GB/T 50081—2019
31	《混凝土结构工程施工质量验收规范》	GB 50204—2015
32	《混凝土结构设计规范(2015年版)》	GB 50010—2010
33	《预拌混凝土》	GB/T 14902—2012
34	《地下防水工程质量验收规范》	GB 50208—2002
35	《地下工程防水技术规范》	GB 50108—2008
36	《消防安全标志设置要求》	GB 15630—1995
37	《砌体结构工程施工质量验收规范》	GB 50203—2011
38	《临时性建(构)筑物应用技术规程》	DGJ 08—114—2005
39	《质量管理体系最新版标准》	ISO 9001：2015

续表

序号	法规、规范、标准等资料名称	编号
40	《北京市建设工程施工现场管理办法》	2013年市政府令第247号
41	《绿色施工管理规程》	DB11/T 513—2018
42	《门式刚架轻型房屋钢结构技术规程》	CECS 102 : 2002
43	《房屋建筑制图统一标准》	GB/T 50001—2017
44	《总图制图标准》	GB/T 50103—2010
45	《建筑制图标准》	GB/T 50104—2010
46	《建筑结构制图标准》	GB/T 50105—2010
47	《建筑给水排水制图标准》	GB/T 50106—2010
48	《暖通空调制图标准》	GB/T 50114—2010
49	节能环保、文明施工的管理措施；扬尘专项治理的管理措施	
50	中国建筑一局(集团)临建设施标准化施工手册2015	
51	施工现场安全管理强制性规定—安全部	
52	施工现场临时室外消防用水设计方案	
53	建筑绿色环保节能LEED国际认证标准	
54	建筑施工现场标养室管理办法	
55	建筑节能工程中新能源应用	
56	安全防护标准化—北京城建	
57	电动自行车充电库(棚)建设技术相关要求	
58	临建标准化施工手册	
59	化粪池图集工程量02S701	
60	隔油池计算方法及图集	
61	安全生产、文明施工、环保及消防等有关规定及要求，业主、监理、施工单位等规定	
62	场平面布置、现场地质勘探记录、国家及地方现行的有关建筑工程管理、文明施工管理、环境保护等法规及规定	

2.新临建产品设计特点

(1)单体产品设计特点

新临建单体产品共122个产品子目，本书仅列举主要单体产品和高价值产品，完整产品请参阅产品规划目录、产品设计图集。单体产品设计特点如下：

1）设计理念超前，适用范围广，标准化程度高。

2）产品组合多样，可以满足不同功能、不同客户的使用。

3）外表美观，结构坚固耐用，防风、防火、防水、防震、抗变形能力强。

4）耐候性强，具有良好的耐酸、碱、盐雾等腐蚀性，适合各种潮湿、腐蚀性强的环境使用。

5）环保节能，隔声，易清洁、易维护。

6）便于移动，可循环使用，不产生建筑垃圾。

7）安装和拆装方便，施工工期短，费用投入少。

（2）运营产品设计特点

1）具有商业属性的运营产品，融合社区化、物业化服务，融合供应链，融合新临建资产管理，融合共享发展合作，融合金融服务，融合运营等所有市场特性。

2）应用范围广，产品资产属性强，是轻资产运营现金流的保障。

3）整合特点突出，是新临建产品和服务供应链的基础，是新临建生态的核心。

4）有利于建立健康的市场环境和秩序，有利于去乙方心态和去乙方化进程的推进，促进产品价值和服务价值的体现。

2.2 产品简介

2.2.1 通用产品简介

1.装配式围挡、护栏和道路

（1）装配式围挡

装配式围挡是由多种预制构件拼装组合而成的新临建围护产品，具有造型美观、绿色环保、结实耐用、施工便捷等特点，其性价比远远超过砌筑围墙，已成为砌筑围墙的最理想替代品见电子图①2-1。装配式围挡的特点是：

① 电子图可扫封面上的二维码下载查看，下同。

1）精巧别致，造型美观，有仿古式、欧式等造型，特别符合城市市政建设、美化环境的需要。

2）装配式围挡可拆卸拼装、重复利用，节省成本，降低工程造价。

3）安装便捷，施工周期短，施工周期只有砌筑围墙的1/4～1/3。执行以下施工工艺：基础复检验收→搭设拼装平台→柱安装、校正、固定→墙板安装嵌入、校正→柱帽、压顶安装、校正→整体垂直度调整、固定→接缝处理→柱脚、墙脚处护脚修饰，即可完成整个围挡的安装。

4）绿色、环保，用装配式围挡代替砌筑围墙，有利于环境保护，减少建筑垃圾的产生、运输及处理。

5）维护成本低，装配式围挡由多个构件组合而成，对于损坏构件只需要进行替换安装。

现在市场品种较多，有装配式钢板围挡、装配式塑木围挡、装配式PVC围挡、装配式混凝土围挡、装配式PC围挡、植物围挡及隔离带，其他围挡等。

1）装配式钢板围挡

装配式钢板围挡由围墙基础、围挡柱、围挡组合钢板制成，常采用螺旋钻孔混凝土桩的基础方式，可周转使用、节能环保、坚固耐用。

2）装配式塑木围挡、PVC围挡

装配式塑木围挡、PVC围挡可循环周转使用，使用中损坏的部件可回收再加工，摊销成本低，节能环保，比较适合工期短的临时围挡。

3）装配式混凝土围挡、PC围挡

装配式混凝土围挡主要有预制混凝土柱+预制墙板实体围墙和型钢柱+预制墙板实体围墙两种类型。装配式混凝土围挡立柱与墙板采用嵌入式软连接安装方法，立柱与基础形成框架结构，抗震性能好；工厂化生产，表面颜色一致，无须二次装饰，达到节省能源和财力的要求；安装快捷、拆除方便、可以重复利用，但回收价值较低。

4）植物围挡、隔离带

施工现场布置植物围挡、隔离带，要根据地理环境确定，选择合适的植物品种及合适的种植方式。围挡、隔离带根据需求可选择灌木、乔木、木本、草本植物，种植方法可选择地栽、盆栽。植物围挡、隔离带具有美观、隔离、防盗、易管理、缓解现场热岛效应、净化空气、减少噪声、调节温湿度、节能环保、美化施工现场、保护构筑物、促进身心健康等诸多优点。

5）其他装配式围挡

其他装配式栅栏式通透围挡有不锈钢栏杆、铸铁铁艺围栏、钢制栅栏、PVC栅栏、水泥花砖围墙等。这些围挡都是施工现场比较常用的，另外，一般用于区域简单的物理分割有钢网围栏。

常用围挡价格对比参考见表2-12。围挡设计标准见表2-13。

常用围挡价格对比参考表 **表2-12**

围挡经济指标对比分析费用参考						单位：元/延长米（m）2m高				
围挡类型		基础费用	墙体费用	安装费用	拆除费用	垃圾运输	综合单价	周转次数	分摊费用	特点
砌筑围挡	砖砌围挡	220	510	含	150	80	960	1	—	一次消耗，拆除后为建筑垃圾
	块料围挡	180	450	含	130	70	830	1	—	一次消耗，拆除后为建筑垃圾
装配式围挡	钢板围挡	50	200	50	20	10	330	2	260	生锈油漆颜色，30%损耗
	塑木围挡	100	430	50	20	10	610	3	360	美观气派，30%损耗
	PVC围挡	60	300	50	20	10	380	3	210	强度较低，30%损耗
	轻质块料围挡	130	250	50	50	50	530	2	380	运费高，30%损耗

围挡设计标准 **表2-13**

序号	规范、标准、条文名称	编号
1	《建筑装饰装修工程质量验收标准》	GB 50210—2018
2	栏杆相关设计、施工及验收规范	—
3	《建筑玻璃应用技术规程》	JGJ 113—2015
4	《民用建筑工程室内环境污染控制标准》	GB 50325—2020
5	《建筑工程施工质量验收统一标准》	GB 50300—2013

续表

序号	规范、标准、条文名称	编号
6	《测定耐湿热、耐盐雾、耐候性（人工加速）的漆膜制备法》	GB/T 1765—1979
7	钢型材、玻璃、五金、密封材料等技术标准	—

装配式围挡目前产品还不成熟，还不具备条件形成新临建装配式围挡统一标准，具体设计时可采用国家规范及行业标准。材料配件基本均执行企业标准。但塑木围挡、PVC围挡、钢制围挡都是值得推荐使用的产品，因该类型产品环保、节能、施工周期短、拆除速度快、可以重复利用、部分产品可回收。

（2）装配式区域管理护栏、栅栏（表2-14）

装配式护栏、栅栏用途、种类　　表2-14

栏杆作用	栏杆种类	栏杆高度（mm）	备注
装配式坑槽围栏	装配式塑木栏杆 装配式钢管栏杆 装配式铁艺栏杆 装配式钢板栏杆	1200	距坑槽边1000～1200mm全线封闭
装配式道路分割栏		450～1200	安装道路分割位置边200～1200mm
装配式安全防护栏		1200～2100	安装防护区域距离
装配式门禁围栏		1200～2100	配置门禁及栏杆吸盘，方便移位。栏杆配合门禁管理系统可进行智能化现场管理
装配式分区护栏		1200～2100	
安全护栏、设备护栏		1200～2100	

（3）装配式现场道路

为了提升现场管理水平和企业形象，各单位都很重视现场文明施工，大量使用一次性临时现浇道路和场地硬化。由于现浇混凝土养护时间长，后期拆除费用高，产生大量建筑垃圾，造成浪费增大、项目成本增加，不符合环保、绿色发展的要求。所以，采用可以重复使用的装配式道路势在必行。

不同荷载级别的装配式道路成本差异很大，所以平面布置工作要深入、细化。一般来讲，钢筋加工厂、混凝土输送泵的位置决定场内装配式道路的荷载级别。在满足施工的前提下，应尽量减少重载道路的铺设长度，并在现场设置道路限载标识，由专人对现场交通进行统一管理。

施工现场装配式道路按荷载级别分为轻型、中型和重型三种道路形式。其中，轻型道路为行人道路，一般施工现场轻型道路多采用步道砖、道路砖、连锁广场砖、露孔广场砖、小块料室外砖等块料道路，树脂纤维板道路、塑木地板道路以及预制砖道路。中型道路为小型车辆通行道路，有装配式混凝土道路、树脂纤维道路等。重型道路为重型车辆通行道路，有装配式钢筋混凝土道路、装配式钢板路面道路等。

1）装配式轻型道路

①块料地面

装配式轻型道路主要有步道砖、道路砖、连锁广场砖、露孔广场砖、小块料室外砖等路面，在办公区和生活区使用。其铺装简单，施工迅速，底层要求不高，施工成本低。

②树脂纤维道路

树脂纤维道路路面是采用树脂及高强纤维，加工成带有空格的板状材料，拼装而成的一种路面。其抗折性能好；可循环利用10年左右。树脂纤维道路具有良好的物理性能，承载力较大，不易变形；周转次数多，使用寿命长；质轻、易于切割，安装、拆装方便；可调整颜色，改善生产场所的环境。

③塑木地板道路

塑木地板是最近几年才出现的新型建材，具有良好的防潮耐水、耐酸碱、抗静电、防虫蛀等性能，使用寿命达5～10年，质轻、安装方便、施工迅速、强度高、延展性能好、底层要求不高、美观大方、可以重复利用、循环使用次数高、现场适应性强、废料可以回收。塑木地板道路适用于施工现场生活区、人员通道、文化长廊等。

④预制砖道路

预制砖有水泥预制砖、混凝土预制块砖、灰土预制砖等。预制砖道路的优点是铺贴方便、施工迅速、底层要求不高、施工成本低，可用现场剩余的混凝土预制，以减少浪费；缺点是重复利用率低，拆除困难，拆除垃圾运输量大，适合轻型路面。

2）装配式中型道路

①装配式混凝土道路

装配式混凝土道路预制道路板的制作对场地要求不高，可在拟定的道路铺装处就地制作，以减少一次周转的费用，它路面块料小，便于运输、铺装、拆除、周转使用，适合中型车辆通行。

②树脂纤维道路

中型树脂纤维道路的性能同轻型树脂纤维道路，不再赘述。

3）装配式重型道路

①装配式钢筋混凝土道路

装配式钢筋混凝土道路（图2-1）对场地要求不高，可在拟定的道路铺装处就地制作，以减少一次周转铺装的费用，为了减少现场制作的复杂工序及混凝土的养护，可以在工厂制作再运输到现场安装。

图2–1　装配式重型混凝土道路

装配式钢筋混凝土道路在路基平整度较差的临时道路中使用，适合工艺简单的工厂制作，不采用预应力，不采用卯榫企口，只需考虑重复使用，采用小的板尺寸，其质量不宜超过2～2.5t。

为了实现装配式钢筋混凝土道路板可重复利用，在道路板预制浇筑时预留嵌入钢筋吊钩及吊装孔，吊装孔具体数量及钢筋直径由装配式钢筋混凝土道路板的质量确定。重型道路四角各预留吊装孔，吊筋 ϕ 16mm，两头锚固均大于等于300mm。锚固钢筋做防锈处理，吊装孔规格为ϕ100～120mm圆孔或100mm×100mm方孔。

②装配式钢板道路

装配式重载型钢板临时道路（图2-2）适用于所有临时施工道路的周转使用。其施工简便，首先，根据现场土质情况将平整的自然土层压实后，摊铺无机料；然后，在上面铺设钢板，钢板间采用连接片或者焊接固定，再将用于限制钢板路面侧向位移的路缘石置于路面两侧，就组成了可周转使用的装配式重载型钢板道路，通过螺栓连接或焊接与地面固定，这样路面更具有稳定性和可靠性。该方法与传统采用现浇混凝土道路施工现场的临时道路相比，更加安全、高效、环保，施工效率高，大大缩短了施工工期，减少了施工成本；路面强度高，耐久性和延性好，排水良好，使用过程中不易损坏，路面容易清洁，后期维护费用极低。

图2-2　装配式重型钢板道路

道路表面平整、坚实、光滑，不产生扬尘，板块组合规整、美观，整体观感效果好；项目结束时拆除方便，钢板路面可周转至其他项目继续使用，无建筑垃圾产生，达到节约材料、重复利用的效果。

装配式钢筋混凝土、钢板道路路面规格及适用范围见表2-15。

装配式混凝土道路路面、钢板路面规格及适用范围　　表2-15

序号	混凝土路面类型	类别	规格（mm × mm × mm）	适用范围
1	无筋混凝土块路面	块料	600 × 600 × 60	轻型道路路面
2	钢筋混凝土板路面	块料	1200 × 1200 × 100	中型道路路面
3	钢筋混凝土板路面1	块料	3000 × 1500 × 150	重型道路路面
4	钢筋混凝土板路面2	块料	3000 × 1500 × 200（高配筋）	超重型道路路面
5	钢板路面1	钢板	1200/2000 × 4000/6000 × 10/15	中型道路路面
6	钢板路面2	钢板	1200/2000 × 4000/6000 × 20/25	重型道路路面

现浇混凝土道路操作简单，施工方便，一次性投入低，但是施工结束后会产生大量建筑垃圾，不节能、不环保，不符合绿色施工和循环经济的要求，在以后施工中要视工程情况使用。装配式混凝土道路可以工厂化生产，现场组装，拼装灵活，不需要现场养护；但是一次性投入费用高，对地基要求高，运输不方便，残值回收低。建议用于中型荷载以下的道路。装配式钢板或钢制道路单块面积大、刚度大，对路基要求较低；残值高，多次周转使用后仍能按60%回收残值且周转方便。虽然一次性投入较大，但目前钢材市场比较疲软，价格较低，企业可以拥有一定的钢材储备，符合循环经济的发展方向，建议逐步推广使用。装配式道路路面造价分析对比见表2-16。

装配式道路路面造价分析对比表（单位：元/m²）　　表2-16

道路类型		面层料	施工费	运输费	拆除费	废料处理	综合费用	分摊次	一次费用
现浇混凝土路面	中型道路	56	25	0	60	30	171	1	171
	重型道路	90	25	0	65	35	215	1	215
装配式道路路面	钢板路面	540	20	15	15	0	590	6	140
	塑木地板	300	50	5	15	5	375	4	150
	中型混凝土块	260	20	20	30	20	350	5	142
	重型混凝土块	320	25	25	35	25	430	5	174

注：重型钢筋混凝土道路厚不小于200mm，混凝土强度等级不小于C25。中型混凝土道路厚不小于150mm，混凝土强度等级不小于C20。钢板标配厚度：中型15mm，重型不小于20mm。块料、钢板面层的道路必须保证路基能满足道路等级要求

2.装配式大门、门卫岗亭

(1)装配式大门

装配式大门由柱基础、门柱、门梁、大门组成，是企业CI的重要组成部分。门柱、门梁采用刚架结构，为薄镀锌装饰面板，大门形状、规格(见表2-17)、面板颜色根据企业形象要求配置。施工现场大门有手动(自动)推拉门、手动(自动)平开门、钢制平板门、栅栏门等，喷制企业LOGO及企业标语。

装配式大门规格参考 **表2–17**

序号	名称	规格及要求	备注
1	柱地基承载力	≥100kPa	由标准模数组成，可以按照工地需求和设计选择不同组合而成
2	柱基础埋深	≥800mm	
3	大门柱截面	400mm×(400～600)mm; 600mm×(600～800)mm; 800mm×(1000～1200)mm	
4	大门柱标准节	1000mm/1500mm/2000mm高	
5	大门高度	4000～8000mm(净空高度)	
6	梁截面	400mm/600mm/800mm/1200mm高	
7	门扇高度	2100mm/2400mm/2700mm/3000mm/3600mm	
8	门宽	4000mm/6000mm/8000mm/10000mm/12000mm	彩钢板门、烤漆门
9	行人小门	(900～1500)mm×(2100～2400)mm	

装配式大门的柱基础一般采用钢筋混凝土现浇基础，可采用钢筋混凝土预制桩基础或螺旋桩基础，基础承载力根据现场地基条件及大门选型确定。

配置人员出入小门和车辆识别门禁系统是施工现场监控管理的重要组成部分，常常和集成式劳务实名制通道组合使用，便于人员和车流的综合管理，减少人员的投入。大型工程项目往往都是多门区管理。装配式有门楣大门和无门楣大门分别见电子图2–2、电子图2–3。

(2)装配式门卫岗亭

施工现场门卫岗亭常常和劳务实名制通道联合使用，一般门卫就配置在现场劳务实名制管理通道值班室内。

较大的工程项目形成多门区管理，在主要大门以外的其他大门还需要设立门卫岗亭。考虑企业CI形象，可移动、装配式的门卫岗亭是常见选择。

装配式门卫岗亭规格（长 × 宽 × 高）为3000mm × 3000mm × 2820mm，顶板为岩棉复合净化板，厚度不小于60mm，配备彩钢顶棚，墙板采用岩棉复合净化板，其厚度为50～75mm，地面为20mm厚的水泥压力板，面层为3mm厚的花纹铝板，门窗型材为断桥铝合金材质，配备LED照明灯具，开关插座齐全。系统配置双路供电系统，根据现场条件及需求，可以配置风光补发电系统及不间断供电系统。

门卫岗亭配置一套办公桌椅及可收缩折叠床供值班人员使用，可以根据当地气候条件选择配置空调和暖气设备。

岗亭可配置视频监控、入院巡更系统、广播警示系统。装配式门卫岗亭见电子图2–4、电子图2–5。

3.装配式CI和板图

（1）装配式CI

生产现场CI形象包括大门、围墙、旗杆台、会议室、办公室摆件、色彩搭配、标语、条幅和室外宣传标语、口号、标识等，有强制标配及企业选配两种。

①装配式项目旗杆台有型钢龙骨不锈钢面板、型钢龙骨不烤漆（氟碳喷涂）面板和型钢龙骨铁板内外粘贴块料面层（花岗石、大理石和面砖）三种。旗杆为不锈钢锥形管标准节套筒，根据需要调整高度（标准节长度2000mm），有多种规格供客户选择。

②企业CI色彩搭配和宣传用语见各企业的CI手册要求。

③标语标牌多为亚克力板、KT板、雪弗板，标语多为安全、文明、质量、进度管理的宣传标语和爱国主义教育宣传标语等。各企业会根据工程不同要求增加宣传标语，见电子图2–6。

（2）装配式板图

项目有九板一图、七板一图、五板一图之分，视工程不同而不同，多为不锈钢支架框带玻璃镜框式落地板图。板图的内容由项目自身定制，没有特殊要求。板图一般摆放在工地主入口的明显处，配以宣传走廊、防火示范、样板间、安全体验间，以提高工地的整体管理形象。

4.箱式房变配电室

施工现场变配电室采用两个标准装配式集成箱房组成，其中一个为变电室，另一个为现场总配电室及配电值班室。箱房结构采用标准箱房的型钢结构，墙板、顶板为复合岩棉保温板，外侧为钢板，内侧为防火绝缘板，通风恒温系统齐全，采用LED应急照明系统，安全、简洁、方便，可重复使用。箱式房变配电室见电子图2-7、电子图2-8。

5.装配式集成洗轮机

装配式集成洗轮机是依据市政、路政、建委、环委、交通等各部门对施工车辆的要求，对各类工程车辆的轮胎及底盘而设计，利用全方位360°高压水枪对轮胎及底盘部位进行高压冲洗，从而达到将车轮及底盘彻底洗净的效果，达到各部门的车辆上路要求，见电子图2-9。

6.装配式集成集水池

集水池用于现场雨水和废水收集、沉淀。施工现场洗车机设置沉淀池、雨水回收系统、废水回收处理系统。现场雨水、废水通过排水沟引入集水池中，经过沉淀过滤可二次利用（洗车、洒防尘水、园林灌溉、卫生间设备冲洗、混凝土养护等），见电子图2-10～电子图2-13。

7.装配式施工马道、钢爬梯

施工现场装配式施工马道、钢爬梯采用型钢框架防滑钢板楼梯面板及休息平台，采用螺栓连接自由拼装组合，规格有宽3m×长6m×高1.2m、宽3m×长6m×高1.8m、宽3m×长6m×高2m、宽3m×长6m×高2.5m，适合各种楼层连接拼装使用。施工现场马道、钢爬梯有轻型结构和重型结构两种，其中轻型结构可拼装高度为15m，重型结构可拼装高度为25m。钢爬梯、马道入口配置护头棚。其详细说明及设计图见电子图2-14、电子图2-15。

8.装配式安全通道、护头棚

1）安全通道设置要求

①进出建筑物主体通道口应搭设安全通道防护棚；

②建筑物楼栋首层出入口处必须搭设防护棚，两侧用密目安全网封闭，在醒目位置设安全警示标志；安全通道防护棚宽大于道口，两端各长出1m，进深尺寸应符合高处作业安全防护范围的要求。坠落半径（R）分别为：当坠落物高度为2～5m时，R为3m；当坠落物高度为5～15m时，R为4m；当坠落物高度为15～30m时，R为5m；当坠落物高度大于30m时，R为6m；

③施工区进出口安全通道场内（外）道路边线与建筑物（或外脚手架）边缘距离小于坠落半径的，应搭设安全通道；

④人行通道必须设置安全通道防护棚，人行通道防护棚用木板或钢板铺设密实，不得采用薄钢板或竹桥板；防护棚长度对高层建筑不小于6m，对多层建筑不小于3m；

⑤当建筑物高度超过30m时，棚顶采用双层防护；防护棚不得附着于脚手架；

⑥通道应保持畅通、整洁，不得堆放材料、杂物；安全防护棚应采用双层保护方式，当采用脚手片时，层间距为600mm，铺设方向应互相垂直；

⑦非通道口应设置禁行标志，禁止出入；

⑧施工电梯安全通道防护棚一般是9m长、6m宽、3m高，建筑物超过10m时采用双层防砸防护，用国标钢材焊接，做好预埋和地面硬化，两边做好安全防护图和警示标志。见电子图2-16、电子图2-17。

2）装配式安全通道、护头棚

①根据安全规范设计要求，装配式安全通道产品采用型钢结构，顶板铺设5mm厚钢板，上面另铺设50mm厚木板，立面为型钢护栏加金属网片防护（高1200mm以下为钢板护栏，1200mm以上为高强度加厚亚克力板外加金属网片保护），配置安全现场展板，可以增配实名制门禁管理系统，装配式安全通道可以当电梯护头棚使用。

②装配式安全通道、护头棚单箱规格为3000mm×6000mm×2820mm，面积18m^2，箱内配置低压照明系统。

③装配式安全通道、护头棚地基要求：地基承载力不小于80kPa，基础采用100mm厚C20钢筋混凝土，配筋满足钢筋混凝土最小配筋率，基础四

周需配置排水设施。

9.卫生间配套化粪池

化粪池是指将生活污水分格沉淀，以及对污泥进行厌氧消化的小型处理构筑物，它是处理粪便并加以过滤沉淀的设备，如图2–3所示。由于工地的排水设施的不完善，特别是没有接入市政污水管道的化粪池，一级处理尤为重要。多年来，化粪池设施并未得到足够重视，使得这一基建投资不算小的构筑物不能正常发挥功效，对施工现场和环境造成了影响。卫生间配套化粪池见电子图2–18～电子图2–20。

图2–3　卫生间配套化粪池

1）配套化粪池设置

①化粪池的位置设置距离地下水取水构筑物不得小于30m。化粪池宜设置在接户管的下游端、便于机动车清掏的位置。

②化粪池外壁距建筑物外墙不宜小于5m，并不得影响建筑物的基础。

③当受条件限制，化粪池设置于建筑物内时，应采取通气、防臭和防爆措施。

④化粪池有效容积应为污水部分和污泥部分容积之和。

2）化粪池材料类型选择

①砖砌化粪池；

②钢筋混凝土现浇化粪池；

③装配式预制钢筋混凝土组合化粪池；

④装配式高分子复合化粪池；

⑤装配式玻璃钢化粪池；

10.装配式集成隔油池

1）装配式集成隔油池的要求

①含食用油污水在池内的流速不得大于0.005m/s；含食用油污水在池内的停留时间宜为2～10min；

②人工除油的隔油池内存油部分的容积不得小于该池有效容积的25%；

③隔油池应设活动盖板，进水管应考虑有清通的可能；

④隔油池出水管管底至池底的深度不得小于0.6m。有效容积$V=60Qt$（Q为最大设计秒流量）。

2）工地集成隔油池

①施工现场食堂，按照0.05m^3/（人·次）、一天12h计算。例如三餐，工人人数为400人，则其处理水量为$0.05\times400\times3\div12=5$m^3/h。

②由于施工管理的发展，施工现场食堂会被中央厨房配餐替代。施工现场只需要考虑分餐，因此现场实际排水只考虑清洗餐具，根据常规平均0.001m^3/（人·次）使用，$0.001\times400\times3\div12=0.1$m^3/h。选择处理工艺及设备时所根据的设计水量是在上述实际水量的基础上，再乘以一个1.2～1.5的系数。

装配式集成隔油池见电子图2–21。

3）装配式集成隔油池的选择

①隔油池的种类有不锈钢、玻璃钢、树脂、预制混凝土等成品隔油池。

②安装形式可分地面、半地下和地下。

③工程施工中常采用的二次深化过滤器使用的是免更换生化滤芯，只需要定期冲洗滤芯即可。

11.装配式集成垃圾站

1）装配式集成垃圾站分类

装配式集成垃圾站分为建筑施工现场建筑垃圾专用垃圾站和施工办公区、生活区的生活垃圾站两种。

2）装配式生活垃圾存放站

①装配式集成生活垃圾站为箱式封闭垃圾站，箱内设置分类垃圾存放容器，为办公区和生活区设置。

②装配式箱式生活垃圾站的标准箱规格为3000mm×6000mm×2820mm，内设置12个360L垃圾桶，垃圾存放箱两侧各设置6个分类垃圾投放重力开启窗口，重力开启自动关闭。

装配式集成垃圾站见电子图2–22～电子图2–24。

12.装配式集成消防泵房

消防泵、消防水池、消防控制系统、消防联动系统根据现场实际情况计算及用户需求配置。装配式集成消防泵房见电子图2–25。

13.装配式集成空气源房、新能源设计

新临建应用新能源包括太阳能、风能、空气源热泵等。室外路灯、区域进出口通道等采用太阳能、风光补辅助照明。热水系统采用太阳能及空气源热泵和电辅助加热。新临建新能源设计机组（电子图2–26）的选择需满足以下条件：

1）采用热泵专用压缩机，热效率高，寿命长，超低温配备准二级压缩的喷气增焓系统，适用范围广，适用温度范围在–25～43℃。

2）运行成本低，节能效果突出，投资回报期短，空气源热泵可节约70%的能源。

3）环保型产品，无任何污染和燃烧外排物，不会对人体造成损害，具有良好的社会效益。

4）安装方便，空气源热泵机组占地面积小，可直接与供暖管网连接，适合各类建筑的空调制冷及供暖。

5）安全性能好，无任何漏电、漏气、爆炸等安全隐患。

6）模块化安装，可把多台机组并联使用，确保系统一体化工作，满足供暖高峰用热量，为冬季供暖提供保证。

7）维护费用低，使用寿命长达15年以上，设备性能稳定、可靠。

8）先进的智能化控制及远程监控系统，可实现无人值守，全自动运行，管理方便、简单。

14.施工配套临时设施

1）加工车间由装配式箱房自由组合拼装，包括钢筋加工车间、木工车间、砂浆加工车间、机电加工车间、预制品加工车间等，见电子图2–27、电子图2–28。

2）仓库库房由装配式集装箱房加固集成，地面为花纹钢板面层，安置货架。库房安装人脸识别门禁系统，如土建库房、机电库房、工具库房等，见电子图2–29。

2.2.2 单体产品简介

1.装配式标准化集装箱式房

装配式集装箱式房是新临建单体产品的基础，所有箱式产品都是在此基础上进行二次开发、集成而成的。箱式房是标准化、模块化、工业化生产的产物，是新临建产品的主体，具有高度的同一性，主要有折叠式和打包箱式两种，见电子图2–30。

（1）标准箱式房建设标准

1）荷载设计

①箱式房临建恒荷载：屋面0.2kN/m^2；活荷载：屋面0.60kN/m^2（以考虑雪荷载为主）；风荷载：0.6kN/m^2；整体底板荷载：2.5kN/m^2。抗震设防烈度：7度，栏杆顶部水平荷载宜取1.2kN/m。

②构件允许长细比小于等于1∶150，梁与柱（主梁与次梁）之间应采用连接钢板和强度等级不低于4.8级的普通螺栓连接，连接螺栓的数量不少于2个，用于梁柱节点的螺栓直径不应小于14mm。用于主次梁节点连接的螺栓直径不应小于12mm，受弯构件允许挠度不大于$L/150$。

③地基承载力特征值不小于100kPa。

2）箱式房地基设计（表2–18）

临建基础类型较多，主要有钢筋混凝土板式基础、钢筋混凝土条形基础、现浇钢筋混凝土桩基础、预制钢筋混凝土桩基础、螺旋桩基础等，基础

箱式房地基设计 表2-18

基础形式	地基要求	土壤压实系数
钢筋混凝土板式基础	300mm厚原土夯实	≥0.90
钢筋混凝土条形基础	300mm厚原土夯实，300mm 2∶8灰土夯实，50mmC15垫层	≥0.92
现浇钢筋混凝土桩基础	300mm厚原土夯实，300mm 2∶8灰土夯实，50mmC15垫层	≥0.94
预制钢筋混凝土桩基础	300mm厚原土夯实，300mm 2∶8灰土夯实，100mmC15垫层	≥0.94
螺旋桩基础	地基承载力特征值不应小于100kPa	
基础钢筋搭接、锚固长度为30d		

埋深根据地理环境及地基地质条件确定。

①钢筋混凝土板式基础：根据现场地基条件平整处理地基，确保承台地基满足要求后浇筑C20钢筋混凝土承台基础，双向配筋ϕ10@≤300，混凝土地面不小于100mm厚。

②钢筋混凝土条形基础：梁采用C20混凝土，截面为400mm×200mm，配筋3ϕ12/4ϕ14/ϕ6@100/200，钢筋纵向搭接并伸入支座，横向搭接至支座跨中1/3的范围。

③现浇钢筋混凝土桩基础：预制混凝土柱C20混凝土，拼装多间临建，考虑整体荷载及均匀沉降，在桩柱顶加设钢筋混凝土梁或12～14号工字钢，混凝土梁采用C25混凝土，截面为200mm×200mm，配筋2ϕ14/3ϕ14/ϕ6@100/200，钢筋纵向搭接入支座，横向搭接至支座跨中1/3的范围。

④预制钢筋混凝土桩基础：同现浇钢筋混凝土桩基础，预制钢筋混凝土桩基础底加100mm厚C15细石混凝土垫层。

基础顶面、混凝土梁顶要求高于周围地面大于等于100mm，钢梁底高于周围地面50mm且做好防腐蚀措施，周围有良好的排水设施。

基础开挖深度根据现场勘探资料确定，同时满足地区防冻要求，设计依据现行国家标准《混凝土结构设计规范（2015年版）》GB 50010、《建筑地基基础设计规范》GB 50007。

3）箱式房锚固与连接设计

①基础预留预埋件与箱体连接支座采用焊接或螺栓连接紧固。

②膨胀螺栓将箱体连接件与基础混凝土连接，每个支座与地面保证有两个螺栓固定，梁与箱体连接采用螺栓连接（地基土压实系数不能满足要求或者局部不能满足要求，可以在承台地面下加设钢筋混凝土基础构造梁，构造梁截面尺寸根据地基土层考虑，现场根据实际情况通知工程师，工程师根据现场情况出具体承台构造梁方案）。

③箱体与箱体采用专用连接配件连接固定。

（2）箱式房箱体设计

1）箱式房箱体设计要求

①梁、柱设计：设备主梁、主柱采用钢板压型而成，其他次梁及构造柱采用标准型钢，采用配套的标准配件与梁、柱连接。

②箱体组装采用螺栓连接或焊接，方便安装、拆除及运输。

③箱式房外形美观、易清理、耐磨、隔热、保温、防火、保温、隔声。

2）箱式房箱体材料组成（表2-19）

箱式房箱体材料组成　　　表2-19

<table>
<tr><th></th><th colspan="2">材料名称</th><th>规格</th><th>材料及加工及说明</th></tr>
<tr><td rowspan="6">标准箱房</td><td>箱式房</td><td>箱式房规格</td><td>3000mm×6000mm×2820mm</td><td>标准箱式房规格外径尺寸</td></tr>
<tr><td rowspan="3">过道阳台</td><td>标配过道箱</td><td>1. 2000mm×6000mm×2820mm</td><td>2. 2000mm×3000mm×2820mm；
3. 2000mm×2000mm×2820mm</td></tr>
<tr><td>普配过道箱</td><td>4. 1500mm×6000mm×2820mm</td><td>5. 1500mm×3000mm×2820mm；
6. 1500mm×1500mm×2820mm</td></tr>
<tr><td>简易阳台</td><td>900mm×3000mm</td><td>含1150mm高护栏，80mm×2mm方管阳台支撑柱</td></tr>
<tr><td rowspan="2">楼梯间</td><td>箱式房楼梯</td><td>3000mm×6000mm×2820mm</td><td>配置楼梯、卫生间、洗漱间</td></tr>
<tr><td>户外楼梯</td><td>2400mm×6000mm×2820mm</td><td>钢板户外楼梯</td></tr>
<tr><td rowspan="2">框架</td><td colspan="2">纵向顶梁</td><td>5680mm×160mm×2.5mm</td><td>SS400-hdg热镀锌挤压，螺栓连接</td></tr>
<tr><td colspan="2">横向顶梁</td><td>2680mm×160mm×2.5mm</td><td>SS400-hdg热镀锌挤压，螺栓连接</td></tr>
</table>

续表

	材料名称	规格	材料及加工及说明
框架	纵向底梁	5680mm × 160mm × 2.5mm	SS400-hdg热镀锌挤压，连接片焊接
	横向底梁	2680mm × 160mm × 2.5mm	SS400-hdg热镀锌挤压，连接套管焊接
箱柱	角立柱	160mm × 160mm × 2.5mm × 2.48mm	SS400-hdg热镀锌挤压，螺栓连接
	角立柱	160mm × 160mm × 3mm × 3.88mm	SS400-hdg热镀锌挤压，3m以上
吊装配件	顶角头件	160mm × 160mm × 5mm	45号钢冲压三通件焊接，螺栓连接
	底角头件	160mm × 160mm × 4.7mm	45号钢冲压三通件焊接，螺栓连接
屋面配梁	方管檩条a横向	50mm × 50mm × 1.8mm × 2820mm	热镀锌方管
	方管檩条b纵向	40mm × 80mm × 1.2mm × 1927mm	热镀锌矩形钢管，中间副梁
	方管檩条c纵向	40mm × 60mm × 1.0mm × 1927mm	热镀锌矩形钢管，两侧副梁
地板配梁	方管檩条1横向	80mm × 80mm × 2.0mm × 2990mm	热镀锌矩形钢管，间距不大于2000mm（横向）
	方管檩条2横向	40mm × 80mm × 1.5mm × 2990mm	热镀锌矩形钢管，间距不大于600mm（横向）
	方管檩条3纵向	40mm × 40mm × 1.2mm × 5895mm	热镀锌矩形钢管，间距不大于300mm（纵向），无衬板
墙面复合板	外墙1（普通）	60/75mm复合彩钢板	0.6mm彩钢板+59/74mm保温材料+0.5mm彩钢板
	保温、隔声	65～80kg/m^{3}岩棉	59/74mm厚，岩棉（酚醛）保温材料
	外墙2（内净化）	60/75mm净化复合彩钢板	0.6mm彩钢板+59/74mm保温材料+ 0.5mm彩钢净化板（内）
	隔断墙	60mm复合彩钢板	0.5mm彩钢板+59mm保温材料+ 0.5mm彩钢板
	玻璃幕墙	60mm系统框式	铝合金框，6mm+12mm+6mm中控钢化玻璃幕墙
门窗	塑钢	70/80mm系列门窗	适用于普通箱式房
	烤漆铝	60/70mm系列门窗	适用于标牌箱式房
	断桥铝	60/70/78mm系列门窗	适用于办公室、宿舍及高档箱式房
	防护门	乙级防火（盗）门	适用于防护防盗箱式房

续表

	材料名称	规格	材料及加工及说明
门窗	卷帘门	钢板卷帘门	适用于加宽门（通道门）
		铝合金卷帘门	适用于加宽门（通道门）
		钢筋网卷帘门	适用于敞开机房复合
屋面	顶面板	压型彩钢板	咬口彩钢板屋燕尾自钻螺栓锚固
	保温	60～80mm厚带铝箔岩棉	带铝箔岩棉满平铺
	1.顶棚面板	彩钢板	花丝/铆钉锚固
	2.顶棚面板	铝合金方（条）板	配套铝合金龙骨及压边条
地面	下保温保护层	0.2mm钢板	镀锌钢板、彩钢板
	保温窗口	80mm厚带铝箔岩棉	带铝箔岩棉满平铺
	面层1	水泥板+胶垫（地板）	18～20mm厚增强水泥板+3mm厚PVC地板胶垫（9mm厚复合地板）
	面层2	金属板地面门窗	檩条3mm上铺设3mm厚花纹钢（铝）板，花丝锚固
	面层3	高强地板	檩条3mm上铺设不小于18mm厚高强地板，花丝锚固
维护配件	纵向墙压板槽	40mm×77.4mm×1.2mm×5780mm	1.2mm厚热镀锌板折弯（烤漆）
	横向墙压板槽	40mm×77.4mm×1.2mm×2750mm	1.2mm厚热镀锌板折弯（烤漆）
	隔断墙压板槽	40mm×52.4mm×1.2mm×2750mm	1.2mm厚热镀锌板折弯（烤漆）
	洞口附件	40mm×120mm×1.2mm	1.2mm厚热镀锌板折弯（烤漆）
标准箱体尺寸：外径尺寸：宽3000mm×长6000mm×高2820mm，外径尺寸应考虑板厚，采用75mm板外径-100mm×2mm，60mm板外径-85mm×2mm			

（3）箱式房电气设计

①供电线路设计；

②新临建接地及防雷保护；

③照明设计；

④配电箱（柜）设计；

⑤箱式房照明配置设计（表2-20）。

供电设备明细表　　表2-20

供电用途及部位		照明	节能光源	插座	控制方式	供电方式
办公区	办公室及配套设施	220V	LED	220V	一灯一控	市电
	过道、一台、路灯	220V	LED	220V	时声光控	太阳能+市电
生活区	宿舍	24V/36V	LED	220V/12V	一灯一控	市电
	过道、一台、路灯	220V	LED	220V	时声光控	太阳能+市电

（4）装配式箱式房给水排水设计

①标准层宿舍不配置给水系统（高配宿舍按图配置给水系统），洗漱集中在洗漱池。

②可在走廊两头均设置一个拖把池、一个地漏，楼梯间配置开水房及保洁房。

③排水连接区域将水通过排水系统排进集水池沉淀并重复利用。预留集中供暖管线。

（5）装配式箱式房空调制冷设计

①每个标准间配置一台冷暖空调，预留中央空调系统及集中供暖系统。

②根据条件配置空气源中央空调机组。

（6）装配式箱式房消防设计

①标准层宿舍配置烟感报警器。

②消防器材按《施工现场临时建筑物技术规范》JGJ/T 188—2009配置。

（7）装配式箱式房节能设计

①采用节能、保温性能良好的建筑材料。

②供暖、制冷系统采用热泵机组提供供暖、制冷，热水系统采用热泵+太阳能辅助+电辅助系统。

③照明系统采用太阳能、风光互补蓄电池辅助，计量控制采用智能电控系统、智能水控系统，光源采用LED节能灯具，公共部位采用声光控开关控制。

2.装配式功能型箱式集成产品简介

（1）箱式集成开水房

装配式箱式集成开水房是专为施工现场配套的一款现场净化开水供应系统，采用专用漏电保护，供水系统加设水净化系统，能源采用太阳能电伴热系统，太阳能将保温水箱的水加热后，热水进入恒温箱，再用电将水烧开。集成开水房配置废水处理设备，将处理过的废水排入现场集水池内二次利用，可以有效地节约能源与水。箱式集成开水房见电子图2–31、电子图2–32。箱式集成开水房配置见表2–21。

箱式集成开水房配置 **表2–21**

设备配置	设备名称
箱体规格	3000mm × 6000mm × 2820mm，面积18m^2，配备门禁系统
开水炉	电开水炉、自动补水系统、漏电保护系统
水控阀	电子水控阀（冷水、热水），配置适量热水龙头
洗刷池	两套洗刷池，配置冷热水混合水龙头
热源补偿	太阳能、空气源热源补偿节电

（2）现场生产指挥调度中心

现场生产指挥调度中心是新临建主要的核心产品之一，是高度集中的信息共享中心和指令发布终端，信息化工地、智慧工地信息汇集指令发布枢纽中心，大数据产生和分析中心，是为数字化施工和智慧工地建立的现场生产安全指挥调度物理载体。指挥调度中心改变工程管理在办公区的传统习惯，将工程管理前移至施工区，现场指挥、调度。指挥调度中心集中在施工现场指挥，安全生产、质量监控、进度控制、人员安排、机械调动、物料调度等要素统一协调，实现对现场状况的实时掌控，对有效地开展各项工作提供场地支持，最大限度地预防和减少施工隐患，让施工管理者责任更加明确，职责分工清晰，管理省事、省力、省钱、省心。集成式生产指挥调度中心可重复使用。指挥调度中心见电子图2–33、电子图2–34。中心设备配置见表2–22，中心系统配置见表2–23。

指挥调度中心的设备配置表 **表2-22**

名称	配置
箱体	采用标准箱式房骨架，箱体为宽3000mm×长6000mm×高2820mm，设计面积为18m^2，其中机房不小于1m^2
墙体	采用50mm厚（酚醛）岩棉夹心彩钢复合板，导热系数为0.02～0.036W/（m·K）
地面	1.0mm厚热镀锌钢板，铺40mm的60kg/m^{3}铝箔岩棉，铺设防潮木地板（增加复合塑木、实木）
机柜	600mm×800mm×1200mm服务器机柜，配置不间断电源
操作台	两组1800mm×600mm操作台配档案柜
监控	硬盘录像机、摄像头、路由器
显示器	6～8屏32寸液晶显示器，大屏幕拼接屏1280mm×3840mm（显示屏规格可根据需要选择）
照明	LED照明光源，一灯一控。配置应急灯

注：（酚醛）岩棉彩钢夹芯板具有防火性好、保温性好、隔热性好、隔声性好、承载力强、轻质环保、经济美观、施工快捷等优点

指挥调度中心的系统配置表 **表2-23**

系统名称	系统类型	系统配置名称		功能、技术
视频图像音频设施	监控、视频系统硬件	视频采集	摄像机	视频采集网络摄像机带抓拍
		录像机摄像头	硬盘录像机	网络数字录像机
		监视器	监视平面	观看视频电视机、拼接屏
		网络光端机	光信号收发器	多路网络光端机
		光纤收发器	光纤猫	北亿纤通
		交换机	网络分配器	分多个网络端口
		网桥	无线网桥	网络无线传输接收
		矩阵器	画面矩阵分组	切换多路、多机画面
	供电系统	配电箱	双路配电箱	强电、弱电分路组合配电箱
		UPS电源	不间断电源	CSTK C1KRS 1kV•A 1000W
		电源电池组箱	钢板电池组箱	450mm×370 mm×320 mm
		UPS蓄电池	铅酸蓄电池	12V/100AH
		铜芯视频线	SYV75-5 96	数据传输
		防雷和接地设施	浪涌保护器+	接地装置

续表

系统名称	系统类型	系统配置名称		功能、技术
视频图像音频设施	供电系统	电源线	强弱电	进线面积不小于6mm²，插座4mm²
	编辑存储分析系统	服务器	服务器	视频、音频、图像、文件、软件
		服务器机柜	600mm × 800 mm × 1200mm	机架式
	无线广播系统	广播服务器	—	含应急广播适配器、功放器
		广播发射机	通信广播发射机	—
		数字编码器	编程系统	—
		IP广播控制器	控制系统	含IP广播话筒、调频音箱
		太阳能广播极板	电源系统	含太阳能广播电源控制器
	有线广播	有线设备	含播放、传输、放大、接收等	
		音频线	RVV2 × 1.5mm² RVVP2 × 1.5mm²	
	识别系统	信号源		RFID卡
		读卡器		RFID卡读写器
		扫描头		图像、视频扫描设备
	信息发布	短信猫		短信发送
		微信发送		微信发送
	环境监测	—		传感仪器、传输各种数据分析、控制、预警、存储等
	智能控制	智能水控制闸		控制阀、控制开关、智能电表、智能充值
		智能电控开关		智能控制器、智能电表、智能充值
软件系统	视频广播	视频编码压缩	MPEG-4/H.264	视频压缩卡数字视频编码
		视频分割器	汉化版	视频画面分割
		视频会议		信号源（采集编辑）、传输设备、播放设备
		DMB系统		提高了音频信号的传递质量、高的功率、高频谱
	识别系统	图像扫描识别		文件、资料扫描、对比、判断
		视频扫描		动态、静态，人、机、料、活、产品扫描

续表

系统名称	系统类型	系统配置名称		功能、技术
软件系统	识别系统	人脸识别	识别分析统计	人脸识别统计分析系统
	管理系统	劳务管理	实名制管理系统	实名制劳务管控系统
		安全管理	安全管理软件	人员、设备、材料
		劳务派遣分工	派工管理系统	派遣、分工、工序、验收、上报
		质量管理	质量管理系统	质量管理对比系统
		进度管控	进度管理系统	进度对比分析
		环境控制	环境监测系统	监测、预警、控制、通知、分析
		智慧工地管理	智慧工地系统	管理、监督预警、指挥
		消防管控	消防预警系统	预警、管理、指挥、联动
		办公室、宿舍	管理分配系统	位置管理、门禁管理、智能授权
		电控系统	智能电控系统	预警、联动、远程控制
		水控系统	智能水控系统	预警、联动、远程控制

(3)集成现场标养室

现场标养室是工程施工不可或缺的设施，用来保证混凝土的产品质量和各项指标满足要求，同时也是政府监管部门重要的依据来源，是新临建重要的单体产品之一。集成现场标养室见电子图2-35、电子图2-36。

1)面积配置要求

装配式标养室有多个，由装配式集装箱及特殊保温材料组成，具有保温、保湿的功能。装配式标养室的面积规格有$3\times6=18m^2$、$3\times8=24m^2$、$3\times6\times2=36m^2$，用户可以根据单位工程面积合理选择。标准养护条件见表2-24。

标准养护条件 **表2-24**

混凝土(含抗渗)	温度20±2℃	相对湿度大于95%
水泥混合砂浆	温度20±3℃	相对湿度60%～80%
水泥砂浆	温度20±3℃	相对湿度90%以上

2)设备配置要求

①试块放置架，智能化温湿度自动控制仪，中控恒温恒湿设备(一套)，

带箅子金属排水沟配有废水回收集水池，自动雾化喷加湿器，独立防潮配电箱，LED防水防潮照明灯具，防水防潮电路，防潮灯具及插座、送风与回风系统。

②独立操作间值班室，配置试块振动台、操作台，试块临时堆放区，模具堆放及清洁区。

（4）临时休息室（吸烟室、茶水亭）

临时休息室是为满足施工区、生活区建设者的生活基本需要而设立的必要生活设施，是新临建的重要单体产品之一。装配式施工现场临时休息室同时可作为临时茶水间、吸烟室使用，见电子图2–37。临时休息室配置见表2–25。

现场临时休息室配置 **表2–25**

名称	配置设备
箱体	3000mm×6000mm×2820mm，单个箱体面积18m^2，项目可根据需求选择配置数量
开水炉	内置电加热开水设施
洗刷池	配置两个洗手池
桌椅	配铁质或耐火材料制成的休息桌椅、烟灰缸、垃圾桶及灭火设备、沙桶
排风	室内设置排风扇、固定钢制纱窗，带重力静音风帽自然排风
注：规格为标准集成式箱式房，可以按照客户需求定制，采光通透	

（5）装配式箱式卫生间

装配式箱式卫生间有多款产品，是新临建的重要单体产品之一，见电子图2–38～电子图2–42和表2–26。

箱式卫生间选择 **表2–26**

名称	规格及配置
标准箱体规格	3000mm×6000mm×2820mm，建筑面积18m^2
单体两门6坑	单体卫生间两门、6个坑位、两个洗手池、1个简便型小便池，适合工地施工区、生活区使用
单体单门6坑	单门6位蹲坑，包含1个无障碍马桶，1个1200mm长小便池，两个洗手盆，一个拖把池

续表

名称	规格及配置
组合卫生间	10坑位型，5坑位+5m小便池型，12m小便池型，5m小便池+5m洗手池型等
照明	照明配置声光控设施
冲洗系统	卫生间冲洗设施配置自动红外感应系统
冷热水系统	洗手池给水排水系统为冷热水系统
旱厕	单体卫生间规格为900mm×1200mm×2400mm、1200mm×1500mm× 2400mm
洗刷池	根据型号配置洗刷池，同时配置烘手器
通风	通风设施齐全，设置强排风及自然排风系统，自然排风系统为上回风、下排风

注：1.装配式箱式卫生间可以根据需要任意组合，装配式施工现场职工卫生间通风、照明设施齐全。卫生间设置的周围排水设施齐全。集中将排出的污水通过管道排入化粪池一级池沉淀，适合现场使用。
2.装配式箱式单坑（旱厕）卫生间适用于没有给水排水的工地施工区、加工区使用

箱式卫生间要求如下：

①蹲便器间距不小于900mm，蹲位之间宜设置隔板，隔板高度不低于2100mm。洗手池水嘴安装间距不小于700mm。卫生间冲洗设施配置自动红外感应，洗手池给水排水系统为冷热水系统，照明配置声光控设施。

②厕所的蹲位设置按男厕每10～20人设置1个蹲坑、女厕每8～10人设置1个蹲坑，男厕每25～30人设1m长小便槽。

③卫生间蹲坑及小便池配置要求：一般400人的施工现场配置20～30个坑位16m的小便池。

（6）箱式现场接待室

为了提高施工现场的精细化管理水平和施工工地形象，可以按照工程条件设置来访接待站，接待临时性访客和业务推广人员，使得工程管理秩序化，见电子图2-43～电子图2-45。配置见表2-27。

（7）装配式集成办公室

装配式集成办公用房是新临建用量大、式样最多的单体产品，是新临建的重要产品，也是运营产品的核心。集成办公用房是工地信息化重要的使用场所，对于局域网、无线网络要求高。对于电脑终端、移动终端的使用，对

现场接待室配置　　表2-27

系统规格	结构、采用标准装配式箱式房配置3000mm × 6000mm × 2820mm
建筑、装饰装修	建筑设计和装饰装修设计可按照客户需要和条件选用工业化装饰后的类型
电气设计	独立配电箱，照明采用太阳能蓄电互助系统为箱式房提供照明能源，配置LED照明灯具，照明开关安装声光控系统，空调系统采用市电或节能能源，配置饮水机，设置手机充电插座及配线，配置一台43英寸的智能电视，无线网络覆盖
门禁	智慧化设计智能门禁系统、温控开水系统、声光控照明系统、动态监控系统、火灾报警系统
给水排水设计	配置一个洗手池及冷热水龙头，排水连接区域将水通过排水系统排进集水池沉淀并重复利用
电器、家具	空调一台、电开水壶一个、饮水机一台、擦鞋机一台、4人（3人）沙发两组、小茶几两套、接待桌一张、其他办公设施选配

于各种信息化管理平台、工程管理平台、工具类软件及智慧工地的使用有较高的要求。装配式集成办公室见电子图2-46～电子图2-52。集成办公用房配置见表2-28，集成办公用房选择类型见表2-29。

集成办公用房配置　　表2-28

名称	规格及配置
标准箱体规格	3000mm × 6000mm × 2820mm，建筑面积18m^2
结构框架	结构框架设计同其他标准装配式箱式房结构
屋面板材	屋面为保温板加彩钢板屋面，顶棚可以选用集成式压制型顶棚
墙板	采用6mm彩钢+40（64）mm的65～80kg/m^{3}岩棉（酚醛）保温板+5mm彩钢净化复合保温板
踢脚	踢脚为铝合金或复合踢脚板
地面	型钢龙骨+镀锌板防潮层+岩棉隔声保温层+水泥压力板+找平层+复合木地板面层
门窗	断桥铝合金门窗、塑钢门窗、配置窗帘布
电气系统	独立配电箱，配置LED照明灯具，室内照明采用一灯一控；配置电热水器插座、手机专用充电线及普通插座，办公室有线局域网或无线网络，预留电话线盒
空调系统	标配每个标间预留一个空调插座，预留中央空调系统、风机盘管及集中供暖系统

续表

名称	规格及配置
卫生间	模块化集成，给水排水系统按照标准产品模块化组成，排水系统将水排进集水池沉淀并重复利用
家具、电器	电开水壶一个，饮水机一台，组合办公桌，小会议桌，靠背椅，文件柜，保险箱，沙发，茶几；休息室配置单人床、床头柜、衣柜、电视机柜等；按照不同用途、不同条件个性化选配

集成办公用房选择类型 **表2-29**

类型	配置
A类	办公室+小会议室+小卫生间+休息室（2～4箱组合），项目经理专用，可以选择个性化装修
B类	办公室+小卫生间+休息室+接待室（2箱组合），项目领导专用，可以选择个性化装修
C类	办公室+休息室（3箱组合，2个使用单位），供生产经理、技术总工、施工总监、甲方总监等使用
D类	办公室（单箱），单人使用，标准模块
E类	办公室（单箱），两人使用，标准模块
F类	办公室（单箱），三人使用，标准模块
G类	办公室（单箱），四人使用，标准模块
Z类	综合办公室（两箱以上），多人使用

注：办公室可根据用户要求选择个性化装修（装配式整板材装修）

（8）组合会议室

组合会议室由标准集装箱式房组合而成，其结构、建筑、电气、给水排水、节能设计同办公室。根据工程规模和管理人员人数设置不同数量的会议室，通常采用3～6个敞开式集装箱（54～108m^2）拼装组合而成。会议室通常根据客户需要做工业化装饰和CI形象装饰。组合会议室设计图见电子图2-53～电子图2-55。

1）电器、家具配置

通常配置会议桌、椅，文件柜，秘书台，饮水机，电热水器，茶具柜，投影设备或组合电视墙。要求高的可以配置卫生间及开水房、咖啡间等。

2）智能设备配置

配置视频监控，远程会议设备，协同平台，语音智能会议秘书。

（9）装配式走道、阳台

装配式走道和阳台选择见表2-30。

装配式走道与阳台选择 **表2-30**

<table>
<tr><th colspan="3">过道（阳台）形式与规格（采用箱式房结构制作）</th></tr>
<tr><td>悬挑阳台</td><td>900mm×3000mm、1100mm×3000mm</td><td rowspan="2">轻钢结构悬挂阳台+护栏+彩钢板顶棚</td></tr>
<tr><td>支柱阳台</td><td>900mm×3000mm、1100mm×3000mm</td></tr>
<tr><td rowspan="2">箱式阳台</td><td rowspan="2">1500mm×3000（6000）mm×2820mm、2000mm×3000（6000）mm×2820mm</td><td>装配式箱式走道箱板+窗式</td></tr>
<tr><td>装配式箱式走道箱板+玻璃幕墙式</td></tr>
</table>

（10）装配式箱式楼梯间

箱式楼梯间是多层办公楼、宿舍新临建使用的楼梯间设施，同箱式办公室、宿舍一同组装而成，通常由一个标准间和钢制楼梯装配而成。楼梯间隔不大于15000mm。按临建标准规范设置，见电子图2-56和表2-31。

箱式楼梯间的选择 **表2-31**

<table>
<tr><td>箱体规格</td><td colspan="2">装配式箱式楼梯间规格为3000mm×6000mm×2820mm，采用标准箱房骨架及板材制作，含门窗</td></tr>
<tr><td>室外楼梯间</td><td>单跑楼梯，为两层结构配置的户外楼梯</td><td>敞开式带雨罩</td></tr>
<tr><td>室外楼梯间</td><td>全两跑回转楼梯</td><td>敞开式带雨罩</td></tr>
<tr><td rowspan="2">装配式楼梯间</td><td>全两跑回转楼梯加小开水房及保洁室（开水房配置冷水龙头及拖把池）</td><td>箱式房楼梯间</td></tr>
<tr><td>全两跑回转楼梯加小卫生间+保洁室（配置拖把池）</td><td>消防楼梯间</td></tr>
</table>

（11）装配式箱式淋浴间

装配式箱式淋浴间主要用于办公区和生活区，为管理人员和劳务人员提供具有良好的洗浴条件，缓解工作压力，提高工地生活水平。淋浴间设计图见电子图2-57～电子图2-68。淋浴间类型见表2-32。

装配式淋浴间设计要求如下：

①其建筑、结构设计同办公室设计（标准箱集成）。

装配式淋浴间类型　　表2–32

型号	3000mm × 6000mm × 2820mm，建筑面积18m²
1号淋浴间	8个淋浴花洒，3个洗脸盆
2号淋浴间	10个淋浴花洒
3号淋浴间	11个淋浴花洒
4号淋浴间	9个淋浴花洒，3个洗脸盆
1号更衣室	57个更衣柜，2个洗脸盆，2个600mm × 1600mm更衣座
2号更衣室	66个更衣柜，2个600mm × 1600mm更衣座
办公区配套卫浴间	2个蹲坑，2个淋浴L间，2个洗脸盆，1个开水间
配套洗漱、淋浴间	2个淋浴L间，4个洗脸盆，2个洗衣机，1个开水间

注：1.每个单箱型标准淋浴房配置2个独立淋浴间与更衣室，更衣柜供项目管理人员使用，可单独设置，也可以和办公室组合在一起。可以使用独立的节能型电加热热水器，容量不大于70L。

2.多箱组合是为建筑工人在生活区而设立的卫生洗浴设备，每个标准淋浴房配置10个花洒头和1个小便池，由干湿分离的更衣室、淋浴间组成，可根据需要自由搭配选择拼装。更衣室配置25～28组IC卡管理衣帽柜，房间内地面采用防滑花纹铝板或拼装瓷砖地面。

②排水系统连接进雨水回收系统，沉淀过滤循环使用，与防尘洒水及绿化灌溉。

③淋浴间的电气设计为防水、防潮的LED光源的浴室灯。

④给水排水设备和管线设计为模块化管道和工程化装配式。热水来源为单独控制的太阳能加热的热水器或燃气，采用空气源热泵交换的集中热水供应方式。

⑤淋浴房、更衣室均配供暖、通风排气帽系统。

⑥采用计量供应方式，可为投币、IC卡或二维码扫码供水方式。

（12）装配式箱式洗衣房

箱式洗衣房设计图见电子图2–69～电子图2–72。箱式洗衣房配置见表2–33。

（13）箱式安全体验中心

装配式箱式安全体验中心是项目为集中教育和培训现场人员安全知识而设置的安全体验设施，根据工地的具体情况选用。安全体验中心为一站

箱式洗衣房配置　　表 2-33

名称	规格及配置
标准箱体规格	3000mm × 6000mm × 2820mm，建筑面积 $18m^2$
结构框架	结构框架设计同其他标准装配式箱式房结构
屋面板材	屋面为保温板加彩钢板屋面，顶棚可以选用集成式压制型顶棚
墙板	采用6mm彩钢+40（64）mm的65～80kg/m^3岩棉（酚醛）保温板+5mm彩钢净化复合保温板
踢脚	踢脚采用铝合金或复合踢脚板
地面	型钢龙骨+镀锌板防潮层+岩棉隔声保温层+面板龙骨+3mm厚防滑花纹铝板
门窗	断桥铝合金门窗，塑钢门窗，配置窗帘布
电气系统	独立配电箱，配置LED照明灯具，室内照明采用一灯一控。雨篷照明采用太阳能辅助照明配置声光控开关控制，预留洗衣机及熨烫设备插座，无线网络覆盖，内置监控系统。给水排水管、排水沟预留、预留集中中央空调管路。一台冷暖空调，预留中央空调系统及集中供暖系统
基础要求	地基承载力特征值不小于100kPa
雨罩	装配式轻钢结构悬挑彩钢板雨篷
给水排水系统	配置一套双头洗手池及冷热水龙头，排水连接区域排水系统的水排进集水池沉淀并重复利用
设备标配	集成洗衣房配备6台全自动洗衣机，配置了双头洗刷池、8个储物柜

注：洗衣房具体设计详见有关设计图纸

式移动安全体验馆，采用了虚拟现实技术、多媒体技术、信息采集技术及智能控制技术等，集VR安全体验、多媒体安全培训和安全实操体验三大功能于一体，提供全方位、高品质的安全培训解决方案，将以往的“说教式”培训转变为“亲身体验式”培训，开创了“体验+教学+实践”的全新安全培训模式。

1）安全体验中心的作用

①班前讲评台。强调安全生产注意事项、安全警示语、安全戒律，提高职工的安全意识。

②平衡木体验。检查劳动者的平衡能力，随时检测作业人员的健康状态，以预防安全事故的发生。

③垂直爬梯体验。根据爬梯不同的步距来感受攀爬的安全。

④洞口坠落体验。了解洞口或开口部的危险性，将施工环境、施工特点与体验者的行为能力紧密相连，通过体验的总结，体验者的表现大多为：肌肉的紧张、僵硬，不由自主地震颤、毛发竖立、起鸡皮疙瘩、毛孔张开、冷汗直流、精神紧张，心内极度得恐怖，因此，应充分认识到高空坠落带来极大的不安，及时正确地加强洞口防护，从而养成正确维护、安全防护的好习惯。

⑤安全防护用品展示。通过各类安全防护用品的展示，让职工直观了解防护用品，掌握正确的使用方法。

⑥灭火器演示体验。发生火灾时如何正确使用消防器材及采取应急处置的有效措施，讲解如何预防火灾发生及发生火灾时正确的处理方式。

⑦综合用电体验。正解引导现场人员认真学习安全用电相关知识。学习各类电气元件、开关插座、常用灯具及管线等的规格和使用规范，并通过模拟触电让人体验瞬间触电的感觉，进一步普及施工现场安全用电知识，提高作业人员的安全素质，达到安全第一、预防为主的目的。

⑧安全帽撞击体验。培训职工熟知安全帽的正确佩戴方法，以及了解佩戴安全帽可减轻物体的冲击伤害，让职工养成正确佩戴安全帽的习惯。

⑨安全带使用体验。正确穿戴安全带，高挂低用，在上升下落的过程中体验不同的感受。特别是人体对地面撞击的片刻危险感受，使人认识到正确使用安全带的重要性，达到安全教育培训的目的。

⑩吊运体验。演示正确的吊运货物方法，根据钢丝绳不同的捆绑方法来吊运货物，提高吊运的安全性。

⑪钢丝绳体验。施工现场人员体验并掌握钢丝绳的正确使用方法以及错误使用带来的危害。

⑫现场急救体验。当面临中暑、烧伤、创伤、休克、骨折时，施工现场人员通过学习正确的处理方法，面临突发状况能及时开展急救。

⑬移动式倾倒操作平台体验。体验操作平台倾倒事故，正确认识操作平台倾倒的危险性，培训操作平台倾倒的安全处理方法。

⑭栏杆倾倒体验。通过模拟防护栏杆超过一定力量时造成临边防护栏杆倾斜，教育施工人员预防事故的方法，提高自我安全意识，检验安全防护栏的重要性等。

2）安全体验中心的配置

安全体验中心一般由3～4个标准箱式房组成，设置在建筑工地现场入口的明显处。

通常配置班前讲台，可进行以下体验：平衡木、平衡桥行走体验，脚手架及通道对比体验，人字梯倾倒体验，安全网对比体验，平台倾倒体验，重物搬运体验，塔式起重机作业体验，墙体倾倒体验，爬梯对比体验，防护栏杆倾倒体验，洞口坠落体验，消防器材体验，医疗急救体验，电流过载体验，综合用电体验，钢丝绳演示体验，安全鞋防砸体验，安全帽撞击体验，安全带体验等。

（14）箱式宿舍房

装配式集装箱宿舍用房是为建设者在工地居住设计的单体产品，是新临建的核心产品之一。它的形式有多种，视工地情况和使用者的不同选定与组合。常用的工人现场居住用房多为简配房，劳务管理人员选用标配，劳务负责人选用高配。它们的主要区别是人数的不同和室内装修及设施的不同。箱式宿舍房见电子图2-73～电子图2-83。其配置类型见表2-34。

箱式宿舍房的配置类型 **表2-34**

名称	配置
箱体	采用标准箱体，尺寸为3000mm×6000mm×2820mm，建筑面积18m^2
劳务简配箱式宿舍	8人间，36V照明，USB充电，有暖气和空调设备，配备洗漱用品柜、安全帽架
劳务标配箱式宿舍	有6人间和8人间两种。配备洗漱用品柜、安全帽架
劳务高配宿舍1	为双人间带卫生间，有冷热水，36V照明，USB充电，有暖气和空调设备
劳务高配宿舍2	单人间，有冷热水，36V照明，USB充电，有电视、办公桌、衣柜，有暖气和空调设备
管理标配宿舍1	套间：2箱组合，配卫生间、淋浴间、休息室、办公室、接待室，配衣柜、办公桌等

续表

名称	配置
管理标配宿舍2	套间：1、5箱组合，配卫生间、办公室、休息室，配衣柜、办公桌
管理标配宿舍3	单箱：单人间，配卫生间、办公桌、休息室（大床），配衣柜、办公桌
管理标配宿舍4	单箱：2人间，配卫生间、休息室（单人床），配衣柜、办公桌
管理标配宿舍5	单箱：4人间，配卫生间、休息室（单人床），配衣柜、办公桌
注：供管理人员和项目部值班人员使用，高配间：供劳务负责人使用，箱式宿舍用房一般可设计三层结构箱体组合，也可设计成局部两层加屋顶晾衣台组合	

3.一路筑服的新临建特色产品简介

（1）人脸识别实名制管理通道

人脸识别实名制管理通道是在箱式房基础上与实名制管理设备集成的可移动产品，是建筑工地强制性使用的新临建产品，是我们的拳头产品。

1）集成实名制通道的优势

- 集成实名制通道可整体运输，移动方便，高度集成相应的软硬件后即可使用。
- 实名制通道是装配式箱式房的一种，除具有集装箱式房的所有特点外，还具有软、硬件集成度高的特点，适用于不同客户的选择。
- 可以多次循环使用。

实名制通道见电子图2-83～电子图2-89，其产品配置见表2-35。

集成实名制通道产品配置　　表2-35

设备配置	设备名称（根据需求选配）
通道箱体	3000mm×6000mm×1200mm集成通道箱，通道处配置卷帘门
管控设备	翼闸、全高闸、半高闸、摆闸、辊闸、速通闸
识别设备	人脸识别、IC卡一卡通识别、二维码识别、虹膜识别等
显示设备	高清32寸信息液晶显示屏、LED户外显示屏
操作系统	劳务实名制管控系统，系统操作说明手册
辅助项目	安全标识、标语、标牌、通道警示牌等
监控系统	硬盘录像机1台、摄像头3个

续表

<table>
<tr><th>设备配置</th><th colspan="2">设备名称（根据需求选配）</th></tr>
<tr><td>供暖制冷</td><td colspan="2">值班室冷暖单机1匹空调1台</td></tr>
<tr><td>辅助设备</td><td colspan="2">设备机柜、劳务实名制板卡、网络交换器、身份证阅读器、语音提示等</td></tr>
<tr><td rowspan="3">电气系统</td><td>电源</td><td>市电含现场发电、风光补发电、不间断电源</td></tr>
<tr><td>照明</td><td>LED白光弧面发光条灯，值班室1盏36W，通道2盏26W</td></tr>
<tr><td>配管线</td><td>插座配线：设备ZRBV-3×4mm^{2}含空调，其他插座ZRBV-3×2.5mm^2，照明ZRBV-2×1.5（1）mm^{2}配MT管暗敷设或铝合金线槽明配</td></tr>
</table>

注：1.通道内埋地线路线槽被1.2mm厚不锈钢一次压型而成防水线槽，线槽具备防水、耐腐蚀、防碰撞等。线槽暗敷设在地板下与结构焊接成整体，线槽盖板为不锈钢，线槽内设强弱电分隔板，线槽两头与结构焊接连接，出线口焊接套管可防鼠、防虫、防水。

2.监控系统：通道内监控线路穿MT管暗敷于顶棚，箱体连接处甩出线头。监控采用超五类高速网线POE供电，管控通道采用球形摄像头，对进出通道全过程记录。值班室（操作间）等场景监控采用半球形摄像头。配置一台硬盘录像机，硬盘录像机的存储硬盘根据需要摄像机的数量及存储时间确定。通道监控系统也是工地视频监控的重要组成部分，是智慧工地最为重要的组成部分

2）实名制通道供电模式

- 装配式实名制供电模式可采用市电、风光互补发电、UPS供电、低压供电等方式。

- UPS供电方式：通过市电接入不间断的供电电源，在停电时通过释放出30min的电力供设备使用。存储容量决定电池组的大小，根据实际需求确定配置。

- 低压直流电供电方式：根据安全生产管理办法，所有36V以上的供电方式都会造成危险，必须有职业合格证的人员才能操作而持证上岗对于劳务实名制厂家或维修商是不可能达到的要求。为防止违规作业，为此劳务实名制通道应采用低压直供的方式，所有为设备、板卡供电的产品均为12V\24V\36V低压供电方式，这是一路筑服的产品特色。

（2）配餐中心

- 集成配餐中心是工地餐食服务的趋势，是改善工人就餐环境，为工人带来安全、卫生、方便的工地生活的有机组成，如图2-4、图2-5所示。

- 集成配餐中心是为中央食堂提供的现场配餐服务，可以根据不同时

图2-4 移动箱式配餐中心

图2-5 移动箱式配餐中心操作间及配餐区

间、工期、使用人数而灵活调整供餐品种、供餐数量的服务手段。

- 配餐中心具有可拆装、可运输、移动方便、组合灵活的特点，适合移动位置的配餐服务。
- 配餐中心通过软件与中央厨房生产系统相连，将配餐和订单信息实时推送到中央厨房，中央厨房及时按配餐中心的配餐信息组织配餐数量，及时发送到需求位置。
- 分餐员根据配餐中心的要求将配送订单及时发送到就餐人手中，完成最终的订单配送过程，并将送餐信息实时反馈回总部。

移动箱式配餐中心见电子图2-90～电子图2-93。其系统、设备、家具及电器配置分别见表2-36～表2-38。

集成配餐中心系统配置　　　　表2–36

设计名称	说明
箱体结构	采用标准箱结构3000mm × 6000mm × 2820mm，建筑面积箱体18m^2
净空规格	净空尺寸2820mm × 5800mm × 2500mm，面积：户内16.24m^2
墙板	75mm系列彩钢净化复合保温板
顶棚	铝条板（铝分板），集成300mm × 600mm × 30mm吸顶24W白光LED防潮防油厨房灯
屋面	50mm厚铝板保温材料，0.5mm厚波纹彩钢板
地面	0.3mm镀锌板+80mm铝板保温板+3mm花纹铝板
门窗	75mm系列断桥铝门窗
设备	集成不锈钢橱柜（分餐柜台）
雨篷	雨篷为型钢龙骨钢板（铝合金）结构，雨篷板（彩钢、玻璃、亚克力、广告有机玻璃）
台阶	台阶采用钢板一次压型而成，面层铺设防滑耐磨胶垫
分流护栏	不锈钢栏杆
装饰设计	配餐中心室内装饰采用钢质压型净化板墙面及吊顶，灯槽、灯箱采用1.2mm厚单层净化板压制成型，发光部分采用3mm厚亚克力板，吊顶、灯槽、灯箱为标准件，配套固定件安装即可
给水排水设计	1.给水管采用镀锌管或铝塑管，各个给水点采用独立阀门控制，给水管采用50mm厚挤塑保温管保温； 2.室内配置5个地漏检查口及两个设备排水口，地漏与检查口合并共有，排水管采用30mm厚挤塑保温管保温； 3.隔油池在底板下，面积为1.43m^2，排水经过隔油池处理再并入区域排水系统后连接市政排水实施，出水管做防鼠防虫侵入处理
电气设计	1.配置一套600mm × 800mm × 150mm的配电箱，内置智能电表，供电方式为380/50Hz漏电保护，应选择漏电电流为不大于50～30mA的高灵敏度型的漏电保护器（三相五线式）； 2.总电源进线配置3 × 6mm^{2}的主电源，所有设备独立控制，空调、设备配线、设备插座为ZRBV3 × 4mm^2，强电线路穿电线管（MT）暗敷设。所有配线管路均为暗敷设，不影响墙、地、顶的清理及设备美观； 3.照明系统及广告灯箱、装饰灯槽室内配置5盏集成300mm × 600mm × 30mm吸顶24W白光LED防潮防油厨房灯，雨罩配置LED条状管灯节能环保，照明线路采用ZRBV–2 × 2.5mm^2，灯位线路采用ZRBV–2 × 1.5mm^{2}或2 × 1.0mm^2，一路输出按点、用途、功能分开控制； 4.空调插座为220V/50Hz/16A，小型电气插座为10A，设备由配电箱漏电保护直接供电，热水器、加热保温箱、消毒柜等均为独立漏电开关控制。户外插座具备防水功能

续表

设计名称	说明
电气设计	5.移动装配式实名制箱式通道四角支座底托已预留了防雷接地连接端子，采用明敷裸导体截面积≥4mm^2（绝缘导体截面积≥2mm^2）的铜芯线或ϕ8的镀锌钢筋与接地（与大地有可靠连接金属结构）连接牢固即可； 6.监控线路穿MT管暗敷于顶棚，箱体连接处甩出线头。监控采用超五类高速网线POE供电，管控通道采用枪机，每个配餐中心配备两台室内4mm摄像头和一台户外6mm摄像头，对配餐操作过程全程记录，对就餐人员排队、购买、消费全过程记录。硬盘录像机根据要求配置4路以上设备，硬盘录像机的存储硬盘根据摄像机的数量及存储时间确定； 7.配餐中心配置当前市场最先进的门禁管理系统、配置实名制身份认证系统、实时权限二维码识别系统、权限控制系统，让你使用服务中心更安全、更放心； 8.配餐中心配置高性能GPS定位系统，具有实时定位、轨迹回放、电子跟踪、超范围报警等

配餐中心设备配置 表2-37

产品名称	规格	单位	数量	
洗刷池	不锈钢	个	3	
热水器	40L	个	1	
加热箱需要用水	180L	套	2	
智能水表	*DN*25	个	1	
主给水管	*DN*25	套	1	
水龙头*DN*15	节能型	套	2	热水
排水管UPVC管	50/75mm	套	6	
洗漱盆（双头）	820mm×420mm×190mm	套	2	含混合龙头
地漏	GF40-10BX	套	6	防臭防堵
自带一套隔油池450mm深	800mm×600mm×450mm	套	1	

配餐中心家具及电气配置 表2-38

智能集成移动配餐中心室内电气配置				
设备名称	规格（mm）	单位	数量	
插座、开关模板	86型或120型两种			
消毒柜	1100mm×600mm×2100mm	台	2	
保鲜柜	1100mm×600mm×2100mm	台	2	

续表

智能集成移动配餐中心室内电气配置				
设备名称	规格（mm）	单位	数量	
加热柜	950mm×600mm×2100mm	台	2	
热水器（电开水炉）	600mm×500mm×1200mm	台	1	1500W
豆浆机	工业型	台	1	1500～2000W
智能集成移动配餐中心室外家具配置				
设备名称	规格（mm）	单位	数量	
LED双色显示屏	6000mm×（410、570、750）mm	块	1	广告、菜单
智能电视	47英寸的彩色智能电视	台	1	菜单显示
智能集成移动配餐中心家具配置				
设备名称	规格（mm）	单位	数量	
工作台	1200mm×600mm	张	1	
售饭台	3000mm×300mm	台	1	
分类垃圾箱	分类回收垃圾箱	套	1	4分类
其他配置	凳子、桌子、报纸、饮用开水机及消毒杯			根据条件选配置

注：1. LED双色显示屏作为介绍企业及配餐产品广告或广告租赁业务。智能电视作为电子菜谱及菜单和约定配餐显示系统显示屏。

2.分类回收的垃圾箱（可回收垃圾、不可回收的垃圾和有害型垃圾），每套智能化集成箱式移动食堂配备一些凳子、桌子、报纸、饮用开水机及消毒杯等。

3.屋顶预留太阳能风光补发电机组安装支架，用户需要采购产品安装即可。配置一套防雷接地天线

（3）集成箱式便利店

1）集成箱式便利店设置

● 箱式便利店是为方便工人封闭空间内的生活方便而开发的标准零售商店，属于具有建筑工地特色的综合类商品销售点，为有人值守销售模式。

● 售货窗口配置不锈钢售货台，可以临时摆放出售的货物，也是作为销售区与服务区的无形分割，配置一个小售货窗口。

● 配备一个900mm×1900mm的床位，供售货人员临时休息和晚上值班管理值班人员休息。

集成箱式便利店见图2-6和电子图2-94～图2-96。其电气、家具、系统、商品及增值服务分别见表2-39～表2-41。

图2-6 集成箱式便利店

箱式便利店电气、家具、系统配置 表2-39

便利店电气、家具、系统配置	
箱体	标配3000mm × 6000mm × 2820mm，面积为18m^2
不间断电源	互供电系统
电气	冷柜、冰柜、空调、饮料机、电热开水机
家具	货架、货柜
消防器具	灭火器
系统	收费系统、门禁管理系统、GPS定位系统、监控硬盘录像、摄像头
其他	商品销售及消费配套用具

箱式便利店商品配备 表2-40

类别名称	工地便利店常用商品
饮品	矿泉水、纯净水、可乐、雪碧、乳制品、牛奶、酸奶、饮品、饮料、运动型饮料等
食品类	粮油食品、调味品、肉制品、方便食品、饼干、罐头、冷冻食品、速冻食品、薯类和膨化食品、糖果制品、蔬菜水果制品、炒货坚果、蛋制品、可可制品、焙烤咖啡、水产制品、淀粉制品、糕点食品、豆制品、蜜产品等
劳保品	工作服、工作帽、防刺穿鞋、防砸鞋、胶鞋、劳保鞋、防护手套、口罩、安全帽等常用劳保用品
烟酒茶	酒类、茶叶制品、容许销售的烟草类

续表

类别名称	工地便利店常用商品
工具类	手动工具、小型电动工具、常用易消耗工具及配件
文具类	常用文具纸、本、笔、U盘、书报、杂志等
百货类	常用百货，日用百货：袜子、裤头、毛巾、工作服等
化妆用品类	常用的面膜、面霜、护手产品等
卫生、保洁类	卫生用品、牙刷牙膏、洗衣液、清洁剂、消毒液等

箱式便利店增值服务配置 **表2-41**

代购、代办	商品代购，证券、票务代购，代办（培训、教育、代理跑腿办事等）
代修服务	修补衣服、鞋子及生活用品等，代理洗衣服、床上用品
生活缴费代理	会员卡、一卡通等充值服务，公共交通充值卡代办、回收
网购受理	网络购物配送受理点（京东、淘宝、唯品会、苏宁、国美、360等）
代租赁	建筑机械、工具、设备、器具预约代租赁、维修，代理机械设备第三方评测

2）箱式便利店管理系统

箱式便利店管理系统是一路筑服开发的工地商业系统，系统结合了零售业的特点，充分利用进销存管理模式，可减少运行费用。系统支持一卡通储值、微信、支付宝等结算，见表2-42。

箱式便利店管理系统 **表2-42**

连锁和多种销售服务	支持一个总部、多业务中心、多分店、多配送中心的复杂连锁零售企业，每个业务中心下属门店可以是综超、百货、仓储店等多种销售服务部
经营灵活度	支持一品多商、一品多规格、一品多结算方式、多店多价等，能满足绝大多数零售企业的经营模式
多种物流、配送模式	支持多种物流、配送模式：物流、配送模式实际上就是商品从供应商收到订单送货到门店收货销售的商品流转模式。产品的规划和设计中将灵活地支持多种商品物流配送模式，包括直送、直通和配送三种。同时，系统支持按照物流、配送模式进行自动分单处理，保证了业务的快速操作
多种经营类型	支持包括零售企业常见的购销、代销、联营、租赁等的业务管理。其中，对联营的支持可分为管单品不管库存和不管单品不管库存两种模式
支付方式	支持移动支付、网银在线支付、平台支付（支付宝、财付通、支付宝扫码支付、微信扫码支付等）、转账汇款、现金支付。POS支持混合支付和多种货币支付模式，可灵活运用信用卡、充值卡。外汇支付只需定义外币和相应的汇率就可支持

续表

一卡通支付	系统支持一卡通具备充值卡及会员卡功能。系统支持一卡通支付，支持条码、二维码链接支付。充值卡设置充值奖励，鼓励充值消费。可灵活运用礼券和多种货币支付
服务管理系统	支持一品多商管理、一品多码管理、一品多进价管理、一品多售价管理、一品多规格管理、商品进价核算管理
商品分类管理系统	支持商品的引入管理、商品汰换管理、供应商汰换管理、配送规格管理、配送调拨记账管理、销售编码管理、报损管理

（4）箱式开心影院

箱式开心影院是一路筑服为工地建设者业余文化生活而开发的文娱设施（图2–7和图2–8），丰富工人业余生活，辅助解决工人业余培训教育缺乏场地、场景的困扰。开心影院可以分时段放映，在观影体验上的优势比电视更大。开心影院采用电影播放模式，视频分别达到4K及2K标准，从视听效

图2–7　影院标准型实景（1）

图2–8　影院标准实景（2）

果角度为消费者带来纯正电影体验。箱式开心影院见电子图2-97～电子图2-102。开心影院的相关设计、系统配置等内容见表2-43～表2-48。

箱式开心影院　　表2-43

箱式开心影院	
时效性	在所有正版观影途径里，配置专属在线放映
观影氛围	移动开心影院采用120～150寸屏幕，呈现大片效果，这在移动端小屏根本无法体验
社交场景	在开心影院参加观影活动，带有社交属性
针对性	移动开心影院属于点播院线方式，观影的时间和内容灵活选择、价格不高。针对各层面定制发放文化、教育、娱乐、健康片源
地域限制	不受地域限制，适合电影发行放映"盲区"的偏远地段、学校、社区、工厂、工地、山区、草原等地域，为观众带来快捷、便利健康的学习、教育、娱乐环境
后续完善	解说电影，介绍电影的时代背景、创作思路、人物关系、拍摄手法等相关知识，为观影者提供了更加丰富的体验

箱式开心影院设计　　表2-44

结构材料	采用标准箱式影院设计，角头厚5mm，钢框架梁厚3mm，框架柱厚3.5mm。箱体采用螺栓拼装连接
箱体规格	标配3000mm×6000mm×3122mm，面积18m^2、高配3000mm×8000mm×3122mm，面积24m^2
墙体、顶棚	外填充墙及屋面板采用75mm厚酚醛岩棉夹心彩钢复合板
地面材料	地面为架空地面，采用型钢龙骨支架，3mm厚钢板板衬，自攻螺钉拼装
室内材料	室内地面采用型钢龙骨支架，3mm厚钢板板衬，10～15mm厚防火、防滑塑木中空吸声地板，颜色深灰
隔断墙	内隔断墙面采用60mm厚酚醛泡沫（矿棉）夹心彩钢复合板，具有优良的防火保温性能，是其他材料无法替代的，外装聚酯纤维槽板吸声板
吸声装饰	内墙厚1200mm以下，采用金属微孔吸声板、内衬30mm厚，填充低频吸声棉；厚1200mm以上采用9mm聚酯纤维槽板吸声板、内衬25mm厚，填充低频吸声棉。两色之间加15mm宽拉丝不锈钢分割线
其他设计	所有设计为拼装式，便于运输、组装、拆卸

注：1.酚醛彩钢夹芯板具有防火性好、保温性好、隔热性好、隔声性好、承载力强、轻质环保、经济美观、施工快捷等优点，其导热系数为0.02～0.036W/(m·K)。酚醛彩钢夹芯板的保温效果是聚苯板的2倍多，防火性能也比聚氨酯要高。

2.金属微孔材料耐摩擦、易清理，金属微孔吸声板颜色深灰。聚酯纤维槽板吸声板吸声效果好，表面美观大方、好清理，墙面聚酯纤维槽板颜色浅灰

箱式开心影院座位设计　　表2–45

影院标准	设计面积	放映室面积	观众厅	座位（位）
高配	$24m^2$	$4.327m^2$	$19.673m^2$	24
标配	$18m^2$	不设	$18m^2$	21

注：1.座位护手配备茶杯支架，可以安放茶杯、饮料等。座位椅子为红色。
2.红色在灯光较暗的时候，对于一些微弱的光线不容易反射

箱式开心影院电气、消防设计　　表2–46

供电方式	采用220V市电供电方式提供电源，配备UPS存储应急供电，确保在市电故障时按时放映，或者在放映过程中市电发生故障而不间断放映，UPS存储电为放映及应急照明提供电源
照明设计	放映室配置的光源为色温5000K，观众厅为色温1000～3000K的清洁灯。所有灯具为LED节能灯
应急照明	出口处及通道配置应急照明及疏散指示应急灯，选择不间断供电方式提供应急照明
灯光布置	所有灯光智能控制，让每一位观众进入放映厅感觉到温馨、安静、舒心。详见灯光布置图
通风空调	通风系统采用上回风下排风，回风采用百叶窗自然通风，排风采用排风窗，通过排风管道排至屋顶室外，屋顶采用2台无动力不锈钢永动风帽换气球
排烟设计	配置2台APB25-5-1M排烟风机，风量$720m^3/h$，转速1200r/min，功率38W

注：1.采用上回风下排风的作用：烟雾、防尘、异味等污染气体上升至人体直接呼吸层，通过下排风直接排出，新风从上部送入，让人永远呼吸上回风带给你的新鲜清洁空气。空调回风系统设置在空调上部，这样空调吸入的污染空气相对较少，吹出来的风更加清洁、卫生，更利于健康。
2.室内配置烟感器，连接排风管道内安装的强排烟组装，烟感器探测到室内烟雾超过设计标准，立即向排烟系统发出指令，启动排烟系统，同时通过无线网络系统向管理人员发出报警信号

箱式开心影院放映设备、音响、电气配置　　表2–47

放映设备	投影：采用小米120寸激光投影电视
音响设备	采用安桥RC630，解码功放+HT528B箱子，一对主音箱，一只中置音箱，一对环绕音箱，一只低音炮，6个音箱组成了5.1音箱系统
播放设备	一台蓝光DVD、一台激光放映机、一套电脑或高清播放器（根据片源供方来选型）
音视频流向	通过HDMI线进入激光电视，激光电视的HDMI（ARC）环出，给功放的HDMI（in）进行声源展示，功放的音箱接口分别接入箱体播放器，通过HDMI线进入功放。卫星箱预留音箱音频及电源线
电气配置	室内2台低功耗1.5匹冷暖空调、1台空气净化系统设备

箱式开心影院售票、检票、管理系统 **表2-48**

智能售票管理系统	
互联网买票	可以用公众号或小程序买票，手机上选择电影、场次、座位，可用互联网支付（微信、支付宝支付等），购票成功会有一个二维码发送在手机上，这个二维码可供对应场次入场使用
现场购票	在开心影院平板上选择电影、场次、座位，可用微信、支付宝、民工卡支付，付款后打印1张小票，上面有二维码
自动检票管理系统	
识别系统	配置二维码（IC卡）电子无人值守检票系统
门禁控制	配备一台二维码识别、速通门摆闸入场检票机
智能影院管理系统	
观众入场	进出口通道控制门禁闸扫描电影票二维码，控制闸验证二维码观看电影场次是否符合，验证通过一次有效，闸机开门、入场观看，本场电影放映结束，此二维码同时无效，观看中途因故离场，需提供管理员授权后再次验证进场
远程管理	影院管理员在当天各场次电影播放时间提前远程开启管理设施，闸机控制板，类似设置门禁的控制时间段。或者现场操作开启管理设备

注：自动检票系统配置二维码（IC卡）电子无人值守检票系统，通过检票后与票面座位相同的座椅下座位指示灯亮起，影厅所有门安装二维码（IC卡）门禁系统，配备一台二维码识别、速通门摆闸入场检票机，放映过程中只能识别当场票据进出影厅，发生紧急情况、放映结束，门禁系统自动关闭，红外扫描影厅内无人停留5min后，门禁系统自动或遥控或远程操作开启。售票采用电子移动售票系统，扫描二维码下载APP，在移动设备购买电影票（座位灯在座位上有人坐下自己熄灭）

（5）箱式教育培训中心（工人文化活动站）

新临建装配式箱式组合教育培训中心采用2～4个标准箱组合而成，为贯彻“安全第一，预防为主，综合治理”的安全生产方针，加强施工现场人员安全教育工作，增强施工人员的安全意识和安全防护能力，减少伤亡事故的发生。培训教育是不可缺少的工作，将受教育人员接受教育信息导入实名制管理教育平台备案。箱式组合教育培训中心见电子图2-103～电子图2-106。中心配置见表2-49。

（6）箱式工人交流中心

工地建设者远离家乡，生活与工作压力很大，需要一个可以放松心态、调节身心的娱乐生活空间。从总体上看，工地建设者的休闲文化娱乐社交生

组合安全教育培训中心配置 **表2-49**

箱体配置	由2～4个标准箱式房配置组合而成规格3000mm×6000mm×2820mm
建筑面积	两箱组合36m^2，4箱组合72m^2
电气、家具	投影机（大屏幕电视机）功放、音响、网络、讲台、饮水机、咖啡机、课桌椅、书报架等

注：1.配备大屏幕播放器。为丰富职工的文化生活，为职工定期播放安全教育资料、安全案例、技能、新技术、新材料、工艺标准、技术规范及文艺片，让职工在休闲娱乐的同时学到了知识，提高了社会竞争力。

2.驻场教育（现场安全教育）派遣三位一体人员完成，专业知识教育、培训由专业讲师完成，驻场教育培训员必须掌握建筑有关的法律、规范、条例、标准、制度等，了解职工，掌握心理辅导常识

活比较贫乏，闲暇时间的休闲、娱乐、社交活动种类很单一，多集中在看手机视频、同宿舍工友聊天、睡觉。工地建设者的休闲、娱乐、社交文化生活水平较低。他们选择和享受到的往往是一些不需要花钱，比较基础的休闲、娱乐和社交文化活动。随着工地建设者群体的年轻化，他们对社交、休闲、娱乐文化生活的需求较以往更高，也更迫切；而与之相对的社会或用人单位并没有及时为他们创造和提供相应的条件。箱式工人交流中心设置见表2-50。

箱式工人交流中心设置 **表2-50**

箱体	采用单体装配式标准箱式房，单箱规格3000mm×6000mm×2820mm，面积18m^2
箱体组合	可以选择两箱组合（36m^2）或多箱组合
分区划分	分操作间：配备小糕点及饮品操作间、坚果及休闲食品橱窗和休闲、交流区
电气配置	消毒柜、饮料机、咖啡机、多功能播放机、大屏幕多功能电视机、无线网络覆盖（免费开放）
办公设施	配备电脑及打印机、手机充电设施等
家具配置	餐桌椅、中西餐具、茶具、擦鞋机、报纸杂志
其他配置	给水排水设施齐全

箱式工人交流中心的设计目的如下：

● 接待来访宾客、业务洽谈、谈心交流、技术沟通、经验交流、信息交流、查询资料、增进感情、建立关系、学习教育。

- 工作之余去喝茶、打牌或谈谈心，可以起到放松心情、消除疲劳、增进感情、巩固关系的作用。
- 为工地建设者提供更多的选择。提供糕点、咖啡、烧烤、啤酒、饮品、坚果、休闲食品及风味小吃等。
- 开展各种建设者喜爱的活动，丰富他们的文化娱乐生活。
- 开展小型、多样的职业技能竞赛活动，使员工生活愉快、心情舒畅、身体健康。

（7）箱式安全教育长廊

1）箱式安全教育长廊是利用进入工地或施工现场的安全通道演变而成的。

2）长廊采用标准装配式箱体框架组成，箱体两侧为1000mm宽可拆卸门，组合长廊将一头门卸去，纵向墙450mm以上为400mm亚克力+百叶窗采光带，中间为长廊宣传板块，采光带+百叶窗作为白天参观自然采购间通风使用，吊顶为0.75～1.0mm厚压型彩钢板，顶装配2500K补光带，地面为防滑花纹铝板。

3）设置管理目标、管理制度、岗位制度、职业化形象、心态、理念与素养展板、消防、安全、质量、文明、进度、职业化、信息化、法制等标语。

4）根据现场条件和现场需要，教育板块多少自由选择组合，每个标准箱式长廊可布置13m展板。一般长廊由3～4个箱组成，建筑面积为54～72m^2。

（8）IC卡实名制和门禁管控通道集成

IC卡实名制和门禁通道将管控系统与身份识别系统、控制闸机带完美结合，构成智能识别集成通道设备，见表2-51～表2-53。

1）劳务实名制系统控制集成主板（iBiRGIC主板）

为了减少对使用人员的要求和网络系统的要求，我们开发了应用于工地劳务实名制系统的控制主板，实现了软件芯片化，极大地简化了管理的复杂性。该系统操作语言基于安卓设计，强化实时性、稳定性和交互性。系统操作方便、简单，提供了易用的图形界面。由于该产品是硬件定制化生产，它

通道闸功能集成 **表2–51**

通道闸功能集成提升使用功能	
运行	集成设备不仅可与计算机联网运行，而且还可以独立脱机工作
编程	设备通过集成主控板上的内置编程设备，可编程设备的运行状态
防夹	集成设备具有防夹功能，在闸臂复位的过程中遇阻时，自动反弹或电机自动停止工作，且力度很小
报警	设备具有声、光报警功能：含非法闯入、刷卡语音，故障自检和报警提示等功能，方便维护及使用
防冲功能	集成设备具有防冲功能，在没有接收到开闸信号时，闸臂自动锁死
自动复位	设备具有自动复位功能，开闸后，在设定的时间内未通行时，系统将自动取消用户的此次通行的权限
断电敞开	集成设备断电后通道自动敞开，上电自动闭合
控制	集成设备具有可单向或双向控制人员进出的功能

前端IC卡读取设备集成特性 **表2–52**

兼容性	读取卡片兼容性强，可读取多种格式的IC卡，抗金属屏蔽和读卡器相互干扰能力强
稳定性	性能稳定，先进的防死机电路设计，防浪涌保护，防错接保护
无误码性	使用纯数字式进口射频基站芯片，无误码设计
其他性能	符合国际标准的接线方式，蜂鸣器声音清脆、响亮，不会受干扰变调。传输距离长，最远可达100m，耐低温，耐高温

控制主板集成 **表2–53**

扩展空间	基于32位CPU的高速智能化ARM平台无限扩展空间
海量存储	2万张注册卡，10万条记录，海量存储
期稳性能	标配专业级双路门禁电源，确保系统长期稳定运行
瞬间上报	即使数千门的大型门禁系统，刷卡记录实时瞬间上报
放心使用	广泛的成功案例使您更加放心使用
语言	多语言Windows界面，简单、实用，功能强大，即刻轻松掌握，安装快捷，培训更加轻松
自适应	通信方式：TCP/IP，10M/100/自适应

在iRG下发人员基本录入数据后可独立运行，支持软硬件远程启动，发生故障后可本地或远程进行重启，减少了现场服务的工作量，有效地保证了数据的正常运行。该板卡功能齐全、性能稳定，可有效促进劳务企业合法用工，切实维护劳务人员权利，调动务工人员的积极性，实施劳务精细化管理，增加企业核心竞争力。具体参数见表2–54。

劳务实名制系统控制集成主板参数 **表2–54**

架构	4核A7架构	内存	1G（三星）
eMMC	8G（三星）	扩展卡	16G，内置劳务专用APP
USB	4个	OTG	1个，miniUSB
HDMI	1个	通信方式	TCP/IP，10M/100/自适应
云通信	4G/NB–IOT	GPS	三模GPS、北斗、GLONASS
电源管理芯片	AXP221S，采用防呆设计	UATR	2组

2）人脸识别系统设备集成

该产品支持多种验证方式：支持刷卡人脸拍照、人脸识别，杜绝了代打卡现象。人脸机技术参数见表2-55。

人脸机技术参数 **表2–55**

主机型号	人脸机iFR1000-6-0	识别距离	30～80cm
CPU主频	DSP600M	电源规格	DC12V800mA
用户容量	1000人（1 : *N*）	报警功能	支持开关设置，内置防拆开关
记录容量	30万条	工作温度	0～45℃
识别速率	＜1s	工作湿度	20%～80%
误识率	＜0.0001%	识别功能	支持人脸识别或IC卡识别
拒识率	＜1%	门禁类型	常开、常闭锁，电磁锁，wiegand26、wiegand34（选配）
通信方式	RS232，Ethernet	联机识别	支持联网使用，支持100台机器在线工作（同一网段）
软件特性	同时具备主动与被动网络通信功能，支持指定登记和识别流程，支持信号输出，支持联机识别		

3）劳务实名制专用机盖

一路筑服独立开发地专用于劳务实名制的产品，在工地环境下可稳定、耐久地使用。该机盖采用ABS材质，美观大方。将人脸机、劳务实名制系统控制主板、闸机控制主板、闸机通行指示灯等集成至专用机盖内。调试、安装简便。该机盖为平行四边形板且面向人脸呈倾斜状结构，平行四边形人脸识别区域板将人脸识别机设置为面向人脸的倾斜结构，使人们在通过管控机闸的时候只要稍微地转头，便可以获取通过管控机闸人员的面部特征，可以有效避免直射光线对人脸识别机取像镜头造成的影响。

ABS劳务实名制专用机盖集成化高，将劳务实名制的应用场景全部考虑进去，项目现场只需将该设备安装至翼闸设备上，通过简单调试即可使用劳务实名制的系统，该劳务实名制系统默认上传至全国劳务实名制平台。机盖尺寸为800mm × 300mm × 150mm。

（9）智能门禁管理集成系统

1）现场四区门禁管理

门禁系统是为工地人员授权出入项目施工区、办公区、生活区及指定区域的管理系统。门禁系统后台授权，统一发卡、统一认证、统一管理。门禁管理系统配合监控系统记录过程影响资料，为项目管理提供图像证据资料。

2）现场出入口门禁管理

在施工现场进出口安装实名制通道门禁管理系统，劳务人员进场施工通过实名制通道进行验证通行，验证记录出勤状况。

3）楼层、区域门禁管理

在施工区域楼梯前室门口、电梯厅通道口安装栅栏门禁管理系统，授权管控进出施工人员；在施工层、施工作业段设置临时围栏安装门禁系统，授权管控作业人员，分区、分段、分层授权管控，可以有效地对施工劳务人员进行管理、控制工序、掌握工程进度、做好产品保护。作业员工进入区域，系统建立进出数据，以便于检查核实、责任追究（门禁系统可以设置停电关闭或开启两种模式）。

4）库房门禁管理

项目库房设置门禁管理系统，授权材料库管员进入，材料库配备人脸抓拍功能，出入库材料员负责管理登记（应用物料管理系统二维码扫描出入库），抓拍功能将领料人员图像抓拍，记录领料时间，扫描领料品种、数量、用途、使用部位等。

5）办公区、办公室门禁管理

项目办公区、办公室、值班室、操作室、配置授权门禁管理系统，配合监控安全管理。办公区及作业区采用独立围挡，在围挡出入口设置门禁系统，授权管理进出办公区人员，在办公室、试验室等房间配置门禁系统，授权进出管理。

6）生活区、宿舍门禁管理

生活区采用独立围挡，在围挡出入口设置门禁系统，授权管理进出人员；在宿舍房间配置门禁系统授权进出人员后台管理，避免混居进错、强行占有。劳务管理系统自动分配宿舍，自动下发生活区与宿舍进出授权，便于安保及安全教育。

（10）集成装配式组合中央厨房

一路筑服可移动中央厨房是一款专为建筑工地服务的集中厨房，为项目劳务人员提供快捷、安全、放心的餐食服务。

中央厨房具备安全、牢固、美观、卫生、环保等特点，满足国家和地方政府的安全、消防、卫生防疫、环境保护等要求。

1）中央厨房设计（表2-56）

中央厨房设计 **表2-56**

基础	基础采用150mm的C20钢筋混凝土整体浇筑（根据设备安装条件预埋电气、给水排水设施）
结构	结构为标准集装箱框架组合，采用标准箱式房骨架
给水排水	采用自来水或符合标准的井水提供净化处理供给中央厨房使用，排水采用管道暗排，经过处理排入市政管网
电气	根据设备配置确定，动力与照明系统独立设置

续表

空调供暖	采用热泵机组提供供暖与空调能源。设备与照明灯具均采用节能低耗产品，热水系统采用太阳能电加热供给
单箱规格	标准箱体规格为3000mm×6000mm×2820mm，单箱面积18m^2
过道箱规格	1号过道箱规格为2000mm×6000mm×2820mm，面积12m^2，2号过道箱规格为2000mm× 3000mm×2820mm，面积6m^2
箱体组合	标配厨房25间450m^2+1号过道箱10间120m^2+2号过道箱2间12m^2，合计582m^2
墙板	采用75mm系列保温净化彩钢板，分区与围护采用复合净化彩钢板组合
地板	采用花纹铝板
顶棚	净化彩钢板
门窗	采用断桥铝或彩铝门窗组合

2）中央厨房的设置条件

遵循食品安全条例基本要求、满足运营要求，经确认后协助配合业主方进行卫生、消防及环评的报审工作，负责技术上的解释及说明。中央厨房实行统一原料采购、加工、配送，精简了初加工操作，岗位、工序专业化，有利于提高餐饮业的标准化和工业化程度，是餐饮业规范化经营的必要条件。

3）中央厨房设置要求（见表2–57、表2–58）

中央厨房基本要求 **表2–57**

中央厨房基本要求	
选址	1.地势干燥，有给水排水条件，电力供应充足、满足设计要求（中央厨房配电约200～300kW以上）。 2.距离粪坑、污水池、暴露垃圾场（站）、旱厕等污染源25m以上，在粉尘、有害气体、放射性物质和其他扩散性污染源的影响范围之外。 3.应同时符合规划、环保和消防等有关要求
布局	1.设置具有与供应品种、数量相适应的粗加工、切配、烹调、面点制作、食品冷却、食品包装、待配送食品贮存、工用具清洗消毒等加工操作场所。 2.设置食品库房、更衣室、清洁工具存放场所等。 3.应当符合产品加工工艺，使人流、物流能够顺利、流畅进行。 4.避免清洁区与污染区人员的相互交叉。避免污染物和非污染物的动线交叉；避免生、熟品之间的相互交叉。 5.合理选择加工设备、物流设备、制冷设备系统。 6.中央厨房配置通风系统、新风系统、净化水系统、净化排烟系统、隔油池系统、排水系统等

续表

分区	1.食品处理区分为一般操作区、准清洁区、清洁区，各食品处理区均应设置在室内且独立分隔。 2.配制凉菜以及待配送食品贮存的，应分别设置食品加工专间；食品冷却、包装应设置食品加工专间或专用设施。 3.各加工操作场所按照原料进入、原料处理、半成品加工、食品分装及待配送食品贮存的顺序合理布局，并能防止食品在存放、操作中产生交叉污染。 4.接触原料、半成品、成品的工具、用具和容器应有明显的区分标识且分区域存放；接触动物性和植物性食品的工具、用具和容器也有明显的区分标识且分区域存放
面积	1.食品加工操作和贮存场所面积应当与加工食品的品种和数量相适应。 2.切配烹饪场所面积不小于食品处理区面积的15%；凉菜专间面积不小于10m^2。 3.中央厨房标配面积600m^{2}左右
道路	中央厨房厂区道路需要硬化或铺设硬质材料，便于清洗，并需有良好的排水系统
环境	加工制作场所内无圈养、宰杀活的禽畜类动物的区域（或距离250m以上）

食品处理区地面、排水、墙壁、门窗和顶棚要求　　表2-58

地面	地面用无毒、无异味、不透水、不易积垢的材料铺设，且平整、无裂缝
防滑	1.粗加工、切配、加工用具清洗消毒和烹调等需经常冲洗场所及易潮湿场所的地面易于清洗、防滑，并有排水系统。 2.地面和排水沟有排水坡度（不小于1.5%），排水的流向由高清洁操作区流向低清洁操作区。 3.排水沟出口有网眼孔径小于6mm的金属搁栅或网罩，以防鼠、虫、蛇等
弧度	墙角、柱脚、侧面、底面的结合处有一定的弧度，便于清理
墙壁	1.墙壁采用无毒、无异味、不透水、平滑、不易积垢的净化浅色材料。 2.粗加工、切配、烹调和工用具清洗消毒等场所应有1.5m以上的由光滑、不吸水、浅色、耐用和易清洗的材料制成的墙裙，食品加工专间内墙裙应铺设到顶
门、窗	1.门、窗装配严密，与外界直接相通的门和可开启的窗设有易于拆下清洗、不生锈的纱网或空气幕，与外界直接相通的门和各类专间的门能自动关闭。 2.内窗台下斜45°以上或采用无窗台结构。粗加工、切配、烹调、工用具清洗消毒等场所、食品包装间的门采用易清洗、不吸水的坚固材料制作
顶棚	1.顶棚用无毒、无异味、不吸水、表面光洁、耐腐蚀、浅色材料涂覆或装修。 2.半成品、即食食品暴露场所屋顶若为不平整的结构或有管道通过，加设平整、易于清洁的吊顶（吊顶间缝隙应严密封闭）。 3.水蒸气较多的场所的顶棚应有适当的坡度（斜坡或拱形均可）

4）中央厨房功能布置

中央厨房平面功能布置主要有原料库区、清洗区、消毒区、加工区、烹饪区、面点区、冷却区、包装区、食品卫生监测区、成品区和出库区，见表2–59和电子图2–107。

中央厨房功能布置 **表2–59**

原料库区	原料库区包括蔬菜存储区（配置蔬菜存储架、蔬菜存储柜等），副食品、粮油仓储区（配置保鲜柜、存储柜、存储箱），肉类存储区（配置保鲜柜、冷冻柜等），水产品存储区（配置保鲜柜、冷冻柜等），其他存储区（配置保鲜柜、存储柜、存储箱）
清洗区	清洗区主要包括加工区清洗及剩余清洗两类
	加工区清洗主要分为素类清洗区及荤类清洗区，配置清洗池、单缸洗菜机、连续式洗菜机、根茎类洗菜机、清洗槽、工作台、脱水器具等
	剩余清洗主要清洗锅碗瓢盆及食品存放容器类，可配置自动洗碗碟机、洗刷池、洗刷槽等
消毒区	消毒区配置一些消毒产品、洗衣房、消毒更衣室、风淋房、反渗透净水机、紫外线净水器等
加工区	分为蔬菜加工区、肉类加工区、糕点加工区、米饭加工区4个加工区
	蔬菜加工区：配置多功能切菜机、水池、工作台、存放容器等
	肉类加工区：配置多功能切肉机、水池、工作台、存放容器等
	糕点加工区：配置打蛋机、旋转烘烤炉、烤箱等
	米饭加工区：配置立式炊饭机、自动洗锅米饭生产机等
烹饪区	双头双尾小炒炉、单头大锅灶、双头矮仔炉、油网烟罩、工作台、调料柜、水池、货架、蒸箱、配菜输送线、自动炒菜机、汤锅、可倾式燃气汤锅、自动连续式油炸机等
面点区	配置自动和面机、面条机、打饼机、饺子机、包子机、搅拌机、自动醒发蒸制一体机、自动给馅机、旋转烘烤炉、调料柜、饼盘车、木面案板台、面粉车等
冷却区	配置冷却风扇、冷风机、水池、工作台等
包装区	配置真空包装机、重量检测机、操作台等
卫生监测区	配置干燥箱、灭菌锅、恒温培养箱、超净工作台、显微镜、农药残留检测仪、多功能食品安全检测仪、样品保留柜等
成品区	配置操作台及保鲜柜、冷冻柜、存放容器等
出库区	配置操作台、运输车、操作台、包装盒等

2.3 新临建的机电一体化

新临建是一个系统工程，除了产品外，还需要区域内的系统设计和施工，本章就新临建的系统设计思想进行简单介绍。现在，新临建的系统设计都是以临时使用为目的，在未来新临建中随着三边工程的减少、设计手段的可视化，可以将新临建基础和实际工程相重合，进行前期精细化排定，实现一次到位。另外，新临建的外线工程以后也可以实现综合管廊布线方式，实现模块化重复使用。

2.3.1 机电一体化设计思想

新临建机电一体化是系统设计中主要的方面，针对施工现场新临建综合体的能源控制方法的应用，本书主要介绍集中冷、热系统和水电管理控制的总体思想。

机电一体化设计思想包括新临建的给水排水、供暖、制冷、通风、空调、电气、智能、数字、门禁、监控等临时机电项目的一体化，但是由于它的辅助施工特性，所以在新临建综合体中，为了节约造价和管理的实用性，并不对更多的机电进行规划和设计，只是使系统与新临建区域内所有建筑物用途匹配实用，达到优化控制、节能减排的目的而已。特别是办公区和工人宿舍的供暖制冷。低压配电等是新临建机电一体化现阶段解决的主要问题。新临建生活区的防火、用电安全、门禁管理等，因为对管理有非常重要的意义和价值，所以也需加以考虑。

随着新临建的要求提高和节能型空气源热泵的成熟，现在很多办公区和生活区也开始使用集中式冷热源机组替代传统的分体式空调设备，新临建房屋的设计模块中已经集成了冷暖空调盘管供选择。

新临建机电一体化工程一般由新临建整体解决方案提供者负责针对需求特性设计与安装和交付，由新临建运营商负责运营和管理工作。

2.3.2 新临建机电一体化的要求

（1）新临建机电一体化设计需满足与建筑给水排水、电气、供暖及空调、消防及通风等工程相关的设计规范。

（2）机电主要产品需要满足工业化、模块化、标准化、规范化的要求，同时具备运输便利、方便集成、安全、安装快捷、拆除移位方便、节能环保、重复利用等特点，机电产品主要部件设计使用年限不应小于10～15年。

（3）新临建机电一体化设计应符合消防、卫生、环保和节水、节地、节材的相关要求，所用原材料、构配件和设备的品种、规格、性能等应符合国家现行标准的规定。

（4）新临建机电工程一体化设计应体现绿色、科技、智慧、互联等特点，设计要有远瞻性、预见性，并有效地采用新技术、新设备、新材料、新工艺，以良好的机电融合方案、系统设计方案取得最佳的安全与经济效果。

2.3.3 新临建机电一体化的主要内容

1.新临建给水排水系统

（1）主要管线敷设应该考虑施工现场的变化因素，主管线和附属设施应安全可靠、经济合理、维护管理方便、整体协调。

（2）用水节点应该考虑采用节能和节水措施，并应采用节能型设备和节水型器具。

（3）新临建综合体机电一体化中的给水排水系统根据功能设置、使用需求，已预留足够的给水排水预埋工程。启动新临建只要根据需要安装、关闭预留设施即可。

2.新临建智能水控系统

（1）为节能降耗，实现项目精细化管理，在新临建生产、生活用水方面，需要采用信息化、科学化管理手段，从技术上和制度上保证正常用水，杜绝浪费，培养节约用水的习惯。

（2）智能化手段设计本着架构合理、安全可靠、产品主流、低成本、低维护量作为出发点，并依此为用户提供先进、安全、可靠、高效的系统设施方案。

（3）工程施工项目节水的方式较多，施工现场节水需分区域控制管理，施工区、办公区、加工区、生活区等不同区域，控制管理方式不一样。

（4）施工区的施工用水可以在施工现场设置集水池，收集雨水及施工与生活废水，进行二次利用。

（5）所有洗手池、卫生间采用压力延迟阀、红外感应阀及智能水控系统，控制水源浪费。

（6）加强对浴室的管理极其重要。职工浴室及洗衣房可采用智能水控管理系统。智能水控管理系统采用智能卡消费用水，按需消费，自动结算，合理收费，服务省时。水控系统与个人的利益结合，大大提高了用水者对节水的意识。

智能水控相关内容见表2-60～表2-62。

300人项目浴室季节平均用水统计、对比　　表2-60

300人项目洗澡用水时间统计

系统安装	人数	男女比例（%）	使用人数	平均人数	月洗数	洗澡时间	月洗时间	合计
安装水控系统前	其中男人	93～95	276～285	280	20	15min	1400h	1533h
	其中女人	5～8	15～24	20	20	20min	133h	
安装水控系统后	其中男人	93～95	276～285	280	20	10min	934	1033h
	其中女人	5～8	15～24	20	20	15min	100h	

300人项目洗澡用水量统计

水控系统安装	合计用水时间	花洒水流量	合计用水	节约用水	水价	节约金额
安装水控系统前	1533h	0.5m³/h	766.5m³	250m³	7.50元/m³	1875.00元
安装水控系统后	1033h	0.5m³/h	516.5m³			

续表

300人项目洗澡花洒安装数量

水控系统安装	日用水10～15min/（人·次）			日用水15～20min/（人·次）		浴控时间	花洒安装数量（个）	合计
安装水控系统前	280男人	4200min	20女人	400min	180min	男24	女3	27
安装水控系统后	280男人	2820min	20女人	300min	180min	男15	女2	17

注：1. 300人项目安装水控系统，就洗澡一项，每月可节约用水250t，合计水费1800元。
2. 节约安装花洒10个，节约洗澡淋浴房至少1个标准间

使用热水时节省能源及经济价值对比 **表2-61**

热源	需要热量/热效	用量	单价	金额
电热水器	50000kcal/817kW·h	61.20kW·h	1.5元/（kW·h）	91.80元
液化气	50000kcal/7560kg	6.61kg	6元/kg	39.66元
柴油锅炉	50000kcal/8670kg	5.77kg	7元/kg	40.39元
天然气	50000kcal/6450m^3	7.75m^3	4元/m^3	31.00元
管道煤气	50000kcal/2660m^3	18.80m^3	2.5元/m^3	47.00元
煤	50000kcal/2752kg	18.17kg	1元/kg	18.17元
热泵	50000kcal/3010kW·h	16.61kW·h	1元/（kW·h）	16.61元

注：洗澡需要热水，如加热1t水为例，自来水温按15℃加热至65℃，需要50000kcal的热量

300人项目智能水控能源和价值对比 **表2-62**

项目		安装水控系统前	安装水控系统后	节约能源	单价（非居民）	节约资金（元）
每月洗澡用水量		766.5m^3	516.5m^3	250m^3	7.50元/m^3	1875.00
热源	单位	安装前需要能源	安装后需要能源	节省能源	单价	月节省金额（元）
电热水器	kW·h	46909.8	31609.80	15300	1.5元/（kW·h）	22950.00
液化气	kg	5066.57	3414.07	1652.50	6元/kg	9915.00

续表

热源	单位	安装前需要能源	安装后需要能源	节省能源	单价	月节省金额（元）
柴油锅炉	kg	4422.71	2980.21	1442.50	7元/kg	10097.50
天然气	m^3	5940.38	4002.88	1937.50	4元/m^3	7750.00
管道煤气	m^3	14410.2	9710.20	4700.00	2.5元/m^3	11750.00
煤	kg	13927.31	9384.81	4542.50	1元/kg	4542.50
热泵	kW·h	12731.57	8579.07	4152.50	1元/（kW·h）	4152.50

注：1.按300人的施工项目计算，安装智能水控系统后可以有效节约洗澡水及能源，最低月节约费用=节约用水费用+热泵（最低能耗）=1875.00+4152.5=6027.5元。

2.职工在每个月底主动到刷卡机上刷卡，当月水量清零，下月用水量自动充进卡内

3.新临建消防系统

（1）新临建机电一体化中的消防系统根据新临建设置功能及用途已做预留，消防预留系统包括消防干管、支管，消火栓系统，喷淋系统，应急疏散指示系统，应急照明系统。消防总控系统设置在新临建指挥调度中心。

（2）新临建办公区、生活区还应考虑消防广播、烟感、温感等消防报警及消防联动系统的设计与预留。新临建公共区域应配套设计与预留视频监控系统（如走道、楼梯间）等场所。这里不做详细描述。

4.新临建电气工程系统

（1）由于临电方案中对于用电负荷一般考虑有限，临时设施的用电负荷，包括食堂、配套用房等区域的预留用电量应该充分考虑；预留配电箱应满足该区域功能用电需求，合理布置供配电房位置，以平衡场地内供电干线。

（2）根据不同功能区域、栋、户均设置智能电表（总表及分户表），实现分区计量和智能、互联、远程管控。每幢新临建建筑进线处应设置电源箱，并应具有短路保护、过负载保护、浪容保护、防雷接地和保护接地等智电保护系统。

（3）办公楼、宿舍楼根据安全需求配置智电保护系统或配置36V安全低压的低压供电方式，以及12V移动端USB插口，杜绝由于私拉乱接而引起

电器安全隐患。

（4）施工现场、施工办公区、施工生活区及施工加工区的照明路灯及公共区域均可采用太阳能或风光补发电系统辅助照明。照明控制系统采用智能声、光、红外、延迟等系统控制。所有待机延迟系统均可远程协助操作控制。

5.新临建智能电控制系统

施工现场项目节电方式较多，常用的方式有限量方式、付费方式、智能控制方式、使用节能电器及节能设备等。

（1）施工区、加工区节电

1）施工用电杜绝机械设备空载无功使用，杜绝长明灯。照明灯常用区域控制一灯一闸分路控制，采用新型高亮度、低功率节能灯具，道路照明可采用太阳能辅助照明。

2）变压器分开设置在用电负荷相对集中的位置，减少电能在传输过程中的损耗。

（2）办公区节电

1）办公室、会议室使用低耗高亮度LED节能灯具，高能效，光源寿命长。

2）办公室外壁灯使用声光控延时开关，亮度充足或无人时自动关闭。最后，下班人员离开办公室时，关闭办公室内照明及可以关闭的电气设备。

3）会议室照明、投影设备及空调等电气设备在会议结束后关闭其电源。

4）下班时需关闭电脑及显示器；如预计暂停使用电脑时，建议将电脑置于待机状态及关闭显示器。

5）合理使用空调，尽量避免能源浪费，夏季室内空调温度设置不低于26℃，冬季室内空调温度设置不高于20℃，下班前1h提前关闭空调。

6）办公室空调插座设单独回路，与办公室照明和普通插座分开，根据季节及天气情况供电。

7）办公区和道路照明可采用太阳能辅助照明。

（3）生活区节电

1）宿舍照明采用低耗高亮度LED节能灯具，红外感应加翘板开关，阳台采用低耗高亮度LED节能灯具及太阳能辅助照明，声光控开关控制。

2）总配电箱设置时间控制器。

3）变压器分开设置在用电负荷相对集中的位置，减少电能在传输过程中的损耗。

4）生活区热水系统利用辅助能源加热后进入保温桶再烧开，保温桶配置加热及温控系统。

6.新临建暖通工程系统

（1）新临建办公、宿舍区域，除走廊、楼梯间等公共空间外，均应安装空调系统，满足制冷和供暖需求。根据使用区域，可以选择分体空调或新能源空调冷热源集中控制。空气源热泵系统是一种成熟的方案，适用于大型、长期新临建设施。

（2）如果采用集中空调系统，空调供回水管道应合理布置，便于维修；管道应采用B_1级难燃橡塑进行保温。空调冷凝水有序排放，在模块化房屋外侧统一安装冷凝水管，末端考虑和盘管接口的方便。

（3）室内应采用低能耗、低噪声型风机盘管，百叶风口的材质为铝合金。根据设计使用功能，预留相应设施。

（4）新临建空调、制冷、热水一体化系统宜采用低耗节能系统，如空气源、地源热泵、水汽能等环保新能源系统。系统采用主动分析、数字程控，智能电、温、湿、压控制，自动调节，远程协助控制。

（5）合理选择配置机组功能、功率、适应环境能力等。空气源组合机组宜采用模块化组合机组，便于安装、拆除、移动、运营、维护，符合新临建使用周期短、移动频率高的应用特点。

（6）使用装配式集装箱框架安装空气源机组，装配式集装箱框架作为空气源机组组合模块，移动、吊装支架及防护保护装置。一个标准集成集装箱安装支架可以安装3台大功率机组，以满足项目供暖、制冷、热水供应。

（7）空气源机组选择注意事项

1）设计所需的制冷/制热量计算；

2）设计机组数量；

3）水箱选型；

4）循环泵选型。

（8）空调系统末端选择

1）空调系统末端风机盘管系统有落地式、挂墙式和吸顶式3种安装模式，可以根据具体不同的使用功能房进行选择。

2）一路筑服功能房预留了供、回、冷凝水管接口位置，同时预留风机盘管位置及空调智能控制开关和远程控制系统设施位置。不同热泵的技术经济对比见表2–63。

不同热泵的技术经济对比　　　　表2–63

<table>
<tr><th colspan="2">（1）热泵种类</th></tr>
<tr><td>热源</td><td>根据热源不同，热泵可分为空气源热泵、水源热泵和地源热泵等</td></tr>
<tr><td>容量</td><td>按机组容量大小，热泵可分为（户式）小型机组、中型机组、大型机组等</td></tr>
<tr><td rowspan="2">形式</td><td>整体式机组（由一台或几台压缩机共用一台水侧换热器的机组称为整体式机组）</td></tr>
<tr><td>模块化机组（由几个独立模块组成的机组，称为模块化机组）</td></tr>
<tr><th colspan="2">（2）热泵的优点</th></tr>
<tr><td colspan="2">1.运行成本低、节能效果突出。性能稳定，不受环境影响，适用范围广泛。
2.安全性能好，无任何隐患。
3.多机组组合安装，建立中央热水系统、中央空调系统。适合热水、空调工程使用。
4.节约空间，使用便利，实现系统运行自动化。
5.环保型产品，节能零污染，使用寿命长、维护费用低</td></tr>
<tr><th colspan="2">（3）空气源热泵热水器具有以下特点</th></tr>
<tr><td>超大水量</td><td>水箱容量根据具体要求量身定做，水量充足，可满足不同客户不同时段的需求</td></tr>
<tr><td>经济节省</td><td>从空气中获取大量的能源，能效比高达300%～400%。设定热水器自动运行时间，节省费用</td></tr>
<tr><td>适用范围</td><td>不受气候影响，在环境温度为-10～43℃下均能正常工作</td></tr>
<tr><td>持久恒温</td><td>整个热水器采用自动化智能控制系统，用户只需在初次使用时开一下电源，在以后的使用过程中完全实现自动化运行，到达用户指定水温时自动停机，低于用户指定水温时系统自行开机运行，完全实现一天24h随时有热水而不用等候</td></tr>
<tr><td>安全环保</td><td>结构上水电完全分离，无有害、有毒气体排放或燃烧，不受台风等自然灾害的影响，绝对安全</td></tr>
</table>

续表

防冻功能	具有智能化霜功能，确保热水器在低气温环境下稳定运行，根据室外环境温度、蒸发器翅片温度和机组运行时间等多个参数，综合、智能判断自动进入和退出化霜时间
安装方便	体积小巧，可以安装在任何地方，安装在室内不占用空间，也可以安装在室外，可以实现远程监控，占地面积小、安装简单，无需另设机房
使用寿命	使用寿命长，维护费用低，设备性能稳定，使用寿命可达15年以上
（4）热泵机组与常规太阳能相比	
热泵机组与常规太阳能产品有着本质上的区别，主要体现在工作原理的不同：常规太阳能产品必须依靠太阳光的直接照射或辐射才能达到制热效果，而热泵机组主要是以吸收环境中热能来达到制热效果	
投资方面	如达到相同供水效果，资金投入方面，空气源热泵热水器比常规太阳能产品少，并且可以使用经济电能，在用电低谷时制热水储备
使用方面	常规太阳能产品受天气影响明显，阴雨天、下雪天、夜晚就不能工作，而空气源热泵热水器不管阴天、雨天、下雪天、夜晚或阳光明媚都能照常工作，全天候提供热水
运行成本方面	常规太阳能在太阳直射下，几乎零成本运行，可惜在阴雨雪天或夜晚只能依靠辅助系统工作。统计数据显示，正常使用时，常规太阳能辅助系统全年耗电能比空气源热泵热水器全年总耗电能要高1.5倍
其他功能方面	空气源热泵热水器使用不受地点限制，可以摆放在任何地方，而且占地空间很小；而常规太阳能要达到同等供热效果则需占用很大空间，还必须露天摆放。同时，使用寿命可达15年以上，维护费用低，设备性能稳定
（5）热泵热水器与锅炉相比	
热效率高	产品热效率全年平均在300%以上，而锅炉的热效率不会超过100%
运行费用低	与燃油、燃气锅炉比，全年平均可节约70%的能源，加上电价的走低和燃料价格的上涨，运行费用低的优点日益突出
环保	空气源热泵热水器无任何燃烧排放物，制冷剂选用了环保制冷剂，对臭氧层零污染，是较好的环保型产品
运行安全	无须值守：与燃料锅炉相比，运行绝对安全，全自动控制，无人值守，可节省人员成本

（6）热泵热水器与电热水器能耗与经济相比

热源	需要热量/热效	用量	单价	金额
电热水器	50000kcal/817kW·h	61.20kW·h	1.5元/（kW·h）	91.8元
热泵	50000kcal/3010kW·h	16.61kW·h	1元/（kW·h）	16.61元

注：1.水温按15℃，加热至65℃每加热1m³。
2.表中所列价格仅为计算参考价，实际价格以各地现行市场价为准。
3.如果热泵用峰谷电，电费更低，每吨热水成本也会降低。
4.空气热泵热水器节能效率是电热水器的5.53倍，能耗低、效率高、速度快、安全性好、环保性强，源源不断地供应热水，作为热水系统，它具有无以比拟的优点，适合于工地使用

2.4 新临建智慧工地应用

2.4.1 智慧工地背景

为贯彻落实《中共中央国务院关于进一步加强城市规划建设管理工作的若干意见》及《国家信息化发展战略纲要》，进一步提升建筑业信息化水平，住房和城乡建设部组织编制了《2016—2020年建筑业信息化发展纲要》，其目标是全面提高建筑业信息化水平，着力增强互联网、物联网、大数据等信息技术集成应用能力。

传统施工现场存在诸多问题和难题，例如：劳务用工管理混乱、大型设备监管困难、安全事故频发、材料控制缺乏有效手段监控、结构安全事故频发、工地污染监测手段落后等。建筑产业链上的企业面临竞争加剧、成本提高的困境，而当前工地人员、设备、物料、环境的安全、质量、进度、协同方面也遇到诸多问题，亟需集成平台和移动端数字化手段来提高精益施工管理，通过提升效率，在存量的基础上创造更大的营收空间和竞争力。加大智慧工地在施工项目上的推广应用，能够有效地解决施工工地存在的这些问题和难题。通过“一个平台多个业务系统”智慧工地解决方案，驱动建筑行业信息化规划，在“劳务实名制管理、工程结构安全监测、大型设备监管、现场安防监控、现场材料管理、工地污染检测”等领域更深入地实践落地应用，用科技手段给建筑企业带来更大的经济效益。

2.4.2 智慧工地建设意义

智慧工地是“互联网+”和“物联网+”理念在建设工程领域的具体体现，

是实现“智慧城市”的基石。它是安全生产中必不可少的一部分。安装在建筑施工作业现场的各类监控探头和传感器，通过物联网将捕捉到的有用信息传输到中心机房的数据服务器和应用服务器上，构建智能监控防范体系，有效地弥补了传统方法和技术在监管中的缺陷，实现对人员、机械、材料、环境的全方位实时监控，变被动“监督”为主动“监控”，真正做到事前预警、事中常态检测、事后规范管理，实现更安全、更高效、更精益的工地施工管理。

2.4.3 智慧工地整体解决方案简介

智慧工地整体解决方案建设采用先进的移动互联网、物联网、云计算、大数据等新一代信息技术，通过平台对工程项目进行精确设计和施工模拟，围绕施工过程管理，建立互联协同、智能生产、科学管理的施工项目信息化生态圈。并且，将此数据在虚拟现实环境下与物联网采集到的工程信息进行挖掘分析，提供过程趋势预测及专家预案，实现工程施工可视化智能管理，以提高工程管理信息化水平，从而逐步实现绿色建造和生态建造。

智慧工地整体解决方案围绕着工地“人员、设备、材料、安全、进度、环境”几个重要因素，提供各类信息化应用系统。各类信息化系统不是简单地堆砌，而是在满足各个子系统功能的基础上，寻求内部各个子系统之间、与外部其他智能化系统之间的完美结合。

智慧工地整体解决方案以指挥调度中心为核心，可以有效地辅助管理者更直观地监测、管理和决策。施工现场管理人员通过指挥中心同步看到所有相关信息，在重大事件发生前进行模拟演练等，以实现安全、绿色施工的目的。

智慧工地可划分为安全监管、环境管理和视频监控三个维度，并通过一个集成平台进行集中的管控处理。通过建立闭环的处理流程，实现对现场的可管、可控、可跟踪，保障问题的有效落地。

建议有条件的工地可以设置数字化施工指挥调度中心作为智慧工地数字化建筑的窗口，在满足施工生产情况下，展示项目部在智慧工地建设方面的成果和科技引领能力，打造品牌形象。智慧工地系统分类见表2-64。

智慧工地系统分类 **表2-64**

项	类		系统名称	备注
管控平台			智慧工地管控云平台（Web/APP）	实现现场监控数据的集成汇总并统计分析，实现对施工现场的全景式管控
现场监控	安全监管	人员安全	劳务实名制系统	考勤管理、工人档案管理
			人员定位系统	了解工人现场分布、个人考勤数据
			红外对射周界防护	当有物体挡住发射端发射的红外射线时，由于接收端无法接收到红外线，所以会发出警报
		设备监控	塔式起重机防碰撞监控系统	塔式起重机运行数据实时监测及超载超力矩保护，支持区域保护、群塔防碰撞
			吊钩可视化监控系统	高清摄像头实时显示吊钩的运行轨迹及附近作业情况，防止盲吊
			施工电梯安全监控系统	实时监测升降机高度、速度等运行状态，支持司机身份识别
			卸料平台监控系统	实时监测卸料平台的载重数据，超载报警
		质量安全	烟感消防监测	实时监控各烟感探头的在线及报警状态，并通过电话、消息等方式进行提醒
			安全巡检管理系统	现场巡检过程中发现问题可通过APP记录并分配责任人整改，跟踪问题处理
	环境管理	环境监测	扬尘噪声监控系统	监测现场的PM10、PM2.5、噪声、温湿度等数据，并通过大屏实时显示
		环境治理	智能降尘喷淋控制系统	当施工现场出现颗粒物超标，则可进行手动、自动及定时喷淋，实现现场环境的治理
	视频监控	现场监控	远程视频监控系统	可监测施工现场的人员、车辆、关键作业面等，实现对人员、安全及进度的管控
展示中心			监控指挥中心	监控中心作为调度指挥的场所，可实时显示工地现场的作业情况及视频监控数据

智慧工地整体解决方案各系统介绍及价值介绍如下：

（1）综合指挥管理平台

综合指挥管理平台是智慧工地管理系统中各个业务子系统的基础管理平台和监控中心。综合指挥管理平台自动获取BIM模型平台、进度管理平台、劳务管理系统、安全管理平台等的数据，分析、统计监测数据报表，构建信息门户，及时推送报警信息，统一管理各类前端设备，设置预警级别，实现分级预警。

通过WSN、移动通信（4G/5G）传输、有线传输等多种方式，传输至管理平台。用户可以通过APP在手机上或者PC端，通过网络盒子在监视器上，通过网页在电脑上查看工地的实时信息。综合指挥管理平台同步配置各子系统的组织结构、智能权限，结合各类子系统应用，实现信息有效触达、问题及时跟进、工地有序管理，打造安全、可靠、绿色、环保的工地。综合智慧管理平台全景应用见图2–9。

图2–9　综合智慧管理平台全景应用

（2）劳务人员安全管理及监控平台

1）劳务实名制系统

劳务管理是现场施工过程中的重点和难点，政府部门长期以来要求逐步开展劳务实名制系统的使用，各施工工地也逐步开始使用劳务实名制信息化系统。在操作过程中，可以规避恶意讨薪等情况，对劳务人员的在场情况进行掌握，了解其工作内容和所在的位置，有利于进行生产的安排，合理地规划劳务人员，加强安全预防机制，防止在施工过程中出现较大的安全隐患。

为避免用工风险，保障工人的合法权益，更好地保障工人在施工现场的人身安全，项目部采用劳务实名制管理系统。项目部设立劳务实名制服务大厅，进场劳务工人全部实名制登记，形成劳务门禁数据库；工人采用刷脸进出场、刷卡吃饭、洗衣、淋浴、购物的“一卡通”模式，门禁记录工人的进出场，刷卡记录形成工人的月出勤统计；同时，项目部联合银行为工人办理银行卡，项目部提供专项账户的免息存款，每月项目部代付工人工资，保证工人工资的发放，实现工资发放的过程管控。通过建立联网的劳务人员数据库云平台，能实现项目部与项目部之间人员的联动管理，人员的行为记录、安全教育记录、特殊工种教育记录等均能实现数据互通。劳务人员的属地来源、年龄构成、季节性影响、工种分析、趋势分析是劳务研究的几个重点。门禁数据库通过每天的刷卡信息，便能统计到每日的门禁刷卡率、刷卡人数、各工种人数，管理人员可以通过作业面实际人数，对比计划人数，计算人员缺口，及时调整计划，做好人员的调配和补充。

2）基于智能安全帽的人员定位系统

智能安全帽是以工人实名制为基础，以物联网+智能硬件为手段，通过工人佩戴装载智能芯片的安全帽，现场安装基站数据采集和传输，实现数据自动收集、上传和语音安全提示，最后在移动端进行实时的数据整理、分析，清楚了解工人现场分布、个人考勤数据等，给项目管理者提供科学的现场管理和决策依据。智能安全帽的人员定位系统见图2-10。

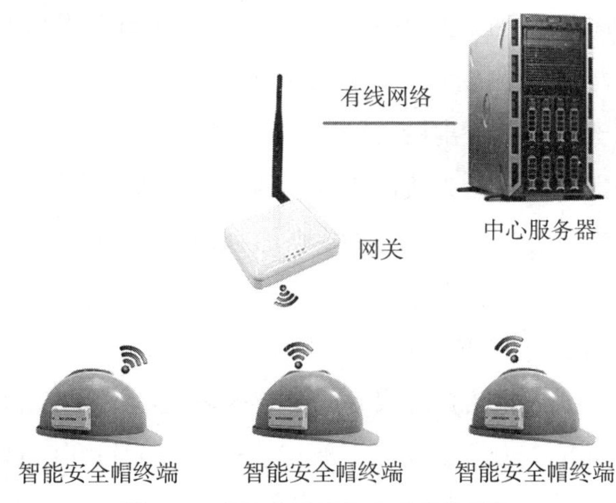

图2-10　智能安全帽的人员定位系统

系统功能如下：

● 区域人员统计。可查询区域或者作业面人员人数，单击区域或作业面便可展示人员数量、工种种类、各工种人数的柱状图。

● 辅助考勤管理。即以佩戴智能安全帽人员最早进入监测区域时间和最晚退出监测区域时间的工时，减去中间不在场内的时间，计算工作工时，形成工时考勤记录。

● 工人身份识别。管理人员可以利用带有NFC扫描模块的手机或者其他设备，对员工安全帽进行扫描后可以立刻查询该员工人员信息，同时可以上传此次检查是奖励或惩罚。回传奖励加分，回传惩罚减分。在每月、季度、年度对所有员工进行评比，系统输出人员积分排名。奖惩条目可追溯。

● 劳务人员VR安全教育。VR工地安全教育体验馆采用先进成熟的VR、AR、3D技术，结合VR设备、电动机械，根据施工安全管理经验和施工安全器材生产技术，以住房和城乡建设部颁布的安全规范为标准，全面考查工地施工的安全隐患，以三维动态的形式全真模拟出工地施工真实场景和险情，实现施工安全教育交底和培训演练的目的，体验者可通过VR体验馆"亲历"施工过程中可能发生的各种危险场景，并掌握相应的防范知识及应急措施。

现在还推出了一人体验、多人观看的模式，即一个人作为VR体验主体者控制VR场景的进行，其他人佩戴头盔时可同步观看实时场景。

3）人员临边红外对射安全施工管理系统

利用红外发光二极管发射的红外射线，再经过光学透镜做聚焦处理，使光线传至很远的距离，最后光线由接收端的光敏晶体管接收。当有物体挡住发射端发射的红外射线时，由于接收端无法接收到红外线，所以会发出警报。

（3）设备安全监控管理系统平台

1）塔式起重机防碰撞安全监控管理

平台可显示塔式起重机监控设备的分布区域及在线状态，可实时统计设备的运行数据（重量、力矩、高度、幅度、回转等），并以动画方式进行显示，针对力矩、吊重进行趋势图分析，当在施工过程中发生报警时，则在平台上进行数据记录并统计。

- 通过重量、幅度等传感器，避免超载超限等不安全作业；
- 可配置不可操作的区域，进行超限区域的限速限行；
- 通过塔式起重机群防碰撞系统，保障群塔作业的安全防护。

2）塔式起重机吊钩可视化监控子系统（塔式起重机眼）

采用高清球形摄像机并安装在大臂最前端，通过有线或无线方式将吊钩前端视频图像传送到塔式起重机司机操作室的监控屏上。系统可根据吊钩的运动，自动调整焦距，使图像最佳化，使塔式起重机司机无死角地监控吊运范围，从而减少“盲吊”所引发的事故，对地面指挥进行有效的补充。

塔式起重机摄像机采集的图像数据，还要经无线设备传输至地面项目部或云平台，管理人员可以通过PC客户端和移动设备APP查看监控视频。

- 在司机室中能够实时显示摄像机的运行轨迹图像，同时该视频画像会同步显示到平台上。
- 项目管理人员可在平台上实时查看吊钩的图像，便于监督和规范现场施工作业，保障施工安全。

3）施工电梯、升降机监控

通过传感器实时采集升降机的运行数据，当发生违章操作时，监控设备在发生预警、报警的同时，自动终止升降机危险动作，有效避免和减少安全事故的发生；同时，该数据通过GPRS上传到云端服务器，平台进行远程的监控与管理。施工电梯、升降机监控见图2–11。

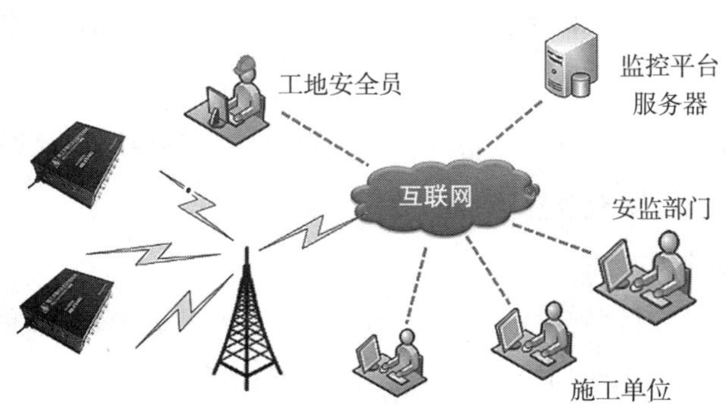

图2–11　施工电梯、升降机监控

● 系统由主机、显示器和传感器组成。传感器主要有重量传感器，高度传感器，上下限位状态传感器，前、后门状态传感器，天窗状态传感器等。

● 运行数据采集。通过精密传感器实时采集高度、速度、门锁、天窗、冒顶、蹲底等多项安全作业工况的实时数据。

● 工作状态实时显示。通过显示屏以数值方式实时显示当前实际工作参数、升降机额定载重，使升降机司机直观了解升降机的工作状态，便于正确操作。

● 数据远传。升降机运行数据和报警信息通过无线网络实时传送回监控平台。

● 司机管理。通过使用刷脸、刷卡或虹膜的方式验证司机身份。

● 开关门保护。当升降机前、后门开启时，实现自动断电，保护人员上下升降机时的人身安全。

● 冲顶、蹲底监测。系统传感器实时监测升降机吊厢顶部与底部的位置关系，接近安全值时进行实时报警，及时预防冲顶和蹲底事故的发生。

● 密码保护。主机分为管理员和用户两种密码，管理员输入密码后可以对系统进行设置，密码长度为6位。

● 本地数据存储功能。监控设备对设备运行数据进行存储，数据可以通过U盘下载。

● 远程IP、端口设置。可以远程平台设置和监控设备上传数据的IP地址和端口。

● 自动远程校时。监控设备可按服务器时间自动完成时间校正，与服务器时间保持同步。

● 设备自检功能。监控设备开机时，自动检测各传感器状态是否正常。

（4）工地现场管理监控平台

1）施工卸料平台监控

● 实时监控卸料平台载重，并上传数据到云平台，操作员能随时查看卸料平台的当前状态及历史记录，为操作员及时采取正确的处理措施提供了依据。

● 系统由主控单元、显示器、声光报警器、重量传感器等组成，各传感器根据实际需要选择配置，不同的产品，配置的传感器不一样。

● 实时测量当前载重并进行超载报警，避免因经常性超载施工而出现坍塌事故。

● 项目管理人员通过分析载重及超载次数，从而评估施工强度和问题溯源。

● 通过实时采集重量传感器数据，显示数据到显示屏上并将数据上传到平台。

● 通过平台可实时察看卸料平台的数据，并可查看历史数据。

● 在卸料平台超载时可提供声光报警，并上传到云平台进行提醒。

2）施工车辆出入监控

车辆识别是依靠摄像机对车辆车牌的识别。当车牌进入摄像机监控范围时，摄像机就开始分析。当车牌触发到虚拟线圈后，摄像机将识别结果发送给计算机软件。线圈是触发给结果的信号，而不是识别范围或者触发拍照的信号。所以，摄像机在调试的时候，尽量让摄像机照得远一些；线圈尽量离道闸近一些，距离4m以内为宜。

摄像机的补光灯不要调得太亮。太亮容易让车牌曝光，摄像机补光灯调到车辆距离摄像机4～7m，车牌字母反点光即可。外置补光灯，将远处照亮即可。

● 车牌识别系统由快速道闸、数字车辆检测器、环路地感线圈、车位显示屏、语音系统、车牌识别一体机、LED补光灯、摄像机固定立柱、光束对射探测器，多光束栅栏等组成。

● 摄像机安装位置的确定关键要注意摄像机和车道的水平夹角，以及摄像机和地面的夹角（即俯角）控制在30°以内。正常情况下，摄像机安装高度为0.8～1.8m，摄像机距离聚焦位置2～8m，可视具体情况调整。

● 现场环境，车牌识别系统对车道有一定的要求，车道越直，识别率越高，一般要求当车头摆正后到摄像机要有5m的直线距离，这样才能保证识别率。如果现场路况为弯道，可采用多加车牌识别一体机的方式实现。

3）远程视频监控

视频监控是施工企业对施工现场最直观的科技监管手段之一。现代监控的联网、高清和无线三方面更加贴合施工现场应用的实际场景。

项目远程视频监控系统可应用于项目施工生产、质量、安全、文明管理等方面，管理者可及时掌握施工动态，对施工难点和重点及时监管。

监控范围全面覆盖现场出入口、施工区、加工区、办公区和主体施工作业面等重点部位，还可结合移动监控设备进行工地常规巡检或应急救援、隐患排查、项目验收，组织专家进行远程指导等情况使用。

①网络拓扑

- 前端摄像头所采集的监控数据通过流媒体网关上传到云端，可视化平台可通过从流媒体网关获取数据并在应用端显示。
- 授权用户能对指定分配的设备、通道进行实时图像浏览。
- 支持云平台操作，通过平台授权用户，可在APP及平台上用手移动高清球机摄像头并调整焦距。
- 系统支持全程录像模式并自动循环覆盖，可支持30天视频回放。
- 系统具有流媒体服务功能，提供视频分发服务、分发处理、分发管理等功能。
- 系统具有日志管理功能，日志包括运行日志和操作日志，日志记录完整、准确。

远程视频监控布拓见图2-12。

②部署方式

- 项目每个楼栋的外部形象进度可实时查看，可看清楼栋顶部的施工作业层。
- 项目的重要区域可实时查看，包括工地大门、项目办公区大门、各楼栋施工通道主入口、材料区及加工区、施工现场主要通道等，尽量实现夜间查看。

4）安全巡更管理

当前，主要是通过手机实现日常巡更的管理。管理人员在平台上按照实

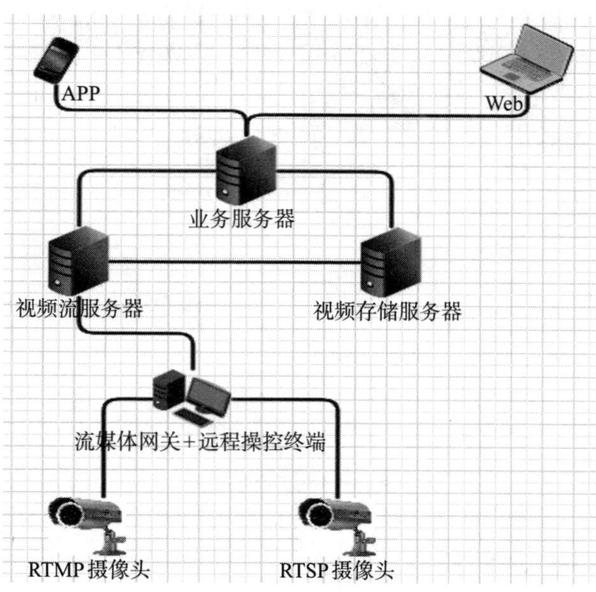

图2-12　远程视频监控布拓

际需求设置巡更点，并可在平面图上标记，同时配置巡更路线、巡更人员等。项目人员再按照所规定的路线进行巡更作业，通过扫码巡更地点的二维码来标记并可上传巡更异常的图像，平台可统计巡更路线的巡更状态及异常问题。

智能巡更系统操作步骤如下：

- 点位添加：点击右上角“点位添加”，扫描二维码，获取二维码编号和当前定位坐标，关联一个未被关联的点位名称，即成功创建了一个巡更点位。演示效果见图2-13。
- 若该二维码已使用，则扫码可查看该点位的详细信息。
- 开始巡更：点击“开始巡更”，可看到该路线所有点位。点击右下角“扫描点位”，扫描该点位二维码，获取当前定位坐标。选择点位状态并点击“确定保存”，即完成一个点位的巡更，巡更人员还可选填巡更内容或上传现场照片。
- 巡更记录：点击“巡更记录”，可看到该路线的描述及下方的巡更记录列表。点击某条巡更记录，可查看该巡更路线上点位的巡更结果和详情。

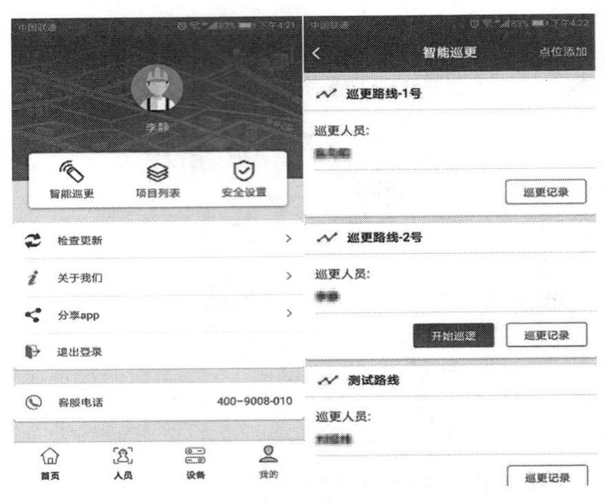

图2-13　演示效果

5）设备物料管理系统

①机械设备管理

- 通过机械设备信息管理、设备实时监测管理，实现对现场机械设备的远程视频监控，了解现场机械运行状态、有效负荷情况，判断现场机械设备是否需要保养维护、工作效率是否满足施工要求。
- 面向管理人员，展示整个区域的特种设备（如装载机、挖掘机、起重机等）基本信息、分布情况与运行情况、预警提醒等。
- 系统综合微电子技术、无线通信技术、高精度定位技术等于一体。系统可实时、全程、连续、可视化跟踪运动过程，向主管部门、施工方、监理方和操作人员提供及时、精确定位的工作信息。
- 记录设备日常巡检及维保情况，跟踪设备的运行状态。工作人员通过手机可以进行移动巡检，发现问题及时拍照或录制视频，上传到系统，将问题及时通知到相关责任人。责任人可以在第一时间收到上报信息，及时处理安全隐患，大大提高了巡检效率。

②物料管理

设备物料管理系统可实现大宗物资进出场、称重等全方位管控，例如钢筋、混凝土，主要实现物料称重、称重数据存储、称重数据读取、即时牌照以及物料验收偏差分析等功能，提高物资计量的运行效率，避免人为篡改、记录错误的同时，也实现全流程的信息化管理。物料管理系统见图2–14。

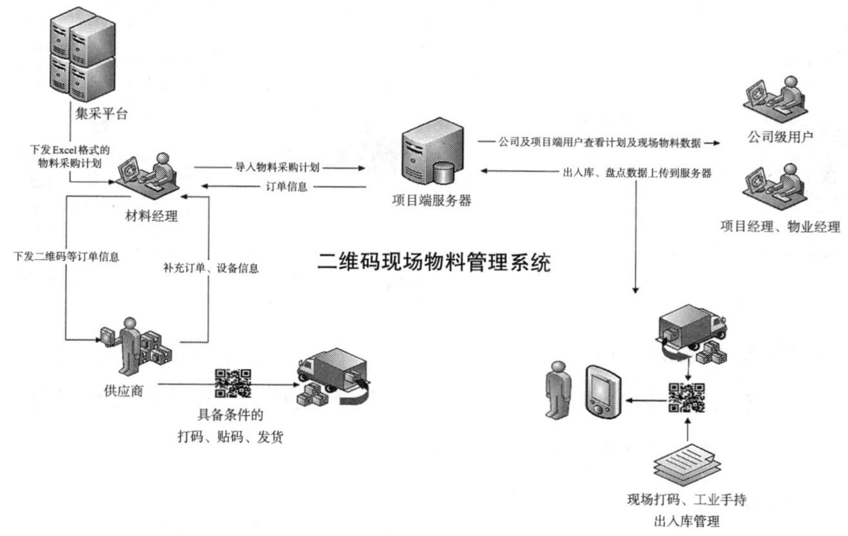

图2–14　物料管理系统示意

6）能源安全、环境管理系统

这里仅介绍能源管理系统。

- 能源模块显示施工过程中电、水的消耗情况；
- 每月用电、用水峰值统计；
- 用水类型分类管理；
- 统计项目各区域的每天及每月的用电、用水量。

7）电气火灾监测

电气火灾监控探测，可实时监测电流、电压、剩余电流、温度，传输实时数据，登录远程终端（如PC、手机等）可以随时随地查看探测器的实时数据并且提供远程复位、断电、修改参数等特有功能。

8）环境监测（图2–15）

- 实时采集气象数据，监测项目施工现场环境；
- 现场大屏显示检测数据；

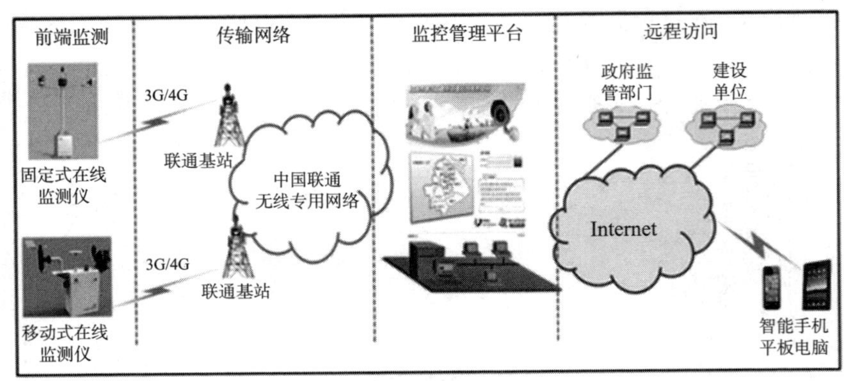

图2-15　环境监测示意

- 平台显示实时数据；
- 设置PM10、PM2.5、温度、湿度及噪声超标值，并进行报警提醒；
- 获取天气预报数据，便于更好地安排工作。

9）智能化喷雾降尘

- 利用智能设备对施工现场进行喷淋除尘，将施工过程中的环境污染降至最低，履行企业的社会责任。
- 智能系统具有节能高效、低成本的优点，可以实现24h连续工作，将相关数据实时传输到计算机上。工作人员通过对指标数据的有效分析，为施工现场相关工作及时采取有效措施，控制和改善施工现场的环境，保证施工人员的安全、健康。
- 为有效控制施工现场扬尘噪声污染，现场在特定位置放置扬尘噪声污染在线监测设备，监测数据实时传送到终端设备，一旦超标设备会有预警功能，且现场安装智能控制喷淋系统，当现场的扬尘数据超标时，会自动触发喷淋或雾炮设备进行喷雾降尘，见图2-16。

（5）工地智能停车场集成

1）智能停车场设备配置

停车场进、出口分设减速带，设置车辆自动识别系统、停车场管理系统、行驶方向引导指示标识、车辆清洗设备、停车区划分、停车线、监控系统等。停车场硬件及软件设施见表2-65。

图2-16　智能化喷雾降尘示意

停车场硬件及软件设施　　　　**表2-65**

产品组成	高清百万像素车牌识别相机、电子变焦镜头、防护罩、补光灯、电源等		
像素	1/2.5inch，约130万像素（4:3）	处理器	1GHz Cortex-A8，800MHz的DSP
图像分辨率	1280mm×960mm（宽×高）	通信接口	IP网络，RS485
镜头	电子变焦镜头（2.8～12mm）	工作电压	DC12V
图像压缩格式	JPEG（静态）	视频输出	JPEG视频流输出、H.264
支持调用语言	C#、JAVA、VB、DELPHI、VC等	防护罩	IP66，12寸防护罩
开发方式	编程接口（API）、HTTP、TCP	补光灯	内置LED爆闪灯
车牌宽度	80～400个像素	工作模式	地感线圈触发识别、视频触发识别
车辆速度	＜30km/h	工作温度	-35～85℃
识别要素	车牌号码、车牌颜色、可信度等		
支持车牌	蓝牌、黄牌、挂车号牌、新军牌、警牌、新武警车牌、教练车牌、大使馆车牌、农用车牌、个性化车牌、港澳出入境车牌、民航车牌、领馆车牌、新能源车牌等		

2）道闸系统（含地检测器、感线圈）、显示设备、车牌识别一体机、管理主机、信息显示屏、智能收费管理系统，见表2–66。

停车场硬件及软件设施 **表2–66**

管理主机	用于接收、记录出入口的数据、收费，协调整个系统工作
智能收费管理系统	判断权限、停车计时收费等
车牌识别一体机	用于车牌识别的高清摄像头须有补光设备
信息显示屏	显示停车场信息及车辆
道闸系统	处理进出管理
显示设备	停车场内可增加一处电子显示屏，用于车位提示及场区信息发布，提示车主停放位置

2.4.4 结语

智慧工地建设虽然会增加项目直接成本，使企业在低成本竞争方面处于劣势。但是，通过智慧工地建设给项目带来的经济效益、社会效益则难以衡量。通过智慧工地建设，可产生以下成效。

1. 管理动作前置

智慧工地建设可使管理动作前置，实现从事后被动补救到事前主动预防的转变，并实时对事故预警、报警并进行处理，防患于未然。

2. 提升现场管理水平

监管单位、施工企业、现场管理人员及其他相关机构均可在任何时间、任何地点，根据授权查看施工现场实时情况并进行监管。

3. 提升企业形象

智慧工地建设有助于智慧建造的发展，实现了工程实时数据、图片、视频等信息的量化、透明化、公开化管理，为业界提供观摩、交流的机会大大增加；同时，提升了项目及企业形象，扩大了企业品牌影响力，为企业赢得潜在市场。

2.5 新临建信息化应用简介

2.5.1 新临建的信息化应用

（1）基于大数据和云计算的数字化运营系统；

（2）基于人工智能平台的新临建的综合治安防治体系；

（3）基于物联网的设备运维体系；

（4）基于互联网的平台运营；

（5）智能安防、智能门禁、智能网络、车辆出入口及停车场管理、智慧物联设备管理、应急响应管理、消防管理、事件及报修管理、人工智能客服、能源管理、环境治理等信息系统支撑新临建应用。

2.5.2 新临建的信息化构成

新临建的信息化构建是基于5G+IOT技术，组成新临建四区域的信息的高速路。新临建的信息化由智能物业管理系统、工地商业系统、智能宿舍管理系统、OA&ERP系统、BIM系统、智慧工地系统、指挥调度显示系统、物流跟踪系统、加工生产进度系统等基础设施组成。

通过先进的5G+IOT技术和手段，将上述系统串联成有机整体。通过软硬件相结合，进行云计算和大数据分析，用科技手段为新临建的管理服务进行赋能，让运营服务以更智慧的方式进行，提高管理效率，降低成本，让运营服务的每一个动作都可以量化和追踪，从而提高运营服务的品质。新临建的信息架构见图2-17。

1.生活区的信息化组成

建筑工地生活区信息化分为智能宿舍管理系统、工地商业系统和智能物业系统三个主要模块。见图2-18。

（1）智能宿舍管理系统

1）智能宿舍管理系统主要针对生活区的工人宿舍、职工宿舍进行相应的运营服务。

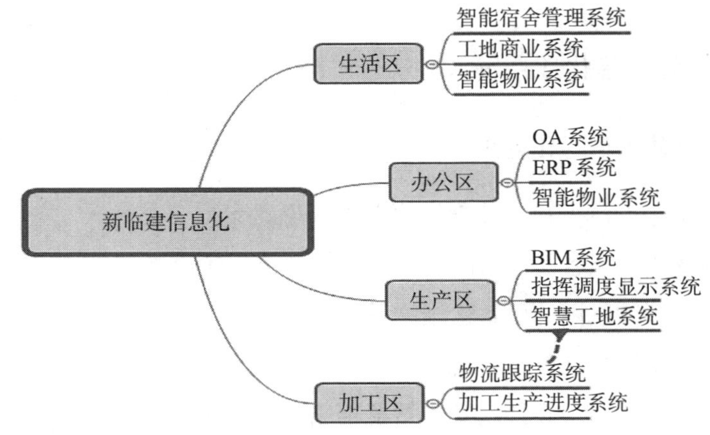

图2-17　新临建的信息架构

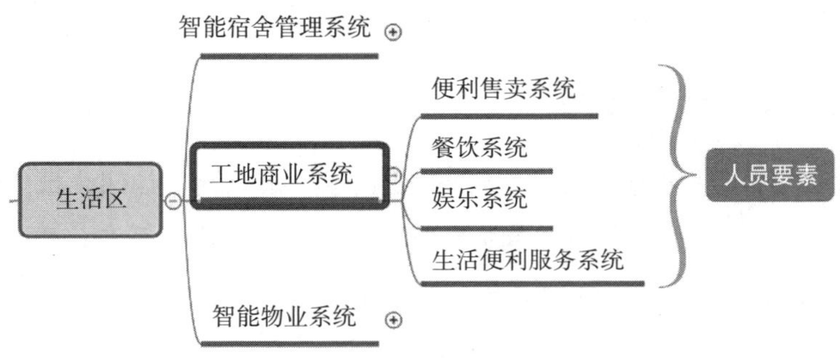

图2-18　生活区的信息化组成

2）智能宿舍管理系统分为智能宿舍分配系统、智能门锁系统、智能WIFI系统、智能安保系统、智能水电、空调、灯光等，见图2-19。其中，智能宿舍分配系统同劳务实名制管控系统数据同步打通，采用同单位、同工种、同地域的原则进行自动分配，智能门锁系统和智能安保系统对于人员考勤和生活区的安保质量进行有效管控。

3）其他智能设备采用IOT技术进行远程采集数据，实现可视化管理。智能物业系统还专门为管理人员和运维人员定制了APP，做到了有效沟通，提高管理效率。

（2）工地商业系统

1）工地商业系统是针对建筑工地人员进行商业服务的综合运营平台，

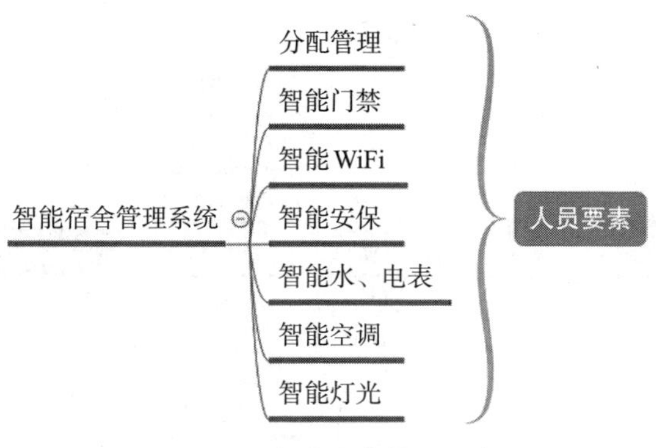

图2-19　智能宿舍管理系统

主要解决现场人员除了生产以外的生活便利要求。

2）工地商业系统分为便利售卖系统、餐饮系统、娱乐系统及生活便利服务系统。

- 便利售卖系统是基于连锁的新零售系统，通过连锁的供应链优势，提供价廉物美的商品。
- 餐饮系统依托于中央厨房的餐饮制作能力，在保证工人吃好、吃饱的前提下，提供优质、卫生的餐饮服务；还可以通过平台进行餐饮的点餐定制服务。
- 娱乐系统提供了图书屋、娱乐院线系统，为施工人员在休息时提供相应的休闲娱乐活动，提高精神文明水平。
- 其他生活便利服务系统包括洗衣房、淋浴房、夫妻公寓、快递收寄点等便民增值服务。

3）工地商业系统的支付系统支持劳务实名制专用卡、主流电子支付、人脸支付及基于区块链技术的数字货币支付。

（3）智能物业系统

智能物业系统主要包括资产管理、运营管理和设备管理三大部分。其中，运营管理又细分为环卫管理、绿化管理、消防管理、安保管理、停车管理、设施维护及秩序维护等模块，见图2-20。

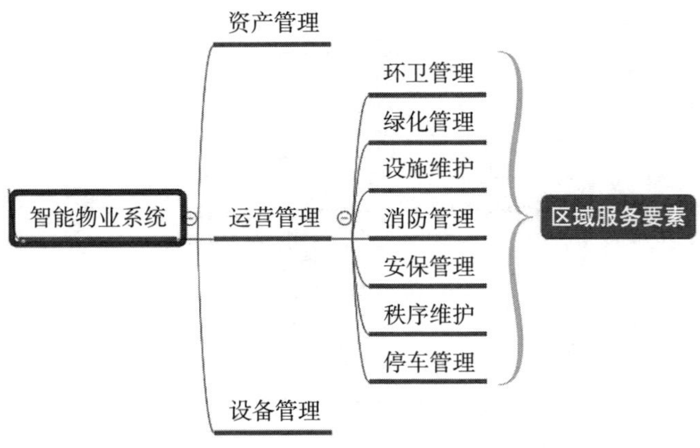

图2-20　智能物业系统

2.办公区信息化组成

（1）新临建的办公区在施工过程中就对有线网络和智能WiFi进行同步施工，并进行优化调试，保证办公区域的网络畅通。

（2）办公区的信息化一般包括办公OA、ERP系统及办公区域的智能物业系统。由于办公OA、ERP系统基本由建筑公司提供，新临建保证其在办公区域的网络质量良好即可。

（3）新临建提供的运营服务主要为公共区域的智能物业系统。该区域的智能物业系统组成同生活区，见图2-21。

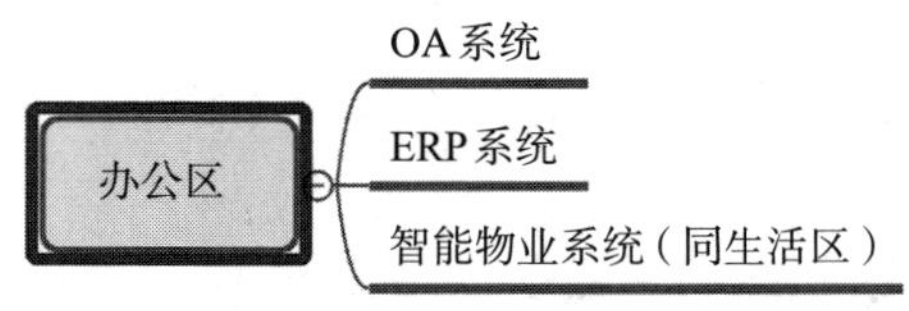

图2-21　办公区信息化

3.生产区信息化组成

生产区的信息化主要为生产服务数字化提供保驾护航。其主要支撑的业务为BIM系统、智慧工地系统，以上系统会在指挥调度中心内的显示系统进行可视化处理。见图2-22。

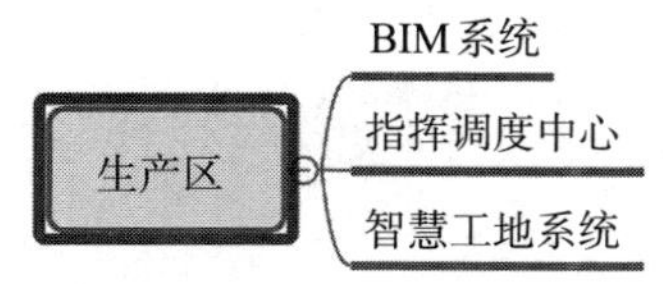

图2-22　办公区信息化

4.加工区信息化组成

（1）我们定义的加工区为专门为施工生产进行配套加工的专门区域，是配合装配式建筑独立出来的特定区域，该区域具有工业化、自动化生产的要素，匹配了工业4.0的技术要素的现代化加工基地。

（2）匹配BIM系统的生产进度系统和物流跟踪系统要交互到生产调度中心的显示平台上，以便施工人员及时安排后续的施工计划，有效地提高生产效率。见图2-23。

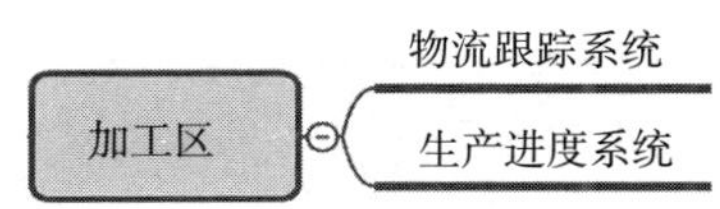

图2-23　加工区信息化

（**本章编写人：**魏和祥　高晶磊　卓鹏）

第 3 章

新临建工程经营和价格控制

——迈出走向盈利的第一步

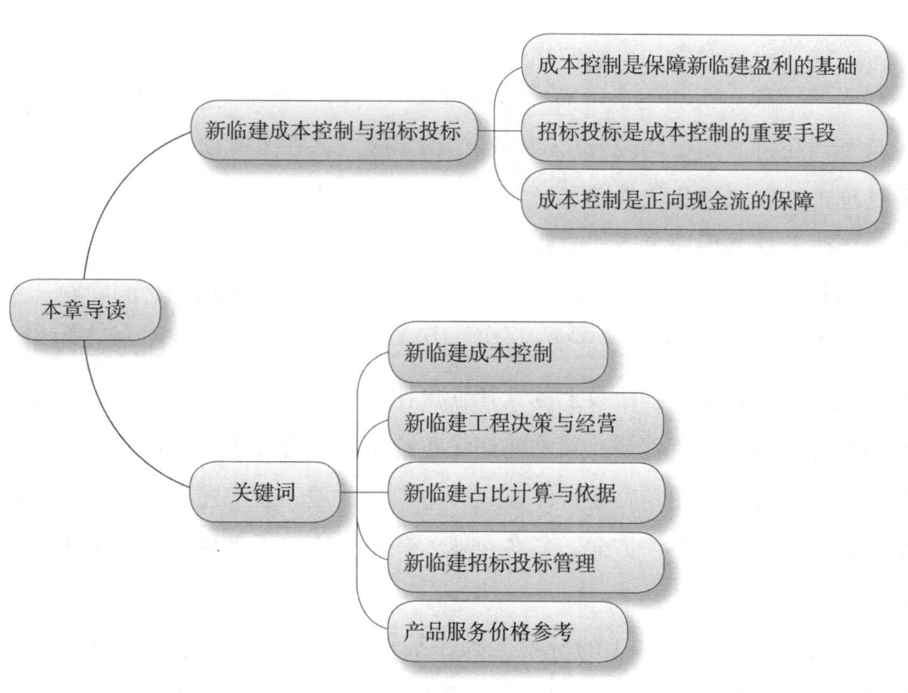

新临建建设是工程项目重要的基础工作之一，新临建综合体的建设和配套服务是工程建设项目全过程辅助管理的载体和支撑。对于一个工程项目来讲，新临建提供的不仅是设施的使用，也是工程项目施工过程的保障，是施工工地中必不可少的一个环节。针对新临建的投入产出也是工程项目经营成本控制工作重要的组成部分，本章主要是从工地临建的角度讲述在工程实操过程中新临建相关的建设经营工作和造价控制与管理。其中所阐述的观点与结论同时也可应用于城市级的建设者之家，供大家参考。

新临建建设离不开资金的投入和造价管控，这关系到项目成本核算和项目利润的结果。新临建造价高低能直接影响到建设项目的成本和效益核算，经营不当还可能影响建设公司的资产结构。所以，在工程项目中，新临建经营管理工作对工程优化管理和经营增效会起到重要作用，是一项工程施工的专业工作，是工程项目不能忽视的部分。

新临建如何进行造价管控、如何经营，这是两个有实际意义的问题。一句话，做好“开源节流”，就能将新临建建设经营工作的主要核心抓在手里。开源就是在新临建工程建设上的选择性价比最优，有更好的投入产出比的方案和配套服务，节流就是让新临建建设达到精细化管理水平，让原本不能发挥出预期经济价值的新临建产品在运营中产生效益。新临建经营工作是工程管理高质量发展的一个方向，是各企业、各项目应给予重视而且不断深入研究的课题。

新临建作为工程施工的分项工程，某种意义上也应该走专业分包工程的道路。和其他分包一样，它的预算管理和招标投标控制是造价管理最为关键的手段，它直接影响到工程的总造价控制结果，新临建的预算和招标投标控制也是后期项目资产运营和城市级别建设者之家运营造价控制工作的基础。本章主要从工地新临建价格控制进行讲解，内容包含新临建造价的几个关键操作点和常见操作方式，如新临建的预算、测算和估算的计算参数，新临建单体产品和整体解决方案中各种主要指标，以及他们的价格组成，相关的样板，千人级城市建设者之家造价组成模板，目的就是便于业界人士能够有所了解这方面的知识，便于在今后实操中能够系统性整体解决新临建的造价问题。

工程造价的管控需要细致的工作态度和严谨的工作方法，新临建涉及专业多是技术、经济、管理于一体的决策过程，是贯穿设计、施工、交付、使用、维护全生命周期的系统性工作，建设过程也是麻雀虽小五脏俱全琐碎复杂的专项工程，具有变化多、零星工程多、配套服务多的特点。毫不夸张地说，新临建建设经营水平直接关系到整个工程项目的成败。本章中的新临建造价管控，是从总包EPC的角色出发，从新临建经营角度对决策、设计、优化、发包、实施、交付、使用和运营各个主要因素进行介绍，对新临建单体产品价格、预算清单、招标投标要点、价款支付、合同要点、保修结算和后勤保障服务这些内容进行重点说明，介绍在新临建经营工作中如何将造价控制在预定范围内的方法和经验，以求新临建投入和造价管理有效匹配，帮助项目管理做到人力、物力、财力的合理使用，优化配置，以保障项目建设方在工程结束后依旧能够利用资产化的新临建取得长期收益，从而达到在帮助提高工程项目建设者生活和工作水平的同时，让项目和企业收获最大效益。

专业分部、分项工程造价控制，是总包经营工作的侧重点。作为新临建业务架构和整体解决方案的提出者，一路筑服在经营工作中积累的经验可以帮助企业和项目管理建立一套新临建建设的整体解决方案，帮助新临建项目投资使用者建立起一套从新临建优化方案到决策、实施、交付、服务、保障到资管长期受益的完整体系和方法，帮助项目解决好新临建建设过程中造价管控，以及后期管理中潜在的造价变动的控制方法，让新临建用得好、管得好、经营好、受益好，兼顾新临建资产的重复利用和运营效果，以达到帮助企业、项目获得最大价值，实现融合发展、共享共生的目标，帮助企业和项目成为精细化管理及高质量发展的践行者。

本书提供的常用的技能经济指标性参数是有局限的，意在帮助读者能够较快熟悉新临建造价中的敏感价格参数，掌握新临建过程不可预见的价格变化，能够达到简单的测算，快速有效工作的实操效果。

3.1 新临建经营的主要工作

通常企业间不同的管理方式有不同的操作步骤。但临建的工作主要是方案与资金的落实和决策，组织，验收实施。临建实施工作主要含在总包工程的土建工程中，临水、临电工作含在室外零星工程中，这是惯用的操作方法，没有特定的单项划分那样琐碎复杂，参与人数多。从单纯建设角度上新临建的实施工作内容和传统临建基本相同，它们的不同是新临建增加了后勤保障和资产运营工作，是整体解决的方法，一切都由一个新临建总包公司负责，这种工作性质的变化导致新临建的经营工作的不同。新临建经营工作主要就是辅助项目管理方做好决策，方案优化、技术选择，融资方式，资金垫付，账期安排，招标投标，实施、预算控制，验收，结算以及运营服务，资产管理的合理规划和安排，融合不同的角色进入整个新临建服务中。下面就从这几个方面开始进行简单的阐述。

3.1.1 新临建工程的决策

新临建建设方式的选择是首要的任务，有传统的自建、代建和EPC总包三种方式供选择。选用哪种方式，由项目总包单位、项目经理部决策和决定。不论哪种方式，其工作内容都是相同的。新临建的方案必须符合技术标方案中的相关设计要求，可以适当根据开工前的实际情况和地形、地貌情况进行微调。一般来说，总包项下的新临建工程包含下列分项。

1.新临建工程内容

（1）现场土建和基础

1）项目区地面硬化；

2）项目区围挡及封闭。

（2）项目区临时道路的铺设

（3）现场临水、临电工程

（4）消防通道环线和设施

（5）变配电和安全

（6）现场临时房和设施

1）办公区建设：办公用房，后勤用房，食堂等；

2）生活区建设：工人住宿，劳务管理用房，食堂等后勤设施等；

3）施工区建设：指调中心，休息区，卫生间，垃圾站，功能性设施，库房等；

4）加工区建设：加工棚，料场和库房等；

5）机电一体化：洗浴，热水，供暖，制冷等。

（7）现场CI和文明施工

（8）CI形象、标志标识和文明施工

（9）智慧工地和样板

2.现场后勤保障

（1）后勤物业化服务

（2）餐食和文娱

3.其他零星工程

一般来讲，以上工作内容中，新临建工程是重点，其对于总价占比较大。现场后勤保障多为选择项。新临建工程造价方案优化最为重要，需要进行科学分析、对比、决策。

3.1.2 新临建工程主要决策工作

1.项目部一般决策工作内容如下

（1）新临建项目总体设计和布局、标准、总工期及实施方法

（2）新临建项目关键点和特殊要求

（3）新临建项目预算控制限额

（4）新临建项目资金来源和筹措

（5）新临建的招标投标原则和办法

（6）新临建的不确定性预测和不可预见费

（7）新临建后期资产的重复利用、回收和资产委托

（8）后勤服务需求

2.新临建工程的工作流程

（1）新临建工程技术方案的确定

（2）新临建工程的实施计划、工期

（3）新临建工程的招标投标方案和标的编制

（4）编制报价清单、合同条件

（5）招标前期工作准备，发标

（6）考察，资格预审

（7）投标

（8）开标，评标，定标

（9）签订合同

（10）新临建施工的准备

提示：现在大多数新临建工程采用的方式除了新临建房舍和设备外，基本都由劳务分包进行建设，这是粗放的管理方式，通过签证和后续估价方式其实是不划算的。

3.新临建工程决策和造价控制的关系

影响工程造价的新临建决策主要是施工场地的因素和标准的选择，施工场地隐蔽不可知的原因和临建设施标准的选择不当，对工程成本和经营成本均有直接的影响。新选择临建设施是否合理、合适，不仅影响工地使用的效果而且还影响着项目的投入和再利用的收益。如果是新临建综合体方式，临建设施还将影响它的运营效果。所以，在新临建工程决策之初，一定要根据施工现场的情况和工程具体特点，综合考虑各种存在的因素和可能发生的不可预见的因素对工程短期和长期的影响，科学决策，选择性价比最优的方案。为减少决策造成的不确定性，通常在新临建决策阶段要做好以下几个方面的工作。

（1）影响新临建决策的外部因素

1）要充分考虑原材料条件、能源条件、水源条件、运输条件、施工条件等因素的实际影响。在总包报价阶段，这些工作往往存在很多不清晰的地方。

2）综合考虑气象、地质、水文自然条件，这对临建设施的使用寿命和耐久性有很大影响。

3）对已有的各种市政设施的条件，比如接口位置和已有管线等，进行一次性固定化处理，不需要花费更多的成本用于维护这些设施的运行。

4）严格按照已选定线路走向，合理布置新临建建筑物、构筑物，以及地上、地下管线的位置。

（2）影响新临建决策的内部因素

新临建施工方案中新临建规模、技术和设备的选用，临建设施的建造方案和标准，对新临建工程造价影响最大的通常方案选择应满足的基本要求为：

1）选择符合工程整体建设设计的方案，制定与工程性质和要求相符的新临建解决方案，切不要任意提高临建标准，切不要增加超出总包工程承包范围内的临建工作内容，尤其是文明施工和技术措施的科学决策和投入、智慧工地的投入。

2）充分考虑满足生产和生活使用功能需要，应留有适当的扩展余地。要考虑新临建房舍资产的重复利用价值，需要考虑项目结束后临建资产的委托经营。考虑新临建资产的固定资产折旧率，以利于资产的重复利用，力求降低造价，经济、合理，节约资金。

3）要考虑人力资源对项目管理成本的控制，选择第三方服务是最优化方案。要充分考虑劳动力来源、生活环境、协作、文化等社会环境因素的影响，这也需要长期投入和维持。

4）严格符合工程标准、规范要求，建筑物、构筑物的基础、结构和所采用的建筑材料应符合相关的技术标准和规范要求，确保工程质量，防止不断维护和重复返工。

5）工程方案在满足使用功能、确保质量的前提下尽可能满足环保要求。在确定技术方案时，识别和分析可能影响环境的因素并提出保护措施。

3.2 新临建的经营工作

新临建前期经营工作解决好该分项工作的标的编制、预算、招标投标、合同和资金筹措工作，对后续主体建设的经营工作有巨大的影响。新临建经营工作需要有详细的规划和安排，需要有认真、负责的工作态度，需要足够的重视，新临建经营工作将为工程顺利展开提供坚实的支持。

3.2.1 新临建经营工作的准备

1.新临建工程总投入计划的编制

（1）新临建工程总投入计划编制的目的，是将新临建工程造价控制在一个较为合理的范围之内。用工程预算方式精确计算出来新临建的总价，利用工程采购买方市场地位争取最优价，在保证工程质量和工期的前提下，为整个工程项目降低造价、减少投入提供有力帮助。对成本控制和资金筹集、资金使用有着重要的意义。

（2）新临建工程总价是一次性投入新临建的固定资产投资与新临建工程在整个施工过程中其他资金消耗和流动资金的总和。按照新临建的总体设计思想，这些临建投入会形成可以二次使用的若干固定资产（如房舍等），可继续周转的递延资产（如变、配电线，设备）和工程中需要不断投入维护费用（如道路修复、移动位置等）三个不同的实体和消耗。

（3）新临建工程总投入计划成本除了工程预算费用外，还应包括各种不可预见费。

（4）新临建工程的投入规划一定要做好总成本费用估算表、固定资产估算表、流动资金估算表。这是现在项目管理不重视的方面，这三个表格首先可以帮助项目做到资金的最优化筹措、使用和精细化管理。

2.资金来源和筹措

（1）新临建工程往往在工程初期开始建设，工程项目的预付资金没有到位前，由于现行公司资金管理方式中对于项目新临建资金的垫付政策不同，往往需要项目经理部自己做好资金来源和资金筹措的准备工作。

（2）在一般实际操作中，项目经营人员要协同财务人员和项目决策人员一同制定新临建资金使用计划表、新临建资金筹措计划表、主要费用管理表、资金垫资和账期安排表，以利于工程的顺利开展和承诺账期的顺利履约。

（3）在新临建工程招标中，对资金解决方案的设计是非常重要的。除了要解决前期工程资金问题，还要考虑资金成本对整个造价的实质影响。资金成本对招标中的材料、物资成本有巨大影响，垫资工程的造价比直接付款采购工程的造价要高。在新临建工程资金筹措方案确定后，就应该在工程招标（议标）书文件中对资金的使用条件做出明确要求和说明，以便投标单位响应。

3.新临建项目中的固定资产认定

现在，临建资产定义在财务上没有特别的处理，新临建由于需要重复使用或资产委托管理，多以在固定资产的概念上的加以明确和定性，这是新临建最具特点的、最具价值的核心。按照新临建整体解决方案的设计，将新临建资产和运营融合在当期工程建设和服务的全过程中，远期工程的再重复利用和二次运营，就会单独形成数量巨大的项目新临建固定资产。不仅减少了工程后的建筑垃圾、减少了工程浪费，还能取得长远的利用价值。新临建固定资产进行财务处理和认证工作，则极大方便了资产重复使用中的折旧、估值和产生二次经营效益的核算。这项工作需要项目经营工作和财务工作的有效协调，需要做好以下几个方面的工作。

（1）按照财务资产管理制度，对可以进行二次运营的临建产品进行资产认定，编制目录造册。

（2）做好临建资产在项目核算中的方法，明确一次摊销还是分期折旧。

（3）做好固定资产折旧费估算表，对于二次运营和收益科学制定资产折旧。

（4）做好递延资产摊销费估算表，对于递延资产的重复利用，增加递延资产的二次经营效益。

4.新临建资产价值的确定

工程项目完成后，新临建可以利用新临建运营平台进行委托二次运营，使它发挥出更大的后续价值。按照相关的财务制度和企业会计准则，确定新临建资产的价值，对于项目和企业都是重要意义的工作。使新临建从边角废料变成了可以保值增值的资产，针对新临建资产价值的确定应该遵循以下原则：

（1）新临建的功能性集成产品，如安全体验中心、职教室、小卖部、开心影院等，可以重复利用和重复运营，要计入固定资产价值。

（2）新临建中独立发挥作用的非生产性集成产品，如办公用房、住宿配套用房、食堂、医务所、生活服务设施等，在建成并交付使用后，要计入固定资产价值。

（3）新临建工地生产用附属辅助设施，如指挥调度中心、标养室、劳务实名制等设施，正式验收交付使用后可以计入固定资产价值。

（4）购置达到固定资产标准不需安装的设备，如智慧工地产品使用期限在5年以上的工具，交付使用后计入固定资产价值。

5.新临建工程取费和税金

（1）新临建工程的投入一般都是在总包工程中临建费用、技术措施费和文明施工费用基础上进行核算控制的，新临建费用一般不超过这三项费用总和的70%。由于在工程总包招标中会有特殊承诺，在具体施工劳务打包时又将措施费拆解，存在技术措施费和文明施工费有较多交叉使用，故难以精确分拆出来。所以，在新临建费用核算中大多只能按照经验值和估值比例控制，原则不超出工程相关取费的上限总值。在满足临建使用的情况下，越小越好。

（2）新临建工程的税金一般由新临建建设单位按照分包项或者主要设备采购项方式解决，其中涉及税金比例的不同和抵扣项的问题，需要在招标过程及合同中加以明确和约定。

3.2.2 新临建工程的招标投标

新临建的招标投标工作一般由总包单位项目经理部组织相关人员进行。招标方式通常采用公开招标或邀请招标。不论公开招标和邀请招标，在实际操作中由于各项目几乎都有自己的施工队伍，使自己的队伍有中标的机会，或者直接内定自己的队伍，评标总的来说难以做到客观、公正，存在许多人为因素，量化不够，“人情”起着决定因素。

为了保证项目的最大利益，新临建工程的招标不同于传统零敲碎打的方式，采用新临建工程总包或者EPC打包的方式。要做好新临建工程的招标投标工作，需要对新临建的操作方式进行改变，严格执行招标计划、严格进行合同履约、严格执行相关承诺。

1.传统临建招标工作中存在的问题

（1）总包与临建分包之间的制约机制不健全，使分包处于被动局面。从经济的角度，总包总是希望花最少的钱办最多的事，而分包希望投入最少的物质和劳动换取最大的利润。这两个是既相互排斥又相互联系的矛盾统一体，是新临建工程中最突出的问题。

（2）临建工程项目部往往只关心低价中标，不太考虑其合理性，会出现中标价格和实际发生差异较大，造价不合理，不仅影响工程的质量和工期，也为以后工程结算“扯皮”留下隐患。

（3）项目的招标工作不严谨、不科学，临建产品缺乏统一技术标准。由于招标文件中规定一些技术指标，往往是企业的自行标准，在实操中失信的企业一改再改，特别是设备或材料的代换屡见不鲜，造成一些包干工程计划与实际变化较大，造成产品质量差异和价格差异，工程进行中矛盾多、争议多。

（4）项目经营管理经验不足，招标投标工作专业人员缺乏，他们只关注造价一个因素或编制标底时忽视其他因素，使标底与投标报价相差甚远。

（5）一些不良企业抱着先进入、先中标、后索赔的目的，求得日后纠缠的心态相互压价，承诺虚假条件，低价抢标，使得工程或产品价格战此起彼伏，严重扭曲了真实的工程或产品价格，造成产品质量隐患和工程质量低下，同时给新临建带来危害。

（6）在临建零星工程上，工作处理不好和主体工程的劳务界限，以致于在后期结算中形成“扯皮”现象。

（7）有些临建中标企业层层分包，自己抽拿管理费，层层克扣，造成工期和工程质量无法保证。

（8）有些企业无法按照承诺垫资条件组织生产，造成工程的延迟或合同的无法履行。

2.新临建工程的预算管理的作用

新临建工程大多是以主要材料的清单形式作为依据进行预算或估算，很难做到以施工图设计文件为依据，按照规定的程序、方法，对新临建工程进行精确的预测与计算。在实际操作中，一般零星土建工程和安装工程可以按照政府规定的预算单价、取费标准、计价程序计算执行。更多的临建产品则是通过根据企业自身的企业定额、市场单价以及市场供求竞价计算，选择比较贴近市场正常价格作为预算价格计入。这种基于标准和市场的操作由于临建工程工期短，往往能够顺利进行和完成，结算中的矛盾较小。新临建工程预算管理的难点是在新临建工程和维护及移动中的劳务签证管理，这是后期扯皮的主要方面，包括后期服务中的各种签证。杜绝各种签证是精细化管理的关键。新临建工程预算管理的作用很大，必须在经营工作中从以下几点给予足够的重视。

（1）新临建工程预算作为临建建设中一个重要的经营文件，是工程项目成本核算的重要组成，具有重要的作用。

（2）新临建工程预算是节约工程投资的重要措施之一，是控制工程成本的关键。

（3）新临建工程预算是工程资金合理使用的依据，是新临建工程筹集资金、资金计划安排、资金有效使用、保证项目建设顺利进行的重要依据。

（4）新临建工程预算是确定合同价款、拨付工程款及办理工程结算的基础，是安排调配施工力量、组织材料供应的依据。

（5）新临建工程预算是编制计划、材料、机具、设备采购、劳动力安排的基础，是工程进度、统计、核算、考核经营成果的重要参考依据。

3.新临建施工招标投标实操

临建工程招标工作由项目经理部按照分项工程组织实施，也有对其中的设备和临建产品进行厂家材料招标的操作。新临建对此进行了优化，是整体临建解决方案招标，前期招标的复杂程度也有所提高。涉及单个项目或者整个公司项目新临建整体解决方案的招标，可能就会涉及经营部门、工程部门和后勤保障管理部门的协调行动，涉及企业集中招标和招标采购平台的协同。新临建的EPC可以是来自第三方的产品和服务，也可以是企业自己组织内部相关部门产品或服务的集成。新临建发展方向是购买第三方产品和服务，通过与第三方合作运营，能够为企业和项目带来长远的价值与效益。这种方式的实践，对新临建EPC工程招标工作需要的条件也高于传统的临建施工。新临建招标工作应该具备以下条件：

（1）新临建施工前期其他工作已基本完成，对于资金的安排已经有了较为详细的计划。

（2）有能够满足招标和施工需要的图纸、技术资料及报价清单与起草相应合同的预算和经营管理人员。

（3）有组织编制综合招标文件能力，组织较为复杂的开标、评标、定标能力的经营人员；有参与过招标工程的经济、技术、后勤人员、项目管理人员参与。

（4）有参与新临建施工的相关设计和施工管理人员、监理人员及共同验收新临建工程的签字人员共同参与。

（5）新临建招标对资产购买、租赁时的相关财产保险的要求，是新临建的空白点，也是在国内现行阶段往往缺失和容易忽视的细节。

（6）EPC承包方如果是运营方，还要为工地人员购买相应的安全保险，这也是国内工程施工中最为薄弱的环节。

4.新临建工程的招标方式

（1）公开招标：公开招标是指招标人在指定的报刊、电子网络或其他媒体上发布招标公告，吸引投标人参加投标竞争，招标人从中择优选择中标单位的招标方式。公开招标可以保证招标人有较大的选择范围，可在众多的投标人中选定报价合理、工期较短、信誉良好的承包商，有助于打破垄断，实行公平竞争。

（2）邀请招标：邀请招标是选择性招标或有限竞争性招标，指招标人以投标邀请书的方式邀请特定的法人或者其他组织投标，法人或其他组织的数目不少于3家。邀请招标的优点在于：经过选择的投标单位在施工经验、技术力量、经济和信誉上都比较可靠，因而一般能保证进度和质量要求。此外，参加投标的承包商数量少，因而招标时间相对缩短，招标费用也较少。

（3）议标：由新临建工程建设项目招标单位选择几家有承担能力的企业进行协商，在保证工程质量的前提下，对工程造价、工期、垫资、账期、质量标准、运营等进行协商和认定。

5.新临建工程招标书应具备的技术经济条件

（1）新临建工程图纸和工程量清单，计价规则和费用规则，标准。

（2）合同条件，尤其是有关工期、质量、支付条件。

（3）主要设备、主要材料的设计参数、价格及成本，日劳务工资标准。

（4）新临建工程的施工进度和质量要求，施工规范和施工说明要求。

6.新临建第三方服务招标应具备的主要条件

（1）服务方式的确定资料，服务标准的确定资料，服务期限的确定资料。

（2）服务工作内容清单，计价规则和费用规则，标准，报价须知。

（3）服务合同条件，服务质量验收原则。

（4）服务团队组织和日工资标准，结算原则。

（5）采用的服务保障方案和责任确定要求。

（6）衍生服务的范围和原则。

（7）共享利益的约定。

3.2.3 新临建工程经营的量化指标

1.与经营有关费用的概念

新临建最突出的特点是轻资产运营，运营结果的好坏直接反映出投入和产出的比例，新临建投入是固定的，二次运营中的投入也是可以预测和控制的。下面简单介绍一下几个在新临建经营中的费用概念。

（1）固定资产使用费：是指使用属于固定资产的房屋、设备、仪器等的折旧、大修、维修或租赁费。新临建的箱式房单体产品，劳务实名制集成产品等都属于固定资产的范畴，在新临建整体解决方案中已给予明确。

（2）劳动保护费：是指企业按规定发放的劳动保护用品的支出，如工作服、手套、防暑降温饮料以及在有碍身体健康的环境中施工的保健费用等。劳务工人属于劳务外包，发包企业不负担，劳务承包企业承担。但在以后的职业化进程中，新临建解决的另一项就是工人的工作，在互联网劳务平台上的工人的劳动保护，将是工人保障体系的主要组成之一，也是构建工人职业化体系的重要指标。

（3）职工教育经费：是指按职工工资总额的规定比例计提，企业为职工进行专业技术和职业技能培训、专业技术人员继续教育、职工职业技能鉴定、职业资格认定以及根据需要对职工进行各类文化教育所发生的费用。发包企业不负担，劳务承包企业承担。这是我们国家极其薄弱的环节，职业化教育的责任应该是国家教育的重要组成，而不是企业承担的。未来在互联网劳务平台中，职业工人的教育经费会成为一个由工人、企业和国家共同承担的费用，通过职业化使工人整体素质得到不断提高。

（4）保险费：主要是指施工财产，应包括固定资产的保险、车辆等的保险费用。建筑业保险是个极具潜力的市场，特别是生活、工作中的各种保险品种的开发。

（5）财务费：是指企业为施工生产筹集资金或提供预付款担保、履约担保、职工工资支付担保等所发生的各种费用。新临建在初期解决工程资金垫付，通过金融服务来提供，财务费是让行业健康发展重要的一个环节。

（6）规费：指按国家法律、法规规定，由省级政府和省级有关权力部门规定必须缴纳或计取的费用。规费的改革势在必行，进行税、费简化，是经济社会发展的必然。在新临建中不需要考虑，但是在未来城市运营中是必须考虑的。

2.与新临建工程相关的几个指标

（1）新临建单位工程占比

由于新临建是综合项目成本计价，用新临建工程造价除以主体工程的建筑面积作为单位工程造价而成的平方米造价比，可以粗略判定报价水平的高低。一般新临建占比在10～20元/m^2。

（2）新临建单项工程占比

由于新临建是综合项目成本计价，将报价除以工程造价得到的占比，以判定报价水平的高低。见表3-1。

新临建工程占比及人数参考表 **表3-1**

类别	临建/工程造价占比	临建/建筑面积占比	人数	餐食指标	零售指标	文娱消费
工程造价的占比	1.0%～2.34%					
临建面积的占比		1:20～1:10				
后勤服务人员			1～3人/万m^2			
人均餐食标准				900～1100元/（月·人）		
工地人均零售消费					100～180元/（月·人）	
文娱消费						0～20元/（月·人）
工地人数平均值			100～150人/万m^2			
工地高峰期人数			250～350人/万m^2			
总包管理阶段人数			400人/月			
工地平均生产天数			800日历天			

3.新临建工程预算价格总表（样表参考）

新临建工程由基础、房舍、道路、临时管线、临电等各种附属设备等分项工程构成，它们在工程价值中都有一个合理的大体比例，以一路筑服实施过的某工程项目为例，项目临建工程预算价格样表见表3-2～表3-12。

新临建工程项目总价表 **表3-2**

工程名称:				第1页	共1页
序号	名 称	金额(元)	其中:(元)		
			规费	安全生产、文明施工费	
1	装配式集装箱房含基础合计				
1.1	装配式集装箱房含基础工程费				
1.2	装配式集装箱房含基础设备费及其税金				
2	围墙内室外工程 合计				
2.1	围墙内室外工程 工程费				
2.2	围墙内室外工程 设备费及其税金				
3	围墙及室外道路工程 合计				
3.1	围墙及室外道路工程 工程费				
3.2	围墙及室外道路工程 设备费及其税金				
4	场地临时围挡合计				
4.1	场地临时围挡工程费				
4.2	场地临时围挡设备费及其税金				
/	合计(不含设备费)				

新临建工程单项工程费汇总表 **表3-3**

工程名称:				第1页	共1页
序号	名称	金额(元)	其中:(元)		
			规费	安全生产、文明施工费	
1	装配式集装箱房含基础合计				
1.1	基础工程合计				
1.2	装配式集装箱合计				
2	围墙内室外工程 合计				
2.1	土建工程合计				
2.2	给水排水合计				
3	围墙及室外道路工程 合计				
3.1	围墙合计				
3.2	围墙及室外道路合计				

续表

工程名称：			第1页	共1页
序号	名称	金额（元）	其中：（元）	
			规费	安全生产、文明施工费
4	场地临时围挡合计			
4.1	场地临时围栏工程合计			
/	合计（不含设备费）			

新临建分部分项工程量清单与计价参考表 **表3-4**

工程名称：装配式集装箱房含基础基础工程

序号	项目编码	项目名称	项目特征	计量单位	工程数量	综合单价	合价
1	010404001001	垫层100mm厚C20混凝土	1.垫层材料种类、配合比、厚度：现浇混凝土C20 2.厚度100mm 3.基础垫层模板 4.集装箱房投影范围内 5.满足一切施工要求	m^3			
2	010404001002	垫层300mm厚级配砂石	1.垫层材料种类、配合比、厚度：300mm厚级配砂石垫层（无主材费，只考虑自取） 2.集装箱房投影范围内	m^3			
3	010401001001	砖基础	1.砖品种、规格、强度等级：烧结页岩砖MU15 2.砂浆：M7.5 3.基础类型：条形 4.满足一切施工要求	m^3			
4	010515001001	现浇构件钢筋	1.钢筋种类、规格：ϕ10以内 2.满足一切施工要求	t			
5	010515001002	现浇构件钢筋	1.钢筋种类、规格：ϕ10以外 2.满足一切施工要求	t			
6	010507004001	台阶	1.踏步高、宽：高600mm，宽450mm 2.混凝土种类：砖砌 3.砖品种、规格、强度等级：烧结页岩砖MU15 4.砂浆：M7.5 5.台阶面层：防滑地砖	m^2			

续表

序号	项目编码	项目名称	项目特征	计量单位	工程数量	综合单价	合价
/	/	本页小计	/	/	/	/	
/	/	合计	/	/	/	/	

装配式集装箱房—基础装配式集装箱数量表（金额：元）　　表3-5

序号	项目编码	项目名称	项目特征	计量单位	工程数量	综合单价
1	010101B01001	标准间	详见集装箱产品技术标准	元/间		
2	010101B01002	门卫室	详见集装箱产品技术标准	元/间		
3	010101B01003	后勤宿舍	详见集装箱产品技术标准	元/间		
4	010101B01004	双拼间	详见集装箱产品技术标准	元/间		
5	010101B01005	三拼间	详见集装箱产品技术标准	元/间		
6	010101B01006	四拼箱	详见集装箱产品技术标准	元/间		
7	010101B01007	员工餐厅	详见集装箱产品技术标准	元/间		
8	010101B01008	卫生间	详见集装箱产品技术标准	元/间		
9	010101B01009	大走道箱	详见集装箱产品技术标准	元/间		
10	010101B01010	大走道箱	详见集装箱产品技术标准	元/间		
11	010101B01011	楼梯箱（含栏杆）	详见集装箱产品技术标准	元/套		
12	010101B01012	断桥铝门窗	详见集装箱产品技术标准	元/m^2		
13	010101B01013	玻璃雨篷	详见集装箱产品技术标准	元/m^2		
14	010101B01014	电动门	详见集装箱产品技术标准	元/m^2		
15	010101B01015	配件	详见集装箱产品技术标准	元/间		
/	/	本页小计	/	/	/	
/	/	合计	/	/	/	

新临建围墙内室外工程土建工程（金额：元）　　表3-6

序号	项目编码	项目名称	项目特征	计量单位	工程数量	综合单价	合价
1	010101001001	场地清理	1.场地找平 2.机械平整 3.满足一切施工要求	m^2			

续表

序号	项目编码	项目名称	项目特征	计量单位	工程数量	综合单价	合价
2	010103001001	回填方	1.自卸汽车运土 2.机械碾压回填 3.场区内土方分层碾压回填至场地标高751.7m处，土方在一期地块内解决 4.压实系数：不小于0.97 5.满足一切施工要求	m^3			
3	040202009001	砂砾石	1.停车场、球场、厂区道路 2. 30cm级配砂石基层（无主材费，只考虑自取） 3. 10cm厚C20混凝土面层 4.基础垫层模板 4.满足一切施工要求	m^2			
4	010402001001	砌块墙	1.办公区围墙 2.砖品种、规格、强度等级：烧结页岩砖MU15 3.砂浆：M7.5 4.基础垫层模板 5.详见土建施工做法及基础详图 6.耐水腻子、涂料 7.满足一切施工要求	m^3			
5	010804003001	全钢板大门	1.门代号及洞口尺寸：4m × 1.5m 2.材质：钢制平开门 3.满足一切施工要求	樘			
/	/	本页小计	/	/	/		
/	/	合计	/	/	/		

新临建室外工程电气（金额：元）　　表3-7

序号	项目编码	项目名称	项目特征	计量单位	工程数量	综合单价	合价
1	030404017001	配电箱	1.名称：配电柜 2.型号：AA1 3.规格：2000mm × 600mm × 500mm 4.接线端子材质、规格：70mm^{2}以内 5.安装方式：落地安装 6.基础制作安装、补漆、接地等 7.品牌：国产知名品牌	台			

续表

序号	项目编码	项目名称	项目特征	计量单位	工程数量	综合单价	合价
2	030404017002	配电箱	1.名称：配电箱 2.型号：CFAL 3.安装方式：壁装 4.基础制作安装、补漆、接地等 5.品牌：国产知名品牌	台			
3	030404017003	配电箱	1.名称：配电箱 2.型号：1/2AL1 3.安装方式：明装距地1.5m 4.基础制作安装、补漆、接地等 5.品牌：国产知名品牌	台			
4	030404017004	配电箱	1.名称：配电箱 2.型号：1/2AL2、1/2AL3 3.安装方式：明装距地1.5m 4.基础制作安装、补漆、接地等 5.品牌：国产知名品牌	台			
5	030408001001	电力电缆	1.名称：电力电缆 2.型号：YJV4×70+1×35 3.规格：120mm^{2}以下 4.敷设方式、部位：线槽内敷设	m			
6	030408001002	电力电缆	1.名称：电力电缆 2.型号：YJV5×25 3.规格：35mm^{2}以下 4.敷设方式、部位：线槽内敷设	m			
7	030409001001	接地极	1.名称：重复接地三组，每组三根 2.做法：40×4镀锌扁钢焊接间距5m 3.满足一切施工要求	根			
8	030411002001	线槽	1.名称：电线槽 2.材质：PVC 3.规格：80×60	m			
9	030411002002	线槽	1.名称：电线槽 2.材质：PVC 3.规格：30×20	m			
/	本页小计		/	/	/		
/	合计		/	/	/		

新临建围墙内室外工程给水排水（金额：元） **表3-8**

序号	项目编码	项目名称	项目特征	计量单位	工程数量	综合单价	合价
1	031001006006	塑料管	1.安装部位：室外 2.介质：给水 3.材质、规格：PP-R *DN*100 4.连接形式：热熔连接 5.压力试验及吹、洗设计要求：水压试验、水冲洗、消毒冲洗 6.满足施工一切要求	m			
2	031001006007	塑料管	1.安装部位：室外 2.介质：给水 3.材质、规格：PP-R *DN*80 4.连接形式：热熔连接 5.压力试验及吹、洗设计要求：水压试验、水冲洗、消毒冲洗 6.满足施工一切要求	m			
3	031001006008	塑料管	1.安装部位：室外 2.介质：给水 3.材质、规格：PP-R *DN*50 4.连接形式：热熔连接 5.压力试验及吹、洗设计要求：水压试验、水冲洗、消毒冲洗 6.满足施工一切要求	m			
4	031001006009	塑料管	1.安装部位：室外 2.介质：给水 3.材质、规格：PP-R *DN*40 4.连接形式：热熔连接 5.压力试验及吹、洗设计要求：水压试验、水冲洗、消毒冲洗 6.满足施工一切要求	m			
5	031001006005	塑料管	1.安装部位：室外 2.介质：污水 3.材质、规格：HDPE *De*110 4.连接形式：粘接 5.压力试验及吹、洗设计要求：水压试验、水冲洗、灌水试验 6.满足施工一切要求	m			

续表

序号	项目编码	项目名称	项目特征	计量单位	工程数量	综合单价	合价
6	040501004001	塑料管	1.垫层、基础材质及厚度：直埋 2.材质及规格：HDPE管*De*200 3.连接形式：胶圈接口 4.铺设深度：图示深度 5.满足施工一切要求	m			
7	040501004003	塑料管	1.垫层、基础材质及厚度：直埋 2.材质及规格：HDPE管*De*300 3.连接形式：胶圈接口 4.铺设深度：图示深度 5.满足施工一切要求	m			
8	040101002001	挖沟槽土方	1.土壤类别：综合考虑 2.挖土深度：2m内 3.做法：06MS201-2 P54 4.满足施工一切要求	m^3			
9	040103001001	回填方	1.回填土 2.垫层厚度：100 3.做法：06MS201-2 P54 4.满足施工一切要求	m^3			
10	040504008001	整体化粪池	1.材质：玻璃钢 2.型号、规格：75m^3	座			
11	040504008002	隔油池	1.材质：不锈钢 2.型号、规格：1000mm×1500mm×1530mm	座			
/	本页小计		/	/			
/	合计		/	/	/		

新临建围墙及室外道路工程围墙（金额：元） 表3-9

序号	项目编码	项目名称	项目特征	计量单位	工程数量	综合单价	合价
1	010101003001	挖沟槽土方	1.土壤类别：一、二类土 2.挖土深度：2m以内 3.弃土运距：2km	m^3			

续表

序号	项目编码	项目名称	项目特征	计量单位	工程数量	综合单价	合价
2	010103001001	回填方	1.密实度要求：夯填 2.填方材料品种：素土 3.填方来源、运距：厂区内自行考虑	m^3			
3	010103002001	余回填	1.废弃料品种：素土 2.运距：1km	m^3			
4	010402001001	砌块墙	1.室外围墙 2.砖品种、规格、强度等级：烧结页岩砖MU15 3.砂浆：M7.5 4.基础垫层模板 5.详见土建施工做法及基础详图 6.耐水腻子、涂料 7.满足一切施工要求	m^3			
5	010805004001	电动伸缩门	1.门框或扇外围尺寸：宽度6m 2.门材质：不锈钢电动伸缩门 3.满足一切施工要求	樘			
/	本页小计		/	/			
/	合计		/	/			

新临建围墙及室外道路工程室外道路（金额：元）　　表3-10

序号	项目编码	项目名称	项目特征	计量单位	工程数量	综合单价	合价
1	040202001001	路床（槽）整形	1.部位：机动车道 2.范围：围墙外道路	m^2			
2	010103001001	回填方	1.自卸汽车运土 2.机械碾压回填 3.场区内土方分层碾压，回填至场地标高751.7mm处，土方在建设工程项目一期地块内解决 4.压实系数：不小于0.97 5.满足一切施工要求	m^3			
3	040202009001	砂砾石	1.室外道路 2. 30cm级配砂石基层（无主材费，只考虑自取） 3.满足一切施工要求	m^2			

续表

序号	项目编码	项目名称	项目特征	计量单位	工程数量	综合单价	合价
4	040203007001	水泥混凝土	1. 15cm厚C20混凝土面层 2. 基础垫层模板 3. 满足一切施工要求	m^2			
/	本页小计		/				
/	合计		/				

新临建场地临时围挡场地围栏工程（金额：元） 表3-11

序号	项目编码	项目名称	项目特征	计量单位	工程数量	综合单价	合价
1	010509001001	矩形柱	100mm × 100 mm × 2500 mm	根			
2	010101801001	钢丝刺绳	双股2.1mm热镀锌防锈钢丝刺绳	m			
/	本页小计		/				
/	合计		/				

标准打包式集装箱式房市场参考价格表（金额：元） 表3-12

序号	产品名称	级别	规格（mm × mm × mm）	单位	出厂单价	税率	税费	市场参考价格
1	标准打包箱	低配	6000 × 3000 × 2800 × 2.3	间	7000	13%	910	10200～12000
2	标准打包箱		6000 × 3000 × 2800 × 2.5	间	7200	13%	936	10500～13000
3	标准打包箱		6000 × 3000 × 2800 × 3.0	间	7800	13%	1014	11000～13500
4	标准打包箱	高配	6000 × 3000 × 2800 × 2.3	间	9800	13%	1274	12800～13500
5	标准打包箱		6000 × 3000 × 2800 × 2.5	间	11000	13%	1430	13000～14800
6	标准打包箱		6000 × 3000 × 2800 × 3.0	间	12000	13%	1560	14500～16800

注：按照北京地区市场中型规模厂家综合价编制

3.2.4 新临建工程价款的结算和保修

1. 新临建工程价款的结算原则

（1）认真履约，严格按照合同和约定的条款进行工程结算，这是在新临建工程实操中的难点。工程项目实施开始，乙方心态和甲方主导的现实使得工程的问题都暴露在后期结算中。前期经营管理工作不细致、盲目变更、签证，到后期结算时发现比原定的预算控制高出不少，这种现象是较为普遍的。特别是低价中标、高价索赔甚至要赖的心态在新临建施工中常有发生。项目部初期对新临建工程不重视，到最后为了平息矛盾无奈牺牲自身利益，必须加以足够重视。

（2）现行临建工程比较琐碎，一般为材料赊账、人工签证的方式，价款结算一般采用临建竣工后一次结算，零星用工签发劳务签证单的方式，造成的隐患比较大。只要在每个环节都严格按照规定执行，不可预见的变更洽商要事先算好、讲好、落实到文字上，就能确保结算时少扯皮，甚至不扯皮。

（3）新临建工期较短，采用工程竣工后编制工程价款结算单的一次结算的方式也很普遍，这种方式就需要在过程管理中认真把好每一个单项，不留问题和隐患。

（4）在新临建综合解决方案中将临建工程的资金进行分阶段收取，所以工程价款结算一般为等额分段结算方式，这就要求在各自的文件中形成强约束力的收付款条件，并且严格执行，消除工程后的各种潜在支付风险因素。

（5）双方约定的其他结算方式，一定要落实在文字中，不能粗放式管理。

2.新临建保修

（1）新临建保修费是对新临建在保修期间和保修范围内所发生的维修、返工等各项费用的支出。保修费应按合同和有关规定合理收取和管理。保修费用一般可参照建筑安装工程造价的确定程序和方法计算，也可以按照建筑安装工程或承包工程合同价的一定比例（目前取5%）计算。

（2）保修的范围：在正常使用条件下，新临建工程的保修范围应包括合约内的基础工程、结构工程、屋面防水工程和其他土建工程，以及临时用水管线、临时用电的安装工程；新临建产品和其他新临建零星产品。

（3）保修期限：保修的期限应当按照合同约定的条款执行。

（4）保修中的费用处理：保修往往会发生费用，如果在合同中约定得不足够详细，有可能会发生纠纷，会影响保修款的回收。

本章中主要讲述的工程项目新临建的经营和造价控制，做好预结算，严格招标投标，认真签订合同条款，精细化过程管理，高标准验收，快速结算，控制保修。严格按照这个流程，新临建经营和造价控制就能达到预期的目的，确保在工程中取得好的经济效益。

本章附件：新临建工程施工招标文件全套模板，仅供读者参考！

（**本章编写人**：午甬　刘铁　赵路艳）

（附件）

××××× 新临建综合体工程V4

招
标
文
件

招标人：××××× 开发有限责任公司

2019年11月

目录

一、投标须知前附表

二、投标须知

（一）总则

（二）招标文件

（三）投标文件的编制

（四）投标文件的递交

（五）开标

（六）评标

（七）废标条件

（八）合同授予

三、商务标书投标文件部分格式

（一）法定代表人身份证明书

（二）授权委托书

（三）投标函

（四）法定代表人身份证明

（五）投标保证金（如有时提供）

（六）已标价工程量清单

（七）履约保函（如有时提供）

四、投标文件技术部分格式

（一）施工组织设计

（二）项目管理机构配备情况

1.项目管理机构配备情况表

2.项目经理简历表

3.主要项目管理人员简历表

4.项目管理机构配备情况辅助说明资料

（三）资格审查资料

1.投标人基本情况表

2.近年财务状况表

3.近年完成的类似项目情况表

4.正在施工和新承接的项目情况表

5.近年发生的诉讼和仲裁情况

6.企业其他信誉情况表（年份要求同诉讼及仲裁情况年份要求）

一、投标须知前附表

项号	条款号	内容规定
1	1.1	工程综合说明 项目名称：×××××新临建综合体工程 工程名称： 建设地点： 结构类型及层数： 建筑面积： 承包方式：施工总承包 要求质量：合格 计划开工日期：2019年11月28日 计划竣工日期：2020年3月30日 其中：装配式集装箱房屋竣工日期：2020年1月10日 　　　围墙工程竣工日期：2020年1月20日 　　　室内外道路及硬化工程竣工日期：2020年3月30日 工期：123日历天 招标单位名称： 法定代表人： 招标联系人：　　　　　　　　联系电话： 通信地址： 邮　　箱： 招标范围：包括但不限于：装配式集装箱房屋基础、结构、给水排水、电气等深化设计及施工；围墙及大门、围墙内道路及场地硬化、绿化部分土方回填及围墙外道路等工程施工；围墙内给水排水工程（含化粪池及隔油池）、电气工程等施工；场地临时围挡工程。 投标单位的资格：房屋建筑施工总承包一级（含一级）或一级以上。

续表

项号	条款号	内容规定
2	4	资金来源：自筹
3	15.1	投标有效期为：60天
4	16.1	投标保证金数额为：无
5	6.2	投标答疑会：无
6	17.1	投标文件份数：正本一份，副本两份，电子版一份
7	19.1	投标文件递交至：
8	19.2	投标截止日期：2019年11月21日15：30

二、投标须知

（一）总则

1.工程综合说明

1.1 工程概况

见投标须知前附表第1项相关内容。

2.招标原则

2.1 本工程招标原则按照“公平、公正、平等竞争”的原则，采用邀请招标方式。

3.招标范围及工期

3.1 招标范围包括但不限于：装配式集装箱房屋基础、结构、给水排水、电气等深化设计及施工；围墙及大门、围墙内道路及场地硬化、绿化部分土方回填及围墙外道路等工程施工；围墙内给水排水工程（含化粪池及隔油池）、电气等工程施工；场地临时围挡工程。

3.2 招标单位在工程实施过程中有权调整以上招标范围内的任何工作，或增加本次招标范围以外的工作。

3.3 工期要求

招标单位要求工期：见前附表。

4.资金来源：自筹

建设单位的资金通过前附表第2项所述方式获得，并将部分资金用于本工程合同项下的合格支付。

5.投标单位的资格

参与本工程的投标单位应具备类似工程施工经历和一定业绩，在设备、人员、资金及质量保证、环境保护等方面的管理体系有圆满完成本工程的足够能力，并且投标单位须具备政府有关机构核发的有效营业执照和房屋建筑施工总承包一级（含一级）或一级以上资质。

6.勘察现场及投标答疑

6.1 勘察现场

招标人不组织现场踏勘，投标若需要自行组织。

6.2 投标答疑

投标单位提出的与投标有关的任何问题须在____年____月____日____时前，以书面扫描件的形式（包括书面文字、电传、传真、电报等，下同）送达招标单位。招标人在1天内以书面形式，提供给所有获得招标文件的投标单位。

7.投标费用

7.1 购买招标文件的费用为：______/______元人民币。

7.2 投标单位应承担其编制投标文件与递交文件所涉及的一切费用。不管投标结果如何，招标单位对上述费用不负任何责任。

（二）招标文件

8.招标文件的组成

8.1 本工程的招标文件包括下列文件及所有按本须知第10条发出的补充资料和第6条所述的投标答疑会记录。

招标文件包括下列内容：

第一章　投标须知

第二章　投标附表、合同协议书、合同条款

第三章　商务标书投标文件部分格式

第四章　投标文件技术部分格式

附件1：图纸、图纸说明、技术要求、现场现况照片。

附件2：工程量清单

8.2 凡是获得本招标文件的投标单位，均应当对招标文件保密。

8.3 投标单位获得招标文件后。应仔细检查招标文件的所有内容，如有残缺等问题，应于____年____月____日____时前，以书面形式向招标单位提出；否则，由此引起的损失由投标单位自行承担。

8.4 投标单位同时应认真审阅招标文件的所有的投标须知、合同条款、格式、技术规范、报价预算文件构成和图纸等。如果投标单位编制的投标文件，实质上不响应招标文件要求，其投标文件将被招标单位拒绝。

9.招标文件的澄清

投标单位在获得招标文件后，若有问题需要澄清，应于____年__月__日____时前，以书面形式向招标单位提出，招标单位将以书面形式或投标答疑会的方式予以解答，答复将送到所有获得招标文件的投标单位，该澄清作为招标文件的组成部分具有同等法律效力。

10.招标文件的修改

10.1 在投标截止日期前，招标单位都可能会以补充通知的方式修改或澄清招标文件。补充通知将以书面方式发给所有获得招标文件的投标单位，补充通知作为招标文件的组成部分，对投标单位起约束作用。

10.2 招标文件的澄清、修改、补充等内容均以书面形式明确的内容为准。当招标文件、招标文件的澄清、修改、补充等在同一内容的表述上不一致时，以最后发出的书面文件为准。

（三）投标文件的编制

11.投标文件的语言

投标文件及投标单位与招标单位之间与投标有关的来往通知、函件和文件均应使用中文。

12.投标文件的组成

12.1 投标单位的投标文件应包括下列内容：

投标文件应由商务投标书、技术投标书和投标企业资格证明文件三部分组成。

Ⅰ.商务投标书

（1）投标函及投标函附录

（2）法定代表人身份证明或附有法定代表人身份证明的授权委托书

（3）投标保证金（若有需提供）

（4）已标价工程量清单

（5）投标报价需要的其他文件

Ⅱ.技术投标书

（1）施工组织设计

施工组织设计包括但不仅限于以下方面：

1）编制说明

2）工程概况及特点

3）施工部署和施工准备工作

4）施工现场平面布置

5）施工总进度计划

6）各分部分项工程的主要施工方法

7）拟投入的主要物资计划

8）工程投入的主要施工机械设备情况

9）劳动力安排计划

10）确保工程质量的技术组织措施

11）确保安全生产的技术组织措施

12）确保文明施工的技术组织措施

13）确保工期的技术组织措施

14）质量通病的防治措施

15）季节施工保证措施

16）成品保护措施

17）项目成本控制

18）施工总平面图、施工总进度图

19）装配式集装箱房屋基础及结构、给水排水、电气等全套深化设计图纸

（2）项目管理机构配备情况表（仅在正本中提供）

1）一级项目经理简历表

2）项目技术负责人简历表

3）项目管理机构配备情况辅助说明资料

4）一级项目经理资格证书、身份证及业绩证明资料（复印件盖章）

（3）投标方提出的合理化建议（如对招标货物的规格、材质、配套货物以及装配式集装箱房屋的基础图纸及深化设计、施工提出更为合理的替代方案等）

（4）按本招标文件规定提交的其他技术资料

Ⅲ.投标企业资格证明文件（仅在正本中提供）

（1）企业营业执照（复印件盖章）

（2）施工企业建筑安装施工资质证明（复印件盖章）

（3）企业安全生产施工许可证（复印件盖章）

（4）企业质量保证体系认证书（复印件盖章）

（5）企业信用等级证书（复印件盖章）

（6）财务状况表

（7）最近三年来完成同类工程一览表和正在履行合同情况

（8）最近三年来完成同类工程质量评定一览表

（9）其他资料

13.投标文件格式要求

13.1 投标文件应包括本须知第12条规定的内容，招标文件中提供格式的投标单位必须使用招标文件提供的格式（但表格可以按同样格式扩展），招标文件未提供格式的投标单位可自行确定文件格式。除工程规范另有规定外，投标文件使用的度量衡单位，均采用中华人民共和国法定计量单位。

14.投标报价

14.1 投标报价原则

14.1.1 本工程采用工程量清单计价方式。工程量计算规则按照《建设工程工程量清单计价规范》GB 50500—2013的规定；单价全部采用市场价，应包括但不限于完成该工程项目的人工费、材料费、机械使用费、措施费、管理费、规费、利润和税金，并考虑风险等因素的全部费用（请投标单位明确其中管理费、安全文明施工费、环境保护费、利润、规费，税金的费率）。工程报价单内，投标单位所填报的综合单价将作为计算付款的核算依据及变更计价和竣工结算之用，不得调整。投标单位的报价应充分考虑本招标文件中所表述的全部招标范围和投标单位应承担的全部责任，任何由于投标单位的误解导致的报价偏差由投标单位自行承担。如无重大变更，则此部分费用在结算时不再调整。

14.1.2 工程水电费应包括施工现场内外所消耗的全部水、电费用（包括建筑、装饰、机电安装等合同范围内及其所必然隐含的工程），机械施工中所消耗的电费，夜间施工和施工场地照明所消耗的电费。任何情况均不做调整（价差也不再调整）。

14.1.3 本工程全部采用商品混凝土。

14.1.4 投标单位应在充分考虑本企业的工程成本、管理水平、自身企业实力以及建筑市场价格变化因素的基础上，慎重做出切合实际且具有竞争力的最终报价。

14.1.5 在合同期内，所有因水费、燃料费、电费、运输费、任何税率、税种、货币汇率升降、工资、政府征收的有关费用、材料价差等原因引致的价格波动，将不会影响合同综合单价。

14.1.6 无论何种原因停工、待工，招标单位均不做任何费用的补偿。

14.1.7 工程量清单内的工程量是工程的估算工程量，并不被认为是投标单位完成合同义务时实际准确的工程量，结算时按竣工图进行核算。

14.1.8 工程项目清单的项目特征或工程内容描述不明确的，报价单位在报价时应针对自身的报价和所选用的产品进行补充说明或准确描述；否则，中标单位须按招标单位所理解的标准进行材料和设备的采购；同时，中标单位自行承担由此所导致的费用增加。

14.2 投标货币

投标文件报价中的单价和合价全部采用人民币表示。

14.3 报价计算范围及费用

14.3.1 为完成投标须知前附表第1项及投标须知第3条所述招标范围及本招标文件规定的其他内容所需的全部费用。除非合同另有规定、投标单位的投标报价应包括完成本工程项目的成本、利润、税金、政策性文件规定费用等各项支付金额的总和。本报价将被视为已包括为本工程的正确实施、竣工验收和修补其缺陷所发生的任何费用。

14.3.2 报价中还应对处理因图纸缺陷、材料价格上涨及施工过程中为配合其他专业达到整体设计要求及验收合格标准，而对原有施工内容进行必要修改等可能造成合同价款增加的因素给予充分考虑。发生此类问题时，其所增加的费用招标单位将不予支付。

14.3.3 除非招标单位对招标文件予以修改，投标报价应包括按招标单位提供的设计图纸及投标单位深化设计所包含的全部费用。

14.4 招标范围内投标单位未报价的工程项目，在实施后，招标单位将不予以支付，并视为该费用已包括在其他价款或合同总价内。

14.5 投标单位若有其他让利承诺，应在投标报价汇总表中明确说明，并计算出相应金额或写明让利幅度，在结算时让利价格折合到每项综合单价中。

14.6 工程进度款支付方式投标单位可根据企业自身实力自行承诺。

15.投标有效期

15.1 投标文件在本须知前附表第8条规定的投标截止日期之后的前附表第3项所列的日历天内有效。

16.投标保证金（如有时按此条款执行）

16.1 投标单位应在递交投标文件的同时向招标单位提交不少于前附表第4项规定数额的投标保证金，此投标保证金是投标文件的一个组成部分。

16.2 投标保证金可以选择现金、支票或银行汇票中的任何一种形式。

16.3 对于未能按要求提交投标保证金的投标，招标单位将视为不响应招标文件而被拒绝。

16.4 未中标的投标单位的投标保证金，招标单位将在其退回所有招标资料后予以退还（无息），最迟不超过规定的投标有效期期满后的15天（日历天）。

16.5 中标单位按要求提交履约保证金并签署合同协议后的15天（日历天）内，招标单位退还其投标保证金（无息）。

16.6 如投标单位有下列情况，将被没收投标保证金：

16.6.1 投标单位在投标有效期内撤回其投标文件；

16.6.2 投标单位拒绝按本须知第26条规定修正投标报价；

16.6.3 中标单位未能在规定期限内提交履约保证金或签署合同协议；投标保证金

（1）投标人在提交投标文件的同时，应向招标人递交投标保证金人民币0元（支票或现金）。

（2）未中标投标人的投标保证金，在确定中标人并且投标人退还招标人提供的所有图纸后七个工作日内予以退还（不计利息）。

（3）中标人的投标保证金转为履约保证金，不足部分在合同签订后/日内补缴。

17.投标文件的份数和签署

17.1 投标文件份数应符合投标须知前附表第6项中规定的份数，并明确标明“投标文件正本”或“投标文件副本”。投标单位应保证投标文件正本和副本内容相一致，投标文件正本和副本如有不一致之处，以正本为准。

17.2 投标文件正本与副本均应使用不能擦去的墨水打印或书写，正本由投标单位法定代表人亲自签署并加盖法人单位公章和法定代表人印鉴。

17.3 全套投标文件应无涂改和行间插字，除非这些删改是根据招标单位指示进行的，或者是投标单位造成的必须修改的错误。但修改处应由投标文件签字人签字证明并加盖印鉴。

18.投标文件的份数和签署

18.1 投标人提交投标文件共四份，正本一份，副本二份，电子版一份。

18.2 投标文件的正本和副本均需打印或使用不褪色的蓝、黑墨水笔书写，字体应清晰易于辨认，并在招标文件封面的右上角清楚地注明“正本”或“副本”。正本和副本内容不一致之处，以正本为准。

18.3 投标文件封面、投标函均应加盖投标人印章并经法定代表人或其委托代理人签字或盖章。由委托人签字或盖章的投标文件中须同时提交投标文件签署授权委托书。投标文件签署授权委托书格式、签字、盖章及内容均应符合要求，否则投标文件签署委托书无效。

18.4 除投标人对错误处须修改外，全套投标文件应无涂改或行间插字和增删。如有修改，修改处由投标人加盖投标人的印章或由投标人法定代表人签字或盖章。

18.5 除非招标人以招标文件予以修改，投标人应按工程量清单形式列出工程项目和工程量逐项填报单价和合价。每一项目只允许有一个报价。任何有选择的报价将不予接受。投标人未填单价或合价的工程项目，并视为该项费用已包括在其他有价款的单价或合价以及投标总报价内，投标人必须按合同要求完成工程量清单中未填单价或合价的工程项目，对此招标人将不予另行结算及支付。

（四）投标文件的递交

19.投标文件的密封与标志

19.1 应将投标文件分为商务标书、技术标书、投标企业资格证明文件三册装订。

19.2 投标单位应将投标文件的正本和副本分别密封在投标文件袋内，并在投标文件封面的右上角清楚地注明“正本”或“副本”。正本和副本内容不一致之处，以正本为准。

19.3 特别提醒投标单位，投标文件副本文件袋内只允许装入商务标书、技术标书册，且封面及其全部文件内容必须统一使用白色A4复印纸打印或书写。

19.4 投标保证金不得装入投标文件正本或副本文件袋内，应另行装袋密封(如有时需提供)。

19.5 投标文件袋正面都应写明工程名称、招标单位名称、投标单位的名称与地址，以便投标出现逾期送达时能原封退回。

19.6 投标文件袋开口处应用密封条密封，并填写密封日期。封条上沿对角线方向加盖投标单位公章和法定代表印鉴各二枚。

19.7 投标文件袋和封条自行准备。

19.8 如果投标文件袋没有按以上规定密封并加写标志，招标单位将不承担投标文件错放或提前开封的责任，由此造成的提前开封的投标文件将予以拒绝，并退还给投标单位。

20.投标文件的递交

见前附表。

(五)开标

21.1 开标

21.1.1 本招标工程采用不公开开标方式。

21.1.2 开标时将对投标文件的密封、签署等情况进行核查，已确定他们是否按招标文件要求进行密封和标志，投标文件是否完整，是否正确签署了文件。

21.1.3 只对符合要求的投标文件开标。

（六）评标

22.1 本工程由招标单位自行组织评标。

22.2 评标原则：根据投标人的综合实力、业绩及价格，确定中标人；合理低价中标原则。

22.3 对于未中标企业招标单位有权不必做出解释，并不承担任何费用。

23.投标文件的澄清

为了有助于投标文件的审查、评价和比较，招标单位可以个别地要求投标单位澄清其投标文件。有关澄清的要求与答复，应以书面形式进行，但不允许更改投标报价的实质性内容。但是按照本须知第26条规定校核时发现的算术错误不在此列。

（七）废标条件

24.总则

本附件所集中列示的废标条件，是本章“评标办法”的组成部分，是对“投标人须知”和本章正文部分所规定的废标条件的总结和补充，如果出现不一致的情况，按本附件的规定执行。

25.废标条件

投标人或投标其投标文件有下列情形之一的，其作废标处理：

25.1 有“投标须知前附表”“投标须知”项规定的下列任何一种情形的：

（1）投标单位的资格不符的：房屋建筑施工总承包一级（含一级）或一级以上。

（2）为招标人不具有独立法人资格的附属机构（单位）；

（3）被责令停业的；

（4）被暂停或取消投标资格的；

（5）财产被接管或冻结的；

（6）在最近三年内有骗取中标或严重违约或重大工程质量问题的。

25.2 与招标人存在利害关系且影响招标公正性的。

25.3 有串通投标或弄虚作假或有其他违法行为的，包括：

其中有下列情形之一的，视为投标人相互串通投标：

（1）不同投标人的投标文件由同一单位或者个人编制的；

（2）不同投标人委托同一单位或者个人办理投标事宜的；

（3）不同投标人的投标文件载明的项目管理机构成员出现同一人的；

（4）不同投标人的投标文件异常一致或者投标报价呈规律性差异；

（5）不同投标人的投标文件相互混装的；

（6）不同投标人的投标保证金从同一单位或者个人的账户转出的；

（7）法律、法规、规章和规范性文件规定的其他串通投标的情形：

\

25.4 使用通过受让或者租借等方式获取的资格、资质证书投标，或以其他方式弄虚作假的。

25.5 不按评标委员会要求澄清、说明或补正的。

25.6 在形式评审、资格评审（适用于未进行资格预审的）、响应性评审中，评标委员会认定投标人的投标不符合评标办法前附表中规定的任何一项评审标准的。

25.7 未披露或未真实披露投标人与其关联单位的关系的相关情况的。

25.8 当投标人资格预审申请文件的内容发生下列重大变化时，未在投标文件提交截止时间前取得招标人的书面同意的，或者其在投标文件中更新的资料不符合资格预审文件中规定的审查标准的或者其投标影响招标公正性的。（适用于已进行资格预审的）

（1）投标人名称变化；

（2）投标人发生合并、分立、破产等重大变化；

（3）投标人财务状况、经营状况发生重大变化；

（4）更换项目经理；

（5）联合体分工比例变化；

（6）____

25.9 投标报价文件（投标函除外）未按招标文件规定的格式经造价人员或有注册执业资格的造价工程师签字并加盖执业专用章的。

25.10 在施工组织设计和项目管理机构评审中，评标委员会认定投标人的投标未能通过此项评审的。

25.11 评标委员会认定投标人以低于成本报价竞标的。

25.12 投标人未按“投标前附表”“投标须知”规定出席开标会的：

（1）未提交法定代表人身份证明文件（适用于项目经理为法定代表人）或法定代表人授权委托书（适用于项目经理非法定代表人）的；

（2）未持个人有效身份证明文件原件及复印件参加开标会的。

25.13 投标人的开标授权代表对开标结果拒绝签字确认，且经招标投标监管部门监管工作人员到场核实无误后，仍拒绝签字确认的。

25.14 投标报价中包含的专业分包工程整项暂估价或材料和工程设备暂估单价或暂列金额与招标文件中给定的不一致的。

25.15 投标文件内容不全或关键字迹模糊、无法辨认。

25.16 未按照招标文件要求制定相应的安全文明施工措施的。

25.17 未按照招标文件要求对安全文明施工费单独列项计价，或其报价低于招标文件有关规定和要求的。

25.18 单位负责人为同一人或者存在控股、管理关系的不同单位，参加同一标段投标或者未划分标段的同一招标项目投标的。

25.19 投标文件载明的招标工程完成期限超过招标文件规定的期限的。

25.20 投标文件中载明的质量标准达不到招标文件规定的质量标准的。

25.21 实质性不响应招标文件中规定的技术标准和要求的。

25.22 投标文件附有招标人不能接受的条件的。

……

（八）合同授予

26. 中标通知书

26.1 确定出中标单位后在投标有效截止日期前，招标单位将以书面形式通知中标的投标单位其投标被接受。在该通知书（以下合同中称“中标通知书”）中给出招标单位与中标单位按本合同施工、竣工和保修工程的中标标价（以下合同条款中称为“合同价格”），以及工期、质量和有关合同签订的日期、地点。

26.2 中标通知书为合同的组成的部分。

26.3 在中标单位按本须知第29条的规定提供了履约担保后，招标单位及时将未中标的结果通知其他投标单位。

27. 合同协议书的签署

中标单位应按中标通知书中规定的日期、时间和地点，由法定代表人或授权代表前往与建设单位代表进行签订合同。

27.1 中标单位如不按中标通知书中规定的日期、时间和地点与招标单位订立合同，则招标单位将废除授标，并有权从其他中标候选单位中选定新中标单位签订合同。

27.2 中标单位应当按照合同履行义务，完成中标项目施工，不得将中标项目转包给他人。

28. 履约担保

本工程无须提供。

29. 工程款预付款及进度款支付的方式

29.1 本工程无预付款。

29.2 进度款支付方式按招标文件相关条款执行。

30. 解释权

30.1 本招标文件招标单位拥有最终解释权。

合同协议书

本协议书于______年____月____日由以下双方签订：

发　包　人：______________________________（以下简称“甲方”）
法定注册地址：______________________________
法定代表人：______________________________

承　包　人：______________________________（以下简称“乙方”）
法定注册地址：______________________________
法定代表人：______________________________

鉴于甲方工程（以下简称“本工程”），已完成并获得政府有关法律、法规、规章等文件的批准、许可、证书等一切必要的手续。

又鉴于乙方同意按照下文约定的合同文件的要求履行其合同责任和义务，并保证以诚信、敬业和积极的态度与甲方和本工程涉及的任何第三方等保持充分有效的合作，进而保证本工程的圆满竣工。

依照《中华人民共和国合同法》《中华人民共和国建筑法》《中华人民共和国招标投标法》等相关法律、法规和规章等文件的规定，双方达成如下协议：

1.工程概况：

工程名称：

工程建设地点：

工程建设规模：

层数：

结构形式：

2.合同工期：

开工日期：__________________

竣工日期：__________________

合同工期总日历天数__________天；

3.质量标准：合格

4.合同价款：

总金额：　　　　元（人民币）　大写：

1）本合同价款已包括全部技术措施费、扰民费、水电费、机械费、各种管理费等。

2）本工程（含场外临近道路洒水防尘、照明等）所消耗的全部水、电费均已包含在合同价款内，任何情况不得调整（含政府水、电调价）。

3）合同价清单预算书中未注明项目及未报价部分视为乙方已将该项包含在合同总价中。

5.承包范围：包括但不限于：装配式集装箱房屋基础、结构、给水排水、电气等深化设计及施工；围墙及大门、围墙内道路及场地硬化、绿化部分土方回填及围墙外道路等工程施工；围墙内给水排水工程（含化粪池及隔油池）、电气等工程施工。

6.合同价款支付方式：工程竣工验收合格后一次性支付至结算价款的97%，剩余款项作为质保金，质保期到期后一次支付不含利息。

7.甲方委派__________为项目负责人，___________为现场负责人，乙方委派___________为工程项目经理。

8.工程质量保修：待工程竣工验收合格甲乙双方签订工程结算协议后另行签订工程质量保修合同。

9.下列文件与本协议书一并构成本工程合同文件的组成部分，并应分别作为本协议书的一部分进行阅读和理解：

1）本合同协议书

2）中标通知书

3）投标书及其附件

4）本合同条款

5）标准、规范及其有关技术文件

6）图纸

7）工程量清单

合同履行中，甲乙双方有关工程洽商、变更等书面协议或文件视为本合同的组成部分。

10.考虑到上述合同文件中约定的甲方准备支付给乙方的各项款项，乙方特此立约向甲方保证，乙方将全面遵照本合同的约定进行本工程的施工、竣工、交付并承担质量保修责任。

11.甲方将在本合同约定的期限内和以本合同约定的方式，向乙方支付合同价款及本合同约定的乙方应得的其他款项，以作为对本工程的施工、竣工、交付并承担质量保修责任的报酬。

12.除非为本合同目的，甲乙双方均不得向任何第三方出示或泄露本合同的内容。

13.本协议书于开头填写的日期，由甲、乙双方根据中华人民共和国相关法律签署订立，开始生效并执行。

甲方（盖章）	乙方（盖章）
法定代表人： （或授权代表）	法定代表人： （或授权代表）
开户银行：	开户银行：
账号：	账号：
电话：	电话：

合同条款

一、词语定义及合同

1. 词语定义

下列词语除合同条款中另有约定外，应具有本条款所赋予的定义：

1.1 合同条款：是发包人与承包人按照法律、行政法规规定，并结合具体工程实际需要，经协商达成一致意见用于建设工程施工的条款。

1.2 发包人（甲方）：指在合同书中约定，具有工程发包主体资格和支付工程价款能力的当事人以及取得该当事人资格的合法继承人。

1.3 承包人（乙方）：指在合同书中约定，被甲方接受的具有工程施工承包主体资格的当事人以及取得该当事人资格的合法继承人。

1.4 项目经理：指承包方在专用条款中指定的负责施工管理和合同履行的代表。

1.5 工程：指甲方、乙方在合同中约定的承包范围内的工程。

1.6 合同价款：指甲方、乙方在合同书中约定，甲方用以支付乙方按照合同约定完成承包范围内全部工作并承担质量保修责任的款项。

1.7 变更合同价款：指在合同履行中发生变更合同价款的情况，经甲方确认后按合同约定的价款计算方法变更的合同价款。

1.8 费用：指不包含在合同价款之内的应当由甲方或乙方承担的经济支出。

1.9 工期：指甲方、乙方在合同书中约定的，按总日历天数（包括法定节假日）计算的承包天数。

1.10 开工日期：指甲方、乙方在合同书中约定，乙方完成承包范围内工程开始的日期。

1.11 竣工日期：指甲方、乙方在合同书中约定，乙方完成承包范围内工程并通过甲方相关部门验收合格，且取得验收合格报告的日期。

1.12 图纸：指由甲方提供或由乙方提供并经甲方指定的设计院审核确认的，满足乙方施工需要的所有图纸(包括配套说明和有关资料)。

1.13 施工场地：指由甲方提供的用于工程施工的场所以及甲方在图纸中具体指定的供施工使用的任何其他场所。

1.14 书面形式：指合同书、信件和数据电文(包括电报、电传、传真、电子数据交换和电子邮件)等可以有形地表现所载内容的形式。

1.15 违约责任：指合同一方不履行合同义务或履行合同义务不符合约定所应承担的责任。

1.16 索赔：指在合同履行过程中，对于并非自己的过错，而是应由对方承担责任的情况造成的实际损失，向对方提出经济补偿和工期顺延的要求。

1.17 不可抗力：指不能预见、不能避免并不能克服的客观情况。

1.18 小时或天：本合同中规定按小时计算时间的，从事件有效开始时计算(不扣除休息时间)；规定按天计算时间的，开始当天不计入，从次日开始计算。时限的最后一天是休息日或者其他法定假日的，以节假日次日为时限的最后一天，但竣工日期除外。时限的最后一天的截止时间为当日24时。

2.合同文件组成及优先解释顺序

2.1 合同文件组成及解释顺序：

1)本合同协议书

2)中标通知书

3)投标书及其附件

4)本合同条款

5)标准、规范及其有关技术文件

6)图纸

7)工程量清单

合同履行中，甲乙双方有关工程洽商、变更等书面协议或文件视为本合同的组成部分。

2.2 当合同文件内容含糊不清或不相一致时，在不影响工程正常进行的情况下，由甲乙双方协商解决。双方协商不成时，按本通用条款第35条关于争议的约定处理。

3.语言和适用法律、标准及规范

3.1 语言文字

本合同使用汉语语言文字书写、解释和说明。

3.2 适用法律和法规

本合同文件适用国家现行的法律和行政法规。

3.3 适用标准、规范

双方合同条款内约定的适用国家标准、规范的名称；没有国家标准、规范但有行业标准、规范的，约定适用行业标准、规范的名称；同时执行甲方的技术标准。具体要求同招标文件。

4.图纸

4.1 甲方向乙方提供图纸的日期定为：________________

4.2 本工程施工中发生的一切有关图纸的设计变更及洽商必须由甲方工签字后方为有效。

4.3 乙方未经甲方同意，不得将本图纸转给第三人。

4.4 乙方在工程竣工后向甲方提供竣工图三套及相应的电子版竣工图纸。

二、一般权利和义务

5.甲方派驻的工程师

姓名：　　　　　　　　职务：

职权：甲方驻现场的工程技术管理的全权代表

5.1 甲方工程师的指令、通知由其本人签字后，以书面形式交给乙方，乙方对甲方工程师的指令应予执行。甲方工程师不能及时给予书面确认的，乙方应于甲方工程师发出口头指令后7天内提出书面要求。甲方工程师在乙方提出确认要求后48小时内不予答复的，视为口头指令已被确认。

6.乙方项目经理

6.1 姓名：　　　　　　　　　　　　职务：项目经理

职权：代表乙方行使本合同中约定的权力，履行本合同约定的义务。

6.2 乙方依据合同发出的通知，以书面形式由项目经理签字后送交甲方工程师，工程师在回执签署姓名和收到时间后生效。

6.3 乙方项目经理按甲方单位审核批准的施工组织设计（施工方案）和工程师依据合同发出的指令组织施工。

6.4 在情况紧急且无法与甲方工程师联系时，乙方项目经理应当采取保证人员生命和工程、财产安全的紧急措施，并在采取措施后48小时内向甲方工程师送交报告。

6.5 乙方如需要换项目经理，应至少提前7天以书面形式通知甲方公司，经同意后方可更换项目经理，后任继续行使合同文件约定的前任职权，履行前任的义务。如甲方不同意更换项目经理，乙方不得更换，并继续行使合同文件约定的职权，履行义务。

6.6 甲方单位要求乙方更换其认为不称职的项目经理，乙方必须在7天内完成。

7.甲方工作

7.1 甲方应按约定的时间和要求完成以下工作：

1）施工现场达到具备施工条件；

2）提供施工所需水、电、路至红线处，甲方不提供通信；

3）办理应由甲方提供的有关证件及批件；

4）水准点与坐标控制点位置提供和交验；

5）会审图纸和设计交底；

6）协调、处理施工现场周围建筑物、构筑物（含文物保护建筑）、古树名木和地下管线的保护工作，承担有关的费用；

7）甲方有权要求更换其认为不称职的项目经理及管理人员；

8）甲方代表有权对乙方违反操作规范的现象进行追究责任。责任视情节轻重而定。

9）按双方议定的材料、设备选型计划及时审定材料设备的规格、品牌、生产厂家及价格。

10）根据合同约定金额和支付条件向乙方支付工程款。

11）监督并督促乙方按合同约定之质量目标、工期目标履约。

8.乙方工作

8.1 乙方应按约定时间和要求，完成以下工作：

1）提供施工方案时间：开始实施前2天。

2）提供计划、报表的名称及完成时间：每月25日向甲方单位提供上月25日至当月24日统计报表及下月施工计划（一式四份），其他按甲方工程师的要求完成。

3）对施工安全保卫工作的要求。按工程需要提供和维修非夜间施工使用的照明、看守、围栏和警卫等。如乙方未履行上述义务造成工程、财产和人身伤害，由乙方承担责任及所发生的费用。

4）遵守政府有关主管部门对施工场地交通、施工噪声以及环境保护和安全生产等管理规定，按规定办理有关手续。施工及材料装卸过程中应注意减少噪声污染，由于乙方自身施工原因造成的扰民问题由乙方负责协调解决，费用自行承担。

5）施工现场整洁卫生的要求：符合河北省张家口市文明施工现场的有关标准、规定，并服从甲方的管理，如有违反，甲方有权责令乙方改正，乙方不予改正的，甲方有权要求停工整顿（工期不予顺延），并由乙方承担由此造成的损失和罚款。

6）乙方负责施工现场环境保护及防火工作，环境保护工作乙方应做到：工地外围要全部硬遮挡，工地内所有土堆、料堆都要盖起来，工地进出口设洗车水槽。工地主要道路必须硬化，有保洁员定时洒水降尘，4级以上大风天气不得进行土方作业，乙方应将环保措施和要求写在施工现场，使建筑工人时刻能看到环保要求和制度，并自觉遵守。如因施工期内的不当行为被政府有关部门罚款，乙方全数负责该项罚款以及由此引起的其他责任及损失，并且甲方有权追究乙方责任。

7）已完工程成品保护在移交甲方前由乙方负责保护并承担费用，乙方对施工现场内所有工程和材料都负有保护责任，如有损坏应承担全部损失。

8）施工现场周围建筑物、构筑物（含文物保护建筑）、古树名木和地下管线的保护。

9）乙方必须按时、按量支付劳务承包方的劳务费，不得以任何借口扣压和挪用，否则甲方不予支付次月工程款，并且乙方承担由于拖欠劳务费造成影响的一切责任及损失。开工前乙方必须按相关规定为劳务人员交齐农民工工伤保险。

10）乙方不按合同约定完成上述工作时，造成工期延误，应承担由此造成的经济损失，合同工期不予顺延。

三、施工组织设计和工期

9.进度计划

9.1 乙方提供施工组织设计（施工方案）和进度计划的时间：进场前2日。

进度计划包括材料送审及甲方审批材料计划、材料运输计划、材料生产加工计划、材料进场计划、生产安装计划。

甲方确认的时间：接到乙方资料后7天内。

9.2 乙方必须按甲方确认的进度计划组织施工，乙方施工接受甲方对进度的检查、监督。工程实际进度与经确认的进度计划不符时，乙方应按甲方的要求提出改进措施，经甲方确认后执行。因乙方的原因导致实际进度与进度计划不符，乙方无权就改进措施提出追加合同价款及顺延工期，并赔偿因此给甲方造成的损失。

10.开工及延期开工

10.1 乙方应当按照合同约定的开工日期开工。乙方不能按时开工，应当不迟于合同书约定的开工日期前7天，以书面形式向甲方工程师提出延期开工的理由和要求。甲方工程师应当在接到延期开工申请后的48小时内以书面形式答复乙方。甲方工程师在接到延期开工申请后48小时内不答复，视为同意乙方要求，工期相应顺延。甲方工程师不同意延期要求或乙方未在规定时间内提出延期开工要求，工期不予顺延。

10.2 因甲方原因不能按照双方约定的开工日期开工，甲方工程师应以书面形式通知乙方，推迟开工日期。

11.暂停施工

甲方工程师认为确有必要暂停施工时，应当以书面形式要求乙方暂停施工，并在提出要求后48小时内提出书面处理意见。乙方应当按甲方工程师要求停止施工，并妥善保护已完工程。乙方实施甲方工程师做出的处理意见后，可以书面形式提出复工要求，甲方工程师应当在48小时内给予答复。甲方工程师未能在规定时间内提出处理意见，或收到乙方复工要求后48小时内未给予答复，乙方可自行复工。因甲方原因造成停工的，工期相应顺延，无费用补偿。因乙方原因造成停工的，由乙方承担发生的费用，给甲方造成损失的，乙方应赔偿由此造成的全部损失，工期不予顺延。

12.工期延误

12.1 因以下原因造成工期延误，经甲方工程师确认，工期相应顺延：

1）甲方未能按本合同的约定提供图纸及开工条件；

2）不可抗力；

3）本合同中约定或工程师同意工期顺延的其他情况。

12.2 乙方在12.1款情况发生后48小时内，就延误的工期以书面形式向工程师提出报告。甲方工程师在收到报告后48小时内给予确认，逾期不给予确认也不提出修改意见，视为同意顺延工期。

13.工程竣工

13.1 乙方必须按照合同书约定的竣工日期或甲方同意顺延的工期竣工。

13.2 工程具备竣工验收条件，乙方按国家和本市工程竣工有关规定，向甲方提供完整竣工资料和竣工验收申请。甲方收到竣工验收申请后，组织有关部门验收，并在验收后给予批准或提出修改意见。乙方按要求修改，并承担由自身原因造成修改的费用。

13.3 竣工日期为竣工验收合格，经甲方下发验收合格证书之日。

13.4 因特殊原因，部分单位工程和部位需甩项竣工时，双方订立甩项竣工协议，明确各方责任。

13.5 乙方应无条件地配合甲方进行验收备案，并承担由自身原因造成的费用，由此引发的甲方其他损失，亦由乙方承担。

13.6 甲方扣留乙方合同价款的3%为竣工资料专项资金，待乙方竣工资料全部交给甲方后，全数返还此项费用。如一个月内不能把全部竣工资料交给甲方，则竣工资料专项资金不再退还。但乙方仍要把全部竣工资料交给甲方。

13.7 因乙方原因不能按照合同约定的竣工日期或甲方同意顺延的工期竣工的，乙方承担违约责任。每拖延一天，违约金为工程总造价的千分之三，最多不超过总价款的百分之三。

13.8 施工中甲方如需提前竣工，双方协商一致后应签订提前竣工合同，作为合同文件组成部分。提前竣工合同应包括乙方为保证工程质量和安全采取的措施、甲方为提前竣工提供的条件。

四、质量与检查

14. 工程质量

14.1 工程质量应达到约定的质量标准，质量标准的评定以国家及行业的质量检验评定标准为依据。

14.2 双方对工程质量有争议，由双方同意的工程质量检测机构鉴定，所需费用及因此造成的损失，由责任方承担。

15. 检查和返工

15.1 乙方应认真按照标准、规范和设计图纸要求以及甲方工程师依据合同发出的指令施工，随时接受工程师的检查检验，为检查检验提供便利条件。

15.2 工程质量达不到标准的部分，甲方工程师一经发现，应要求乙方拆除和重新施工，乙方应按甲方工程师的要求拆除和重新施工，直到符合标准。

因乙方原因达不到标准，由乙方承担拆除和重新施工的费用，工期不予顺延。

15.3 甲方工程师的检查检验不应影响施工正常进行。

15.4 甲方单位有权对乙方进行质量监督，如乙方出现质量问题，可要求乙方限期整改并延期支付进度款，整改合格后报请甲方批准再支付进度款。

16.隐蔽工程和中间验收

16.1 工程具备隐蔽条件或达到本合同约定的中间验收部位，乙方进行自检，并在隐蔽或中间验收前48小时以书面形式通知甲方工程师验收。通知包括隐蔽和中间验收的内容、验收时间和地点。乙方准备验收记录，验收合格，甲方工程师在验收记录上签字后，乙方可进行隐蔽和继续施工。验收不合格，乙方在甲方工程师限定的时间内修改后重新验收。

16.2 甲方工程师不能按时进行验收，应在验收前24小时以书面形式向乙方提出延期要求，延期不能超过48小时。甲方工程师未能按以上时间提出延期要求，不进行验收，乙方可自行组织验收，甲方工程师应承认验收记录。

16.3 经甲方工程师验收，工程质量符合标准、规范和设计图纸等要求，验收24小时后，甲方工程师不在验收记录上签字，视为甲方工程师已经认可验收记录，乙方可进行隐蔽或继续施工。

16.4 经甲方工程师验收并在验收记录上签字后，又发现质量问题的乙方须进行整改并承担费用，工期不予顺延。

17.重新检验

甲方工程师要求对已经隐蔽的工程重新检验时，乙方应按要求配合，并在检验后重新覆盖或修复。检验不合格，乙方承担发生的全部费用，工期不予顺延。

五、安全施工

18.安全施工与检查

18.1 乙方应遵守当地及乙方关于工程建设安全生产有关管理规定，严格按安全标准组织施工，采取必要的安全防护措施，消除事故隐患，并随时接受甲方单位及行业安全检查人员依法实施的监督检查。由于乙方安全措施不力造成事故的责任和因此发生的一切费用，均由乙方承担。

18.2 乙方应对其在施工场地的工作人员进行安全教育，并对他们的安全负责。甲方及其他承包方均不得要求乙方违反安全管理的规定进行施工。

18.3 乙方负责施工现场的清洁卫生、环境保护及防火工作，如因施工期内的不当行为被政府有关部门罚款，乙方全数负责该项罚款以及由此引起的其他责任及损失。

18.4 工地现场发生的一切安全事故均由责任方承担相应的责任及因此而带来的一切经济损失。

19.安全防护

19.1 乙方在动力设备、输电线路、地下管道、密封防震车间、易燃易爆地段以及临街交通要道附近施工时，施工开始前应向工程师提出安全防护措施，经工程师认可后实施（出现事故时仍不能免除乙方责任），防护措施费用由乙方承担。

19.2 实施爆破作业，在放射、毒害性环境中施工（含储存、运输、使用）及使用毒害性、腐蚀性物品施工时，乙方应在施工前14天以书面形式通知工程师，并提出相应的安全防护措施，经工程师认可后实施（出现事故时仍不能免除乙方责任），由乙方承担安全防护措施费用。

20.事故处理

20.1 发生重大伤亡及其安全事故，乙方应立即组织处理、抢救且首先承担责任，并立即通知甲方，同时按政府有关部门要求处理，待查清责任后，由事故责任方承担发生的费用。

20.2 甲乙两方对事故责任有争议时，应按政府有关部门的认定处理。

六、合同价款与支付

21.合同价款的调整

21.1 本工程的合同价款由甲乙双方依据中标通知书中的中标范围在合

同书内约定。

21.2 合同价款：

21.2.1 本合同价款包括完成合同范围内全部工作所需的费用。

包括但不限于：人工费、材料费、机械费以及企业管理费、利润、税金和国家法定其他收费；工程量清单中所列的项目和补充项目，包括定额中的脚手架、大型垂直运输机械使用费、工程水电费、临时设施费、现场经费及按乙方施工组织设计所确定所需发生的为完成本工程必须投入的技术措施费、系统调试、风险包干费等费用。

21.3 双方约定以下因素合同价款可调整：

1）因甲方原因造成的设计变更或工程洽商中，涉及工程价款的变化（但解决图纸缺陷或未达到工艺要求的洽商变更除外），单项洽商费用在5000（含）元以内的不予调整，单项洽商费用在5000元以上的按实调整；

2）结算时工程量按照竣工图纸实际量进行调整，除工程做法变更外，综合单价不得调整。如有做法变更综合单价应优先参考相近合同综合单价，反之人工单价及取费应按原合同价格执行，主材费及机械费按照双方协商价格计取。

3）乙方在收到正式施工图纸后14天内，应按照正式施工图纸、招标文件中规定的工程量计算规则及本合同的承包范围，单价执行合同附件中工程量清单的单价，重新报工程量经甲方认可后作为补充协议。

4）在本合同范围内乙方提出的替代材料在甲方批准采用后，替代材料的价格较原材料价格便宜时，合同内的单价应做相应调整；如获批准采用的替代材料的价格较原材料昂贵时，则无须修改合同内的单价。

21.4 乙方应在21.3款情况发生前3天内，将调整原因、金额以书面形式通知工程师及甲方，经双方确认调整金额后作为追加或减少合同价款的依据，待工程结算后一并支付或扣除。

21.5 工程进度款支付程序：工程竣工验收合格后一次性支付至结算价款的97%，剩余款项作为质保金，质保期到期后一次支付不含利息。

22. 预付款

无。

23. 工程量的确认

23.1 乙方应在每月25日向甲方提交当月完成的工程量。

24. 工程进度款支付

甲乙双方协商确定。

七、材料设备供应

25. 乙方采购材料设备

25.1 乙方负责采购材料设备的，应按照设计和甲方要求、有关标准及投标报价中相关内容进行采购，并提供产品合格证明，对材料设备质量、数量负责。乙方在材料设备到货前24小时通知甲方工程师检验和清点。

25.2 乙方采购的材料设备与设计或标准不符时，乙方应按甲方工程师要求的时间运出施工场地，重新采购符合要求的产品，并承担由此发生的费用，由此延误的工期不予顺延。

25.3 乙方采购的材料设备在使用前，应按甲方工程师的要求进行检验或试验，不合格的不得使用，检验或试验费用由乙方负责。

25.4 甲方工程师发现乙方采购并使用不符合设计和标准要求的材料设备时，要求乙方修复、拆除或重新购置的乙方必须执行，由此发生的费用由乙方承担，工期不予顺延。

25.5 乙方需要使用代用材料时，应经甲方工程师认可后才能使用，由此增减的合同价款双方以书面形式议定。

25.6 由乙方采购的主要材料设备，甲方参与质量把关，价格应报甲方批准。甲方有权指定供货厂家。

八、工程变更

26. 工程设计变更

26.1 施工中甲方需对原工程设计进行变更，应提前3天以书面形式向乙方发出变更通知。乙方按照甲方及工程师发出的变更通知及有关要求，进行下列需要的变更：

1）更改工程有关部分；

2）改变有关工程的施工时间和顺序；

3）其他有关工程变更需要的附加工作。

因变更导致合同价款的增减，按第22条规定办理。

26.2 施工中乙方不得对原工程设计进行变更。因乙方擅自变更设计发生的费用和由此导致甲方的全部损失，由乙方承担，工期不予顺延。

26.3 乙方在施工中提出的合理化建议涉及对设计图纸或施工组织设计的更改及对材料、设备的换用，须经甲方和设计主持人同意。未经同意擅自更改或换用时，甲方有权要求取消并无偿恢复已经进行的这类变更，乙方承担由此发生的全部费用和给甲方造成的一切损失，工期不予顺延。甲方同意采用乙方合理化建议，所发生的费用和获得的利益，双方另行约定。

27. 其他变更

合同履行中甲方要求变更工程质量标准及发生其他实质性变更，双方协商解决。

28. 确定变更价款

28.1 乙方在工程变更确定后3天内，提出变更工程价款的报告，经甲方工程师确认后调整合同价款。变更合同价款按下列方法进行：

工程量计算：变更工程量按招标文件和合同规定的计算方法计算。

单价：

1）如果施工条件、工作内容及性质与工程量清单的工作项目相同或类似的工作，应该以工程量清单内的单价为准。

2）如果工程量清单中没有相同或类似的工作项目，则以接近的项目作为基础，结合实际进行换算。

3）没有可以用来参考的工作项目时，人工单价及取费应按原合同价格执行，主材费及机械费按照双方协商价格计取。

28.2 乙方在双方确定变更后3天内不向甲方工程师提出增加工程价款报告，视为该项变更不涉及合同价款的增加，减账洽商甲方可自行在合同价款中扣除。

28.3 甲乙双方对提出的变更价款有争议，按本合同条款的第35条关于争议的约定处理。

28.4 因乙方自身原因导致的工程变更，乙方无权要求追加合同价款。

28.5 如果甲乙双方对洽商变更金额发生争议，经协商未能达成一致意见，这种情况不能成为乙方不完成或不按进度完成该项变更洽商的理由。

九、竣工验收与结算

29.竣工验收

29.1 工程具备竣工验收条件，乙方按国家和本市工程竣工有关规定，向甲方提供完整竣工资料和竣工验收申请。甲方收到竣工验收申请后，组织有关部门验收，并在验收后给予批准或提出修改意见。乙方按要求修改，并承担由自身原因造成修改的费用。

29.2 竣工日期为竣工验收合格，经甲方出具的验收合格证书之日。

29.3 因特殊原因，部分单位工程和部位需甩项竣工时，双方订立甩项竣工协议，明确各方责任。

29.4 乙方应无条件地配合甲方进行验收备案，并承担由自身原因造成的费用，由此引发的甲方其他损失，亦由乙方承担；

29.5 甲方扣留乙方合同价款3%为竣工资料专项资金，待乙方竣工资料全部交给甲方后，全数返还此项费用。如一个月内不能把竣工资料全部交给甲方，则竣工资料专项资金不再退还。但乙方仍要把竣工资料全部交给甲方。

29.6 工程未经竣工验收或竣工验收未通过的，甲方有权提前使用。

30.竣工结算

30.1 乙方完成招标文件和合同约定的内容，整体工程经验收合格后可开始办理结算。

30.2 整体工程经验收合格后30日内，乙方将竣工结算报告及完整的结算资料交甲方单位审核。经甲方审核后确定工程竣工结算价款。

30.3 乙方未能按29.4款规定时间递交竣工结算报告和完整结算资料的或由于其他原因，造成工程竣工结算不能正常进行的，甲方要求乙方交付工程，乙方应无条件地服从。

30.4 甲方按结算总价扣除保修金，结算价款的3%。

30.5 工程保修款在保修合同规定的保修期满后，乙方持甲方签字确认无质保问题凭证及书面申请，甲方将余款一次性支付给乙方。

30.6 甲乙双方对工程竣工结算价款发生争议时，按本合同条款第34条关于争议的约定处理。

31.质量保修

31.1 乙方应按法律、行政法规或国家关于工程质量保修的有关规定，对交付甲方使用的工程在质量保修期内承担质量保修责任。

31.2 质量保修工作的实施。乙方应在工程竣工验收之后，与甲方签订质量保修书。

31.3 质量保修书的主要内容包括：

1）质量保修项目内容及范围；

2）质量保修期；

a.地基基础工程和主体结构工程为设计文件规定的工程合理使用年限；

b.屋面防水工程、有防水要求的卫生间、房间和外墙面的防渗为 5 年；

c.装修工程为 2 年；

d.电气管线、给水排水管道、设备安装工程为 2 年；

e.供热与供冷系统为 2 个供暖期、供冷期；

f.场区内的给水排水设施、道路等配套工程为 2 年；

3）质量保修责任；

a.属于保修范围、内容的项目，承包人应当在接到保修通知之日起7天内派人保修。承包人不在约定期限内派人保修的，发包人可以委托他人修理。

b.发生紧急事故需抢修的，承包人在接到事故通知后，应当立即到达事故现场抢修。

c.对于涉及结构安全的质量问题，应当按照《建设工程质量管理条例》的规定，立即向当地建设行政主管部门和有关部门报告，采取安全防范措施，并由原设计人或者具有相应资质等级的设计人提出保修方案，承包人实施保修。

d.质量保修完成后，由发包人组织验收。

4）质量保修金的支付方法。

保修费用由造成质量缺陷的责任方承担。质保期终止后经发包人验收合格后退还剩余的质量保证金。

十、违约、索赔和争议

32.违约

32.1 甲方违约责任：

甲方不履行合同义务或不按合同约定履行义务。

32.2 乙方违约责任：

1）乙方不能按照合同约定的竣工日期竣工或甲方工程师同意顺延的工期之外的因乙方原因造成的工期拖延；

2）因乙方原因工程质量达不到合同约定的质量标准；

3）乙方不履行合同义务或不按合同约定履行义务的其他情况。

32.3 甲乙双方任何一方不履行合同义务或不按合同约定履行义务，由责任方承担违约责任，赔偿因其违约给其他各方造成的经济损失。一方违约后，另一方要求违约方继续履行合同时，违约方除承担上述违约责任外还应继续履行合同。

33. 索赔

33.1 当一方向另一方提出索赔时，要有正当索赔理由，且有索赔事件发生时的有效证据。

33.2 乙方未能按合同约定履行自己的各项义务或发生错误以及应由乙方承担责任的其他情况，致使工期延误或由此给甲方和其他承包方造成经济损失的，甲方和其他承包方可按下列程序以书面形式向乙方索赔：

1）索赔事件发生后20天内，向乙方发出索赔意向通知；

2）发出索赔意向通知后20天内，向乙方提出补偿经济损失的索赔报告及有关资料；

3）乙方在收到甲方和其他承包方送交的索赔报告和有关资料后，于20天内给予答复，或要求甲方和其他承包方进一步补充索赔理由和证据。

4）乙方在收到甲方和其他承包方送交的索赔报告和有关资料后20天未给予答复或未做进一步要求的，视为该项索赔已经认可。

5）当该索赔事件持续进行时，甲方和其他承包方应当阶段性向乙方发出索赔意向，在索赔事件终了后20天内，向乙方送交索赔的有关资料和最终索赔报告。索赔答复程序与本条3）、4）款规定相同。

6）甲方和其他承包方未能按合同约定履行自己的各项义务或发生错误，给乙方造成经济损失，乙方可按34.2款确定的时限向甲方和其他承包方提出索赔，结算时间相应顺延。

34. 争议的解决

34.1 甲乙双方在履行合同时发生争议，可以和解或者要求有关主管部门调解。当事人不愿和解、调解或者和解、调解不成的，双方可以向北京仲裁委员会提请仲裁。

34.2 发生争议后，除非出现下列情况的，双方都应继续履行合同，保持施工连续，保护好已完工程：

1）单方违约导致合同确已无法履行，双方协议停止施工；

2）调解要求停止施工，且为双方接受；

3）法院要求停止施工；

4）仲裁机构要求停止施工。

十一、其他

35. 人员违约条款

35.1 乙方派驻本项目的项目经理部，其全体管理人员必须与甲方批准的投标文件中的施工组织设计中的人员相一致，从工程开工到阶段竣工均需在岗在职，若需调整，须获甲方批准。

35.2 未经甲方批准，乙方擅自调换项目经理及主要人员，则甲方有权要求乙方支付相当于履约保函保证金额20%～100%的违约金，违约金从工程款中扣除。

35.3 出现下列情况，甲方有权要求调离乙方相关人员并要求赔偿损失：

1）到岗人员与甲方批准的施工组织设计中的人员不符；

2）工程施工过程中出现重大质量事故或因乙方原因，工期拖延超过10天（含10天）；

3）造成人员伤亡事故；

4）对甲方的合理指令，拒绝执行；

5）其他甲方一致要求其调离的情形。

36. 质量违约条款

36.1 同一部位出现两次（含）未通过验收，乙方除继续负责整改并通过验收外，同时支付相当于履约保函中保证金额5%的违约金，违约金从工程款中扣除。

36.2 因乙方管理不严，造成质量事故，除赔偿甲方一切损失外，同时支付相当于履约保函保证金额的10%违约金，违约金从工程款中扣除。

37. 不可抗力

37.1 不可抗力包括因战争、动乱、空中飞行物体坠落或其他非双方责任所造成的爆炸、火灾，以及地震等人为不可控的自然灾害。

37.2 不可抗力事件发生后，乙方应立即通知工程师，并在力所能及的条件下迅速采取措施，尽力减少损失，甲方应协助乙方采取措施。工程师认为应当暂停施工的，乙方应暂停施工。不可抗力事件结束后48小时内乙方向甲方和工程师通报受害情况和损失情况，及估算清理和修复的费用。不可抗力事件持续发生，乙方应每隔7天向工程师报告一次受害情况。不可抗力事件结束后14天内，乙方向工程师提交清理和修复费用的正式报告及有关资料。

37.3 因不可抗力事件导致的费用及延误的工期由双方按以下方法分别承担：

1）工程本身的损害由甲方承担。

2）停工期间，乙方按工程师要求留在施工场地的必要的管理人员及保卫人员的费用由乙方承担。

3）乙方机械设备损坏及停工损失，由乙方承担。

4）延误的工期相应顺延。

37.4 因合同一方迟延履行合同后发生不可抗力的，不能免除迟延履行方的相应责任。

38.保险

38.1 运至施工场地内用于工程的材料和待安装的大型设备，由乙方办理保险，并支付保险费用。

38.2 乙方须为从事危险作业的职工办理意外伤害保险，并为施工场地内自有人员生命财产和机械设备办理保险，支付保险费用。

38.3 保险事故发生时，甲乙双方有责任尽力采取必要的措施，防止或者减少损失。

39.合同份数

双方约定合同正本二份，具有同等效力，由甲乙双方分别保存一份。合同副本七份，其中甲方持有四份，乙方持有三份。

40.本合同未尽事宜，双方可经协商后另行签署补充协议，补充协议与本合同文件具有同等法律效力。

三、商务标书投标文件部分格式

(一)法定代表人身份证明书

单位名称：________________________________

单位性质：________________________________

地　　址：________________________________

成立时间：________年____月____日

经营期限：________________________________

姓名：________________ 性别：______ 年龄：______ 职务：______

系______(投标单位名称)______的法定代表人。

特此证明。

投标单位：______________(盖公章)

日　　期：________年______月______日

（二）授权委托书

本授权委托书声明：我__________（姓名）系（投标人名称）__________的法定代表人，现授权委托______（单位名称）______的______（姓名）______为我公司签署本工程的投标文件的法定代表人授权委托代理人，我承认代理人全权代表我所签署的本工程的投标文件的内容、过程洽谈、合同签订等。

代理人无转委托权，特此委托。

代理人：___（签字）___ 性别：______ 年龄：______

身份证号码：________________职务：________

投标单位：________________（盖章）___

法定代表人：______________（签字或盖章）___

授权委托日期：________年____月____日

（三）投标函

致：___{招标单位名称}___

1.根据你方 {招标工程项目名称} 工程招标文件，经踏勘项目现场和研究上述招标文件的报价须知、合同条款、图纸、工程建设标准及其他有关文件后，我方愿以人民币（大写）____________元（RMB ¥　　　元）的报价并按上述图纸、合同条款、工程建设标准、质量及工期要求承包上述工程的施工、竣工，并承担任何质量缺陷保修责任。

2.我方已详细审核全部招标文件，包括修改文件（如有时）及有关附件。

3.我方承认投标函附录是我方投标函的组成部分。

4.一旦我方中标，我方保证按合同协议书中规定的工期___{工期}___日历天内完成并移交全部工程。

5.我方同意所提交的投标文件在招标文件的投标须知前附表中第4项规定的投标有效期内有效，在此期间内如果中标，我方将受此约束。

6.除非另外达成协议并生效，你方的中标通知书和本招标文件将成为约束双方的合同文件的组成部分。

投标单位：____________（盖章）____

单位地址：________________

法定代表人或其委托代理人：____（签字或盖章）____

邮政编码：________ 电话：________ 传真：________

开户银行名称：________________

开户银行账号：________________

开户银行地址：________________

开户银行电话：________________

（四）法定代表人身份证明

投 标 人：____

单位性质：____

地　　址：____

成立时间：____________________年________月______日

经营期限：____

姓　　名：____________________　性　　别：_________

年　　龄：____________________　职　　务：_________

系____________________（投标人名称）的法定代表人。

特此证明。

投标人：____________（盖单位章）

_______年_____月_____日

（五）投标保证金（如有时提供）

________________（招标人名称）：

鉴于________________________（投标人名称）（以下简称"投标人"）于________年____月____日参加____________________（项目名称）的投标，__________________________________（担保人名称，以下简称"我方"）保证：投标人在规定的投标有效期内撤销或修改其投标文件的，或者投标人在收到中标通知书后无正当理由拒签合同或拒交规定履约担保的，我方承担保证责任。

收到你方书面通知后，在7日内向你方支付人民币（大写）__________。

本保函在投标有效期内保持有效，要求我方承担保证责任的通知应在投标有效期内送达我方。

担保人名称：______________________（盖单位章）

法定代表人或授权人：_______________（签字）

地　　址：__________________________________

邮政编码：__________________________________

电　　话：__________________________________

________年____月____日

备注：经过招标人事先的书面同意，投标人可采用招标人认可的投标保函格式，但相关内容不得背离招标文件约定的实质性内容。

（六）已标价工程量清单

1.本报价依据本工程投标须知和合同文件的有关条款进行编制。

2.工程量清单报价表中所填入的综合单价和合价，均包括人工费、材料费、机械费、管理费、利润、税金以及采用固定价格的工程所测算的风险金等全部费用。

3.措施项目报价表中所填入的措施项目报价，包括采用的各种措施的费用。

4.其他项目报价表中所填入的其他项目报价，包括工程量清单报价表和措施项目报价表以外的，为完成本工程项目的施工所必须发生的其他费用。

5.本工程量清单报价表中的每一单项均应填写单价和合价，对没有填写单价和合价的项目费用，视为已包括在工程量清单的其他单价或合价之中。

6.本报价的币种为人民币。

7.投标人应将投标报价需要说明的事项，用文字书写与投标报价表一并报送。

8.按照××软件生成以下报表：

封面3	投标总价
扉页3	投标总价
表1-2	工程量清单报价说明
表1-3	工程项目总价表
表1-4	单项工程费汇总表
表1-5	单位工程费汇总表
表1-6	分部分项工程量清单与计价表
表1-7	单价措施项目工程量清单与计价表
表1-8	总价措施项目清单与计价表
表1-9	其他项目清单与计价表

续表

表1-10	暂列金额明细表
表1-11	暂估价表
表1-12	总承包服务费计价表
表1-13	计日工表
…	…
表1-16	分部分项工程量清单综合单价分析表
表1-17	单价措施项目工程量清单综合单价分析表
表1-18	总价措施项目费分析表增值税进项税额计算汇总表

（七）履约保函（如有时提供）

保函编号：

致：（发包人名称）

（发包人地址）

鉴于你方与＿＿＿＿（承包人名称）＿＿＿＿（以下简称“承包人”）就你方的＿＿＿＿（工程项目名称）＿＿＿＿（以下简称“本工程”）已于＿＿＿年＿＿月＿＿日签订了施工承包合同（以下称承包合同）。

我方，＿＿＿＿（担保人名称），受该承包人委托，为该承包人履行上述合同规定的义务做出如下不可撤销的保证：

我方将在收到你方首次提出要求支付保证金的通知时，无须你方提出任何证明或证据，将于7日内无条件地和不可改变地向你方支付不超过人民币＿＿＿＿元（大写：＿＿＿＿＿＿＿＿元）的任何你方要求的金额，并放弃向你方提出任何异议和追索的权力。

我方特此确认并同意：我方受本保函制约的责任是连续的，承包合同的任何修改或变更、解除、终止或失效都不能削弱或影响我方受本保函制约的责任。

本保函项下的所有权利和义务受中华人民共和国法律管辖和制约。

本保函自（生效日期）之日起生效，至保修合同书签字28天后失效，除非你方提前终止或解除本保函。

保函失效后请将本保函退回我方注销。

银行名称：（盖章）

银行法定代表人：（签字、盖章）

地　　址：

邮政编码：

开立日期：＿＿＿年＿＿月＿＿日

四、投标文件技术部分格式

（一）施工组织设计

1.投标人应编制施工组织设计，包括招标文件第一章投标须知第12条中规定的施工组织设计基本内容。编制具体要求是：编制时应采用文字并结合图表形式说明各分部分项工程的施工方法；拟投入的主要施工机械设备情况、劳动力计划等；结合招标工程特点提出切实可行的工程质量、安全生产、文明施工、工程进度、技术组织措施，同时应对关键工序、复杂环节重点提出相应的技术措施，如冬雨期施工技术措施、减少扰民噪声、降低环境污染技术措施等。

2.施工组织设计除采用文字表述外，应附下列图表。

2.1 提出施工计划书及预定工程进度表

2.2 拟投入的主要施工机械设备表

2.3 劳动力计划表

2.4 施工平面布置图

（二）项目管理机构配备情况

（1）项目管理机构配备情况表

（2）项目经理简历表

（3）主要项目管理人员简历表

（4）项目管理机构配备情况辅助说明资料

以上文件所需表格及格式除招标文件规定的格式外，均由投标单位自行确定。

1.项目管理机构配备情况表

{招标工程项目名称}工程

职务	姓名	职称	执业或职业资格证明				备注
			证书名称	级别	证号	专业	

注：列入本表人员如要更换需经发包单位同意。擅自更换或不到位属违约行为。

投标单位（盖章）：

授权代表（签字）：

日期：

2.项目经理简历表

{招标工程项目名称}工程

<table>
<tr><td>姓名</td><td></td><td>年龄</td><td></td><td>身份证</td><td></td></tr>
<tr><td>学历</td><td></td><td>职称</td><td></td><td>职　务</td><td></td></tr>
<tr><td colspan="3">注册建造师执业资格等级</td><td>级</td><td>建造师专业</td><td></td></tr>
<tr><td colspan="3">安全生产考核合格证书</td><td></td><td></td><td></td></tr>
<tr><td>毕业学校</td><td colspan="5">年毕业于　　　　学校　　　　专业</td></tr>
<tr><td colspan="6">主要工作经历</td></tr>
<tr><td>时间</td><td colspan="2">参加过的类似项目名称</td><td colspan="2">工程概况说明</td><td>发包人及联系电话</td></tr>
<tr><td></td><td colspan="2"></td><td colspan="2"></td><td></td></tr>
<tr><td></td><td colspan="2"></td><td colspan="2"></td><td></td></tr>
<tr><td></td><td colspan="2"></td><td colspan="2"></td><td></td></tr>
<tr><td></td><td colspan="2"></td><td colspan="2"></td><td></td></tr>
<tr><td></td><td colspan="2"></td><td colspan="2"></td><td></td></tr>
<tr><td></td><td colspan="2"></td><td colspan="2"></td><td></td></tr>
<tr><td></td><td colspan="2"></td><td colspan="2"></td><td></td></tr>
<tr><td></td><td colspan="2"></td><td colspan="2"></td><td></td></tr>
<tr><td></td><td colspan="2"></td><td colspan="2"></td><td></td></tr>
<tr><td></td><td colspan="2"></td><td colspan="2"></td><td></td></tr>
<tr><td></td><td colspan="2"></td><td colspan="2"></td><td></td></tr>
<tr><td></td><td colspan="2"></td><td colspan="2"></td><td></td></tr>
<tr><td></td><td colspan="2"></td><td colspan="2"></td><td></td></tr>
<tr><td></td><td colspan="2"></td><td colspan="2"></td><td></td></tr>
<tr><td></td><td colspan="2"></td><td colspan="2"></td><td></td></tr>
</table>

3.主要项目管理人员简历表

{招标工程项目名称}工程

岗位名称			
姓　　名		年　　龄	
性　　别		毕业学校	
学历和专业		毕业时间	
拥有的执业资格		专业职称	
执业资格证书编号		工作年限	
主要工作业绩及担任的主要工作			

4.项目管理机构配备情况辅助说明资料

{招标工程项目名称}工程

注：1.辅助说明资料主要包括管理机构的机构设置、职责分工、有关复印证明资料以及投标人认为有必要提供的资料。辅助说明资料格式不做统一规定，由投标人自行设计。

2.项目管理班子配备情况辅助说明资料另附（与本投标文件一起装订）。

（三）资格审查资料

1.投标人基本情况表

<table>
<tr><td>投标人名称</td><td colspan="5"></td></tr>
<tr><td>注册地址</td><td colspan="2"></td><td colspan="2">邮政编码</td><td></td></tr>
<tr><td rowspan="2">联系方式</td><td>联系人</td><td></td><td colspan="2">电 话</td><td></td></tr>
<tr><td>传　真</td><td></td><td colspan="2">网 址</td><td></td></tr>
<tr><td>组织结构</td><td colspan="5"></td></tr>
<tr><td>法定代表人</td><td>姓名</td><td></td><td>技术职称</td><td></td><td>电话</td></tr>
<tr><td>技术负责人</td><td>姓名</td><td></td><td>技术职称</td><td></td><td>电话</td></tr>
<tr><td>成立时间</td><td colspan="2"></td><td colspan="3">员工总人数：</td></tr>
<tr><td>企业资质等级</td><td colspan="2"></td><td rowspan="5">其中</td><td>项目经理</td><td></td></tr>
<tr><td>营业执照号</td><td colspan="2"></td><td>高级职称人员</td><td></td></tr>
<tr><td>注册资金</td><td colspan="2"></td><td>中级职称人员</td><td></td></tr>
<tr><td>开户银行</td><td colspan="2"></td><td>初级职称人员</td><td></td></tr>
<tr><td>账号</td><td colspan="2"></td><td>技 工</td><td></td></tr>
<tr><td>经营范围</td><td colspan="5"></td></tr>
<tr><td>备注</td><td colspan="5"></td></tr>
</table>

注：本表后应附企业法人营业执照及其年检合格的证明材料、企业资质证书副本、安全生产许可证等材料的复印件。

2. 近年财务状况表

注：在此附经会计师事务所或审计机构审计的财务会计报表，包括资产负债表、损益表、现金流量表、利润表和财务情况说明书的复印件，具体年份要求见第二章“投标人须知”的规定。

3.近年完成的类似项目情况表

<table>
<tr><td>项目名称</td><td colspan="3"></td></tr>
<tr><td>项目所在地</td><td colspan="3"></td></tr>
<tr><td>发包人名称</td><td colspan="3"></td></tr>
<tr><td>发包人地址</td><td colspan="3"></td></tr>
<tr><td>发包人联系人</td><td></td><td>联系电话</td><td></td></tr>
<tr><td>合同价格</td><td colspan="3"></td></tr>
<tr><td>开工日期</td><td colspan="3"></td></tr>
<tr><td>竣工日期</td><td colspan="3"></td></tr>
<tr><td>承担的工作</td><td colspan="3"></td></tr>
<tr><td>工程质量</td><td colspan="3"></td></tr>
<tr><td>项目经理</td><td></td><td>身份证号</td><td></td></tr>
<tr><td>技术负责人</td><td></td><td>身份证号</td><td></td></tr>
<tr><td></td><td></td><td></td><td></td></tr>
<tr><td>项目描述</td><td colspan="3"></td></tr>
<tr><td>备注</td><td colspan="3"></td></tr>
</table>

注：本表后附中标通知书或合同协议书、工程竣工验收证书（工程竣工验收证明材料，即工程竣工验收备案登记表或单位工程质量竣工验收记录）复印件并加盖单位章，具体年份要求见投标人须知前附表。每张表格只填写一个项目，并标明序号。

4.正在施工和新承接的项目情况表

项目名称			
项目所在地			
发包人名称			
发包人地址			
发包人联系人		联系电话	
签约合同价			
开工日期			
计划竣工日期			
承担的工作			
工程质量			
项目经理		身份证号	
技术负责人		身份证号	
项目描述			
备注			

注：本表后附中标通知书或合同协议书复印件。每张表格只填写一个项目，并标明序号。

5.近年发生的诉讼和仲裁情况

注：近年发生的诉讼和仲裁情况仅限于投标人败诉的，且与履行施工承包合同有关的案件，不包括调解结案以及未裁决的仲裁或未终审判决的诉讼。

6.企业其他信誉情况表（年份要求同诉讼及仲裁情况年份要求）

1.近年企业不良行为记录情况
2.在施工程以及近年已竣工工程合同履行情况
3.其他

注：1.企业不良行为记录应当结合第二章“投标人须知”前附表第10.1.2项定义的范围填写。

2.合同履行情况主要是投标人近几年所承接工程和已竣工工程是否按合同约定的工期、质量、安全等履行合同义务，对未竣工工程合同履行情况还应重点说明非不可抗力解除合同（如果有）的原因等具体情况等。

工程量清单

招标人：　　　　　　　　（单位公章）

造价咨询人：　　　　　　（单位公章及成果专用章）

编制时间：

工程量清单编制说明

项目名称：　　　　　　　　　　　　　　　　　　　　　第1页　共1页

一、工程概况：

二、招标范围：本次招标内容为综合体现场办公室，其中包括电气工程、给水排水工程等图纸设计范围内的所有内容，均按图计入，详见施工图纸及清单。

三、编制依据：

1.建设工程施工招标文件；

2.建设工程施工图设计文件；

3.执行现行工程量清单项目计量规范。

四、清单编制及报价要求：

1.工程量清单列出的每一分项均已包含涉及与该分项有关的全部工程内容，投标人应将工程量清单与投标人须知、合同通用条款、专用条款以及技术规范和图纸一起对照阅读。

2.除合同另有约定，工程量清单中的每一分项单价均包含人工费、材料费、机械费、管理费和利润，并考虑风险因素所发生的全部费用。

3.综合单价中自行考虑水电费。

4.本清单依据《河北省建设工程工程量清单编制与计价规程》DB13J/T 150—2013编制，因项目编码工作内容较多，特征项目不能一一描述，清单只列主要特征，未描述或不完整之处，详见图纸、施工规范及相关说明要求。投标人必须注意，投标时所报的综合单价须是包含完成清单分析的所有工作内容及所需采取的相应技术措施、施工方案等费用的报价。

5.措施项目费：清单所列项目仅供参考，投标人应根据其自行编制的施工组织设计文件，结合企业的技术装备情况自行确定措施项目，投标人须是对施工现场实际勘查后结合工程经验，对所有的措施项目做出措施报价。没有报价的，视为已包含在相对应的综合单价中。

6.投标人应填写工程量清单中所有分项工程的价格，凡技术规范和图纸中说明的工程内容如在清单中未列项，均应视为包含在其他相关项目中。

工程量清单（略）

第4章

新临建的服务

——服务是粘结用户最好的手段

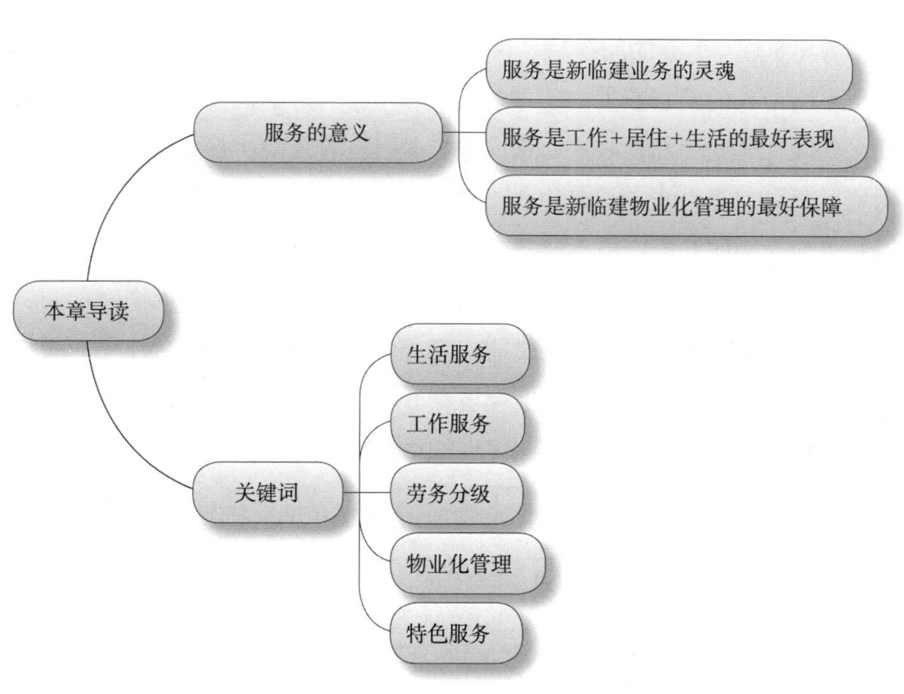

通过对前面章节的了解，我们已经深刻认识到工作+居住+生活这一新临建基本理念对于新临建的重要性。一切新临建的商业模式，运营模式都是围绕着这一基本理念产生的。这一理念使新临建具有了服务的属性，也正是因为有了服务的属性，才能使新临建与传统临建有着本质上的区别，使新临建从建筑领域的产品供销模式中脱离出来，成为一个新兴的融合型项目。

在工作、居住和生活这三大要素中，居住对应的是产品，而工作与生活对应的就是劳务派遣与配套服务。经过B、G端客户赋能，在为C端用户解决了工作+居住+生活的问题后，由稳定的生活而产生黏性，C端用户就会爆发出不断增长的消费能力。工作、居住、生活的解决也会吸引更多的C端用户来到新临建成为黏性客户，这就是C端用户的裂变。有了强大黏性客户与消费，又可以进一步地促使提供配套服务的b端服务商产生黏性。这是建立以服务为核心的轻资产运营模式必不可少的一部分。在现实生活中，新临建以一个个小型全生态发展的服务型社区面貌出现，在这个社区中有配套服务的植入，有工作、有居住、有生活，是一个综合体。这个综合体半封闭化管理，综合体中居住的建设者既能通过劳务派遣得到工作与收入，又有满足这一消费群体刚性需求的配套商业，这就是新临建的服务。

4.1 工作服务

4.1.1 劳务运营

劳务运营就是针对新临建使用者工作与培训的运营。从政策层面上讲，劳务运营可以成为国家建筑工人职业化发展有力的辅助工具；从新临建的发展上讲，劳务运营是在新临建发展到一定阶段后的最主要上升空间，其主要特点为分级化的劳务派遣。其核心是直接针对班组与个人的劳务运营平台，平台业务主要由劳务运营加盟管理、劳务培训和劳务派遣三大部分组成。劳务平台为新临建项目提供可靠的黏性客户群体，也为其他运营提供了有力的支持，是新临建工作+居住+生活基本理念中工作理念的集中体现，与产品平台、服务平台一起，对应成为新临建面向C端用户工作+居住+生活服务体系的基础组成部分。

1.劳务运营平台加盟

劳务运营是新临建轻资产运营中最核心的运营，其重要的运营方式就是加盟服务，一方面针对技术班组和独立个体技术工人的加盟，另一方面直接针对用工企业的加盟。对于班组与工人，加盟到劳务管理平台上成为劳务管理平台的签约劳动者，劳动者提供劳动服务，劳务管理平台提供工作机会，剔除中间劳务公司的环节，使工人具有更多的获得感。对于用工企业，省去了劳务公司中间赚取差价，还可以预定劳务派遣档期。

（1）班组与个人加盟管理

劳务运营加盟管理是与劳务分级相互配合进行的。工人在加盟劳务平台后，入住新临建中，入住时会根据技能分为三个等级，平台定期进行培训与考核。通过参加培训与考核增加积分，可进行升级。

（2）用工企业收费加盟

劳务运营业务中，劳务平台加盟了大量的工人或班组，劳务平台向用工企业提供技术工人派遣服务。由于劳务用工市场的现实情况，用工企业主要在三个方面对劳务平台的需求会比较强：

1）工人水平良莠不齐，用工企业对于优秀工人的需求。

2）抢工期时的临时增加用工。

3）按照工期预定工人，提高用工效率，降低用工成本。

所以，劳务平台同样针对用工企业也开展加盟服务，并收取一定的加盟费用。加盟企业将优先享有用工服务，可在一级工人与二级工人中进行选择，预定档期。

2.劳务技能分级

加盟的工人与班组根据不同技能分为三级。按照不同的分级，每级工人和班组所享受到的工作机会与待遇不同：

（1）一级工人与班组。平台负责保险并有部分生活费，免费参加定期组织的技能培训（特定培训除外），优先安排劳务派遣。

（2）二级工人与班组。平台负责保险不负责生活费，免费参加定期组织的技能培训（特定培训除外），竞聘参加劳务派遣。

（3）三级工人与班组。平台不负责保险与生活费，免费参加定期组织的技能培训（特定培训除外）。在一、二级工人派遣完成后，补充安排劳务派遣。

此外，在以上三级之外还有精英团队，加盟精英团队的特点简单归纳为以下几点：

（1）精英团队从一级工人与班组中产生。

（2）精英团队原则上是具有特长技能的工人与班组。

（3）精英团队的待遇要高于一级班组，并与平台签订劳动合同。

（4）精英团队主要工作是抢工期或特定要求施工，享有特种施工补助。

3.劳务培训管理

劳务培训是劳务运营的基础业务。其分为定期与不定期，要点如下：

（1）定期培训为非盈利性培训：主要是针对安全生产与劳务基础技能进行培训，并进行考试，分数作为提升劳务级别的依据。

（2）不定期培训为收费性培训：主要是针对特定的施工工法、技能、新设备等进行培训。不定期培训有时会与行业主管部门联合举办并进行相应的考试，分数可作为进入精英团队的依据。

（3）劳务技能培训公司的合作：在劳务运营业务开展初期，由于平台规模与实力，劳务培训以机构合作为主，主要合作对象为行业主管部门认可的劳动技能培训机构。当业务量增加后，劳务平台可自行设立培训机构。

4.劳务派遣管理

新临建业务的劳务派遣主要是指由劳务运营平台在技能分级的基础上，

与加盟工人签订合同；然后，再由劳务运营平台把工人以个人或以班组的形式派往用工企业，最后由用工企业向运营平台支付工人工资与服务费用。新临建的劳务派遣业务具有以下特点：

（1）新临建项目可同时针对多个企业进行劳务派遣。

（2）为派遣工人提供食宿并进行管理，用工企业相应的管理简单。

（3）用工企业可以根据用工情况预定档期，节省成本。

（4）新临建项目的集中管理，使下班后工人的安全比较有保障。

（5）工人工资由劳务平台发放，有保障、不拖欠。

5.保险与工资管理

在分级管理中，劳务运营平台为一级与二级工人提供保险服务，为所有派遣工人提供工作保险。

此外，劳务实名平台上的工资管理模块具有以下特点：

（1）上班加班自动记工，工资报表一清二楚；

（2）工资分级审核确认，工资结算有据发放；

（3）发放凭证上传保存，工资到账短信提醒。

6.劳务派遣在线平台

新临建劳务运营业务下的劳务派遣在线平台，是基于劳务运营平台的一个子系统，其主要是为劳务运营平台与用工企业之间提供了交流平台，其具有交互式、在线式的特点，依据劳务工人加盟与劳务实名大数据系统，劳务派遣在线平台实现了如下功能：

（1）用工企业加盟在线管理。

（2）用工企业自助式选择工人。

（3）用工企业可根据需要预定工人档期。

（4）在确定用工的情况下，用工企业可临时在线提交使用精英团队申请。

（5）在确定用工的情况下，用工企业可在组织进行特定工法培训。

4.1.2 劳务实名制

从2019年3月1日起，《建筑工人实名制管理办法（试行）》开始施行。

建筑企业所招用建筑工人的从业、培训、技能和权益保障等，都将以真实身份信息认证方式进行综合管理。该办法明确，全面实行建筑业农民工实名制管理制度。建筑企业应与招用的建筑工人依法签订劳动合同，对其进行基本安全培训，并在相关建筑工人实名制管理平台上登记，方可允许其进入施工现场从事与建筑作业相关的活动。劳务实名制由此全面启动。

1.劳务实名制实施的必要性

（1）由于施工企业对一线建筑工人缺乏有效的管理机制，经常出现劳资纠纷，很多劳资纠纷得不到及时的解决，纠纷逐步升级，不但影响了施工企业自身的发展，也阻碍了建筑行业快速发展，影响了和谐社会的构建。

（2）长期以来，用工不规范是我国建筑业的积弊之一。在一些人眼中，建筑业从业门槛低，"来了就能干、能吃苦就行"，一些工人没有经验也能直接上岗，一些"杂牌军"欠缺资质也能蒙混过关。这样一来，不仅给施工带来了风险，也给工程质量埋下了隐患。

（3）实名制明确了建设单位、建筑企业、监理单位等管理主体的职责，各级住房和城乡建设部门负责本行政区域内建筑工人实名制管理工作，初步搭建起各市场主体和监管部门各司其职的职责体系。

（4）实名制基础上要求培训上岗，统合人力资源，既提升了建筑工人的能力，又保证了工程质量，可谓一举两得，势在必行。

2.新临建劳务实名制的特点

（1）由于建筑行业的特性，建筑业面临着人员杂乱、能效不高、技能参差不齐、缺乏有效管控等诸多问题，要使整个施工项目能够安全、保质地完成，劳务用工实名制管理在新临建中起着很大的作用。

（2）新临建劳务实名制管理，能让建筑企业及时掌握施工现场的劳务人员状况，有利于施工项目劳务的管理和调剂，有利于施工进度的掌控，不致于出现用工短缺，临时找人，从而导致工程质量水平不一致、影响施工进度等问题。

（3）新临建劳务实名制管理将对每个建筑劳务工人来说是一大福音，建筑工人可以通过自己的手机相关的APP查询考勤数据，行业信息及时共享，避免因为劳务费的支付而产生的劳务纠纷，杜绝恶意讨薪的发生。

（4）新临建的劳务实名制可以加强劳务人员管理，精确掌握工人考勤情况、各工种上岗情况、安全专项教育落实情况、违规操作情况，实现施工现场劳务人员实时动态管理和安全监督，提升企业信息化管理水平，同时切实落实企业社会责任。

3.新临建劳务实名制管理作用与扩展功能

（1）通过实名制信息数据采集，能让建筑企业掌握施工现场的劳务人员状况，有利于施工项目劳务的管理与调配，有利于施工进度的掌控和控制用工成本。

（2）通过劳务实名制考勤，查看考勤数据，信息及时共享，避免因为劳务费的支付而产生的劳务纠纷，杜绝恶意讨薪的发生。

（3）通过劳务实名制管理，可以规范劳雇双方的用工行为，杜绝非法用工，对规范建筑劳务市场有着积极的意义。

（4）工资发放与代管：新临建劳务实名制管理的一大扩展功能还可以通过劳务实名制平台计算与核发工资，既保障了工人的合法权益，也保证了劳务工资发放按时到位。如果工人选择零存整取进行理财，还可以有额外收益。

（5）技能管理：新临建劳务实名制管理的第二扩展功能是技能统计、工人在工地的工种性质、参加技术性工作的结果、参加过的培训内容，甚至工长与技术质量监督人员的评语，都可以被劳务实名制记录并对工人进行评级。评级将成为工人定级定薪的主要依据。

（6）用工预约：新临建劳务实名制的第三大扩展功能就是劳务派遣功能，用工企业通过劳务实名制平台对工人参加过的工程内容、技能分级、工种性质、工作评价一目了然，并因需要选用、因级别定薪，工人也能做到能者多劳、劳者多得。

4.新临建的劳务实名管理平台

新临建的劳务实名管理，是新临建劳务运营平台的子平台。其主要功能是在用工现场对派遣工人的考勤等工作情况进行管理。其是建立在大数据管理框架下的，具有即时性、远程性的特点，主要包括以下部分：

（1）项目基本信息管理

建立系统基本档案资料，系统可以设置各分包单位人员编号规则，自动生成人员编号，也可设置手动录入。

（2）劳务人员实名登记管理

对进场务工的劳务人员进行进场登记，包括个人身份证信息、工号、所属分包单位、班组、工种、进场日期、安全帽号、是否证件办理、是否签订合同等。

（3）报表管理

劳务实名制管理系统可建立人员花名册、进场情况表、离场情况表、出勤表、工资发放情况表、实时刷卡记录表、刷卡率分析表、刷卡照片比对表等，方便用户进行查询。

（4）安全教育管理

劳务实名制管理系统可自定义安全教育类型，系统中可以随时查询劳务人员接受各类安全教育情况，发现未参加安全教育的人员，对未参加教育的人员限制进门权限。

（5）设备信息

使用摄像考勤一体机作为识别终端，使用高清摄像机和劳务主控设备作为识别终端，使用面部识别设备作为识别终端。

（6）劳务合同管理

系统会自动套打各类合同及文件信息，提供劳动合同示范文本，方便企业进行内容的录入。

（7）黑名单管理

将违反公司或项目规定的个人和班组定义为用工黑名单，所有的黑名单信息在各项目和总部平台之间数据共享，根据规定采取对应的处理方式。

（8）工资发放

通过工资管理模块，能有效地记录人员考勤，精准发放工资。

4.2 生活服务

4.2.1 新临建生活服务的核心

新临建的生活服务就是针对新临建的居住者从入住管理到生活配套的各种商业化服务。这些商业化服务被支付系统上的现金流串联，组成了一条完整的、全流程的服务供应链。这条供应链的核心是一个具有可复制化、电商化、外包化、模块化的商业平台，商业平台运营为新临建的生活属性提供了有力的支持，是新临建生活部分的最好支撑，是新临建运营的基础组成部分。

1.服务供应链

是在服务商为新临建居住者提供服务外包时所产生的上下游供应链，其中下游为临建的使用者，上游为服务提供商，凭借着临建使用者天然的黏性客户特征，与上游服务供应商提供的特定服务形成了一个稳定的供应链体系，这个供应链体系是临建配套服务提供过程中的服务销售+商品销售+商品配送所形成的财与服务+物流的供应链体系。这套供应链体系是建立在线上线下结合的商业平台之上的，这个平台我们称之为新临建服务平台。

2.服务平台的在线支付

新临建服务平台上的在线支付业务主要是商业环境下的一卡通支付系统，其主要有以下几个特点：

（1）模式：具有黏性的消费群体基础上，以技术为纲、以服务为本，配套工资管理，联合第三方支付平台，打造商家和消费者双赢的商业平台。

（2）资源：通过整合多种行业优势，形成服务商联盟。使服务不仅跨行业，而且跨地区。

（3）引导消费：所有的服务围绕新临建使用者一点：引导新临建使用者线上消费、线下配送，为商家带来真正的效果。

（4）服务细化：对消费群体进行关注需求为基础的服务细化，涵盖娱乐、餐饮、交通、购物。

（5）稳定增长：强有力的专业化服务、准确的市场运营思路、稳定增长的黏性消费群体。

4.2.2 新临建服务体系的客户

1. 客户的分类

由于新临建的本质是一个轻资产运营平台，所有针对新临建的服务其实就是一部分人在这个平台上给另一部分人提供服务的过程，这两部分人都是新临建服务供应链上的重要环节，所以在分析客户时我们既要有买方，也要认识到卖方的存在。因此，新临建服务客户分为两类。

一类是消费者（C端用户）：也就是新临建内居住的工人，通常工民建建筑面积20万～40万m^2的项目，长期居住的工人会保持在800～1000人。而与B端客户合作的新临建项目，会多个项目的工人全部居住在一个新临建项目里，这样就会同时有几千人居住。建设者之家则为更大的城市级，可能会有上万人。由于封闭式管理，这些消费者大多是具有黏性的刚需消费者。

另一类是服务提供商（b端用户）：由于新临建半封闭化管理的特点，所以新临建提供商面对的是一个封闭型的消费场景，消费是刚需型、组团型、多频次的，具有以下特点：

（1）所提供的产品边际成本较低，当购买的用户达到一定的量之后，商家往往并不会因为提供了较低的折扣而亏损；

（2）产品往往以服务类与快消费为主，贩卖服务省去了实体货物可能带来的物流、存储等成本，更多时候是由新临建管理者向商家提供订购明细；

（3）消费者产生二次消费，对部分商家而言，提供的团购服务本身可能是亏损的，其寄希望于消费者的二次消费行为；

（4）服务与产品单价均普遍不高；

（5）服务与产品均为刚需。

2. 客户关系管理

（1）服务平台通过在新临建的局域网，建立一卡通消费系统，客户可以在内部一卡通系统官网上得到专属信息，商家也可以在一卡通网官网上发布内部促销信息。

（2）商家可以通过服务平台向其C端客户直接发送电子广告、产品信息、市场推广活动信息等。

（3）广域网：服务平台利用微信APP、新浪等社交媒体与客户进行互动，了解需求。

（4）服务平台可以根据需求统计情况提供个性化服务。

（5）服务平台官方网站：在官网首页投放相关广告，让顾客能更充分地了解每日供应商提供服务的变化和折扣。建立意见反馈系统，及时地将顾客的意见有效地解决，不断对产品及服务进行改进和提高，以满足顾客的需求。

3.客户反馈中心

客户反馈中心是建立在关注需求理论上的在线沟通系统，设立的目的是最大限度地关注客户需求，随时整理并提交设计与服务规划部门改进产品。此外，也可以有效地监督提供商的服务，发现问题及时处理，能更好地提高新临建的产品和服务质量。

4.2.3 基于互联网的在线服务管理电商平台（服务平台）

是新临建服务供应链的核心。在针对新临建的商业服务过程中，在线服务管理平台基本上充当组织者的作用，收取交易佣金或加盟费。它也是新临建商业架构的核心，在服务平台的基础上，得以建立统一支付系统，整合现金流，使形成服务供应链成为可能，所以服务平台既是现金流的结点，也是扩展服务的起点。

1.新临建服务平台的定位

新临建作为一种特殊的商业体，其商业定位比较特殊，主要是因为封闭式管理有着比较强的导向性与刚需性，总结有以下几点：

（1）客户需求固定，定位简单；

（2）有一定的消费能力，生活类的刚需明显，易定位；

（3）几千人的大型生活社区，娱乐性消费单调；

（4）易被导向而产生群体性消费；

（5）在固定时间段（如春节前）会产生消费高峰期；

（6）由于封闭式管理，所以来自外部的竞争压力小；

（7）针对服务提供商，可采用内部竞争的方式提高服务质量。

2.新临建服务平台的收入来源

（1）传统的成交费

新临建服务平台是一个轻资产运营型平台，所以没有库存基本上只充当组织者的角色，收取交易的佣金，这样的钱赚得会更加轻松。

（2）会员卡

这是在平台具有一定规模以后将采取的一种盈利方式，会员卡通过分级来决定能够得到的折扣大小，会员卡级别的提高有两种方式：一种是累进的消费升级；另一种是与劳务平台上的工人级别挂钩。会员卡不会成为主要的盈利方式，但它最主要的功能是吸引了更多工人向高级技术工人努力。此外，还可以加快成交费的增长，一举两得。

（3）广告收入

有些商品与服务可能并不适合在新临建商业单元内进行销售，但很可能与新临建内部居住的工人有一定的关联性。把这些商品放在新临建内部投放广告，能起到非常好的促销作用。而且，可以针对不同地区的人群放置不同的广告，更有针对性。

（4）电商与新零售

新临建的特殊性决定了其具有大量的高黏性C端客户，这部分C端客户具有集中化、组团化而且受众群体需求易分析的特点，这为电商线上线下的新零售业务提供了非常好的平台。在新临建内部线上开放空间内开展相应的线上有针对性推广业务，同时进行线下集中配送。

（5）咨询服务

由于管理、维护、运营服务的标准化，所以其具有了可复制属性，使服务平台可以在管理、维护、运营标准服务的基础上千变万化，由此衍生出了为临建资产所有者提供一对一的临建运营模式与商业服务设计咨询这一盈利点。服务对象主要是拥有临建硬件设施但无法完成资产管理或通过运营进行资产增值的新临建所有者，此外，还包括完成了施工的建筑承包商；有临时用地需要经营项目植入的政府或其他土地所有者（如村集体、房地产开发商）等。

3.新临建服务平台成功的关键因素

由于新临建的商业模式的核心是B/G端赋能、C端裂变，所以B端与G端的赋能是关键。有了B端与G端的赋能，C端得到了工作保障，得到了好的居住环境，从而对新临建产生了依赖性。这种依赖性客户就是黏性客户。有了大批量的黏性客户，一个优质商业服务平台的最重要因素就完全具备了。

回头再看服务提供商b端，由于新临建服务平台有着大量半封闭管理的黏性客户，对b端来说是最佳商业平台，对他们的吸引力巨大。而新临建服务平台又可以利用对服务提供商b端的高要求，进一步促进C端客户生活上的质的改变，使C端客户产生更大的黏性。在这种不断的裂变与赋能中，新临建服务平台是最大受益者，是服务平台成功发展的关键因素。

4.服务平台的业务

（1）运营咨询

由于新临建管理、维护、运营服务的标准化，所以其具有了可复制属性，使服务运营设计可以在管理与服务运营的基础上千变万化，由此衍生出了为临建资产所有者提供商业咨询服务。主要包括设计咨询、运营咨询、商业架构设计、资产化与资产证券化等一系列的配套服务。

（2）一对一的临建运营模式与商业服务设计

服务对象主要是拥有临建硬件设施但无法完成资产管理或通过运营进行资产增值的新临建业主，此外还包括完成了施工的建筑承包商；有临时用地需要经营项目植入的政府或其他土地所有者（如村集体、房地产开发商）等。

（3）对外商业合作业务

由于新临建的商业综合体属性，其商业空间管理平台的对外商业合作业务可以分为两个层面：

1）在线上层面，利用C端客户的黏性，与电商合作开展新零售业务。

2）在线下层面，利用半封闭的购物环境开展入驻实体加盟经营。

4.2.4 生活配套

1. 餐饮服务运营

众所周知，民以食为天。新临建的C端目标客户中，大多为社会底层的农民工及城市中低收入者。这类C端客中衡量服务的一个重要指标就是伙食，所以餐饮运营本来属于商业运营的一部分，但在本书中单独成章，其在新临建运营中的重要性及代表性不言而喻。

（1）中央食堂

中央食堂在餐饮运营中，是重要的现金流提供者，同时也是黏性客户的重要保障。餐食做得好、做得卫生，客户就会产生惰性，会形成习惯性消费，这是稳定现金流的重要保障。但食品安全所带来的风险要关注，除了有相应的制度、负责任的团队外，应尽量采取独立实体运营的方式，以防范连带责任。

中央食堂的核心是集中加工、热链配送，服务形式一共有两种：一种是处理成半成品在临建项目内二次加工，比较适合大多数项目；另一种是完全做成速食袋，比较适合野外作业的项目。

对于餐标来说，中央食堂可实施订制式与规模化两种餐标，订制式餐标体现的是个性化，在口味上有一定要求；规模化餐标便宜、卫生。从便宜上来讲，对于一个社会中低收入者，一天的收入在200元以下，除去住，吃的标准应在每天30元之下为最好。所以在保证营养的基础上，应尽量使用应季蔬菜、瓜果；肉类应多选用冷冻品种；在烹饪上以重口味为益，同时配以咸菜、辣酱调节，主食不限量。

（2）团餐服务

团餐服务是自建中央食堂的重要业务，其主要方向分为个性化团餐与规模化团餐两种。

个性化团餐主要针对C端客户中高级管理者或简单招待，可以在中央食堂处理成非熟或半熟的半成品而后现场加工，基本上可以保证色、香、味的要求。

规模化团餐主要是针对C端客户中的低端要求，在保证营养的基础上，尽量在中央食堂内完成食品的规模化加工，以熟或半熟的半成品按份封装，在现场不用加工或简单加工即可食用。

（3）工人食袋

工人食袋是中央食堂针对现场加工条件不好或根本无法加工食物的新临建项目开发的产品，其在兼顾口味的基础上力求运送、取餐、食用方便卫生，但因分包与防腐的处理，成本比团餐略高。

（4）热链配送

热链配送是中央食堂的核心服务，不管是分包还是自建，又或是合建，热链配送都是不可或缺的。它是食品卫生从集中加工到工人餐桌上的关键环节，是中央食堂的集中加工之外的另一大核心。

2.配套小商业

小商业顾名思义就是小型商业，本书中的小商业主要指的是针对新临建C端客户的小型商业与商业化服务。运营小商业可以有多种形式，但万变不离其宗的就是在线支付系统的建立。在线支付系统我们还要在下面的章节中讲到，在这里就不再赘述了。下面，我们来看一下新临建中的小商业配套。

（1）洗衣房

洗衣房洗衣机配置自动收费系统，项目采用一卡通及移动支付方式收费，新临建物业管理公司负责设备维护及保洁工作，定期进行设备安全检查。

（2）综合便利店

是建立在工地生活社区内的具有零售功能的模块化设施，是未来运营的主要项目和特色产品。便利店不仅提供建设者需要的生活类商品，还提供工作中常用的简易耗材、常用药品，也是未来电商货物集中配送的中心。

（3）新临零售产品配送中心

主要是适用于开展新零售业务的具有高附加值的产品，设立配送中心，以配送中心为结点、以服务供应链为平台、以渠道合作的方式开展线上线下业务，进行点对点的配送与销售。销售可采取竞买承包权的方式进行外包。

（4）多功能厅

新临建中的多功能厅，是一个开放式经营性的交流空间，采用租用方式，多功能厅既是B端用户会议、培训的场所，也是B端用户与C端用户交流的结点。B端用户可以据此发布公告，开展培训，是新临建的重要组成部分。

（5）开心影院

开心影院是专门针对工地建设者生活而设计的一款20座和40座移动式电影播放和集中视频观看模块化设施，是丰富建设者业余文化生活的一种服务型设施，是未来运营的主要特色项目。影院配备专业管理软件，票务售卖设备（前端）平板电脑手持移动端、出票机、影票售卖设备（后端），影院支持统一支付系统的结算系统，是运营收入的组成部分。

4.3 物业化管理

4.3.1 物业化管理概念

新临建的物业化管理是指在新临建综合体开始运营，并具有资产属性，具备资产租赁运营与集中管理条件后，以公司行为对新临建综合体以商业物业管理方式进行管理。由于新临建具有商业资产运营的属性，具有租赁商业类项目的特点，所以新临建物业化管理是在封闭化社区管理的基础上，植入商业综合体管理概念而形成的一种特殊物业化管理，在业务性质上定位为保障新临建委托资产与经营性资产运行的物业化管理业务。

1.委托资产经营

是服务于合作的B端用户，接受新临建的资产所有者的委托，针对新临建硬件资产的经营管理，包括新临建建（构）筑物及附属设备整体的租赁、维护、保养。

2.运行保障管理

以独立社区概念与半封闭化管理要求，用分区化的物业管理模式，根据现场实际情况对办公区、生活区及商业区的卫生保洁、安保消防、人员住宿、绿色环保、垃圾处理、公益性场所管理、公共设施维护等，实行专业系统化管理。

4.3.2 物业化管理组成

1.资产管理平台

委托资产经营是新临建的合作用户在购买了新临建产品，将所购新临建成套产品一揽子委托给新临建轻资产运营体系进行经营，新临建资产所有者享受经营收益，新临建经营者收取管理费及经营佣金的一种新临建运营方式。由于新临建的装配化特点，所以新临建在经营过程中租赁业务、迁移运输、维修保障需要一个完善的、广域的交互式平台进行业务支持，这就构成了新临建轻资产运营体系中的资产管理平台。资产管理平台是新临建物业化管理的重要组成部分，也是新临建轻资产运营主要经营性平台，是新临建轻资产运营现金流的主要来源。

2.物业化管理

通常，工地管理是以施工生产为核心，传统临建主要服务于项目管理人员工作生活及劳务用工的实名制管理等。但新临建物业管理是针对广域服务对象的，在工地内部四区划分的基础上，综合外部政府辅助功能实现的，实施的是四维化管理，即工地的非施工作业区维度管理、办公区维度管理、生活区维度管理、辅助政务维度管理。物业管理环境要相对复杂、立体得多，主要围绕着以下几点展开。

（1）新临建的工地非作业区、办公片区与居住片区划分明确，尤其是城市级别建设者之家的居住板块建设地点大多在城市各种类型的区域内，这就要求物业公司要有针对性地设计不同的物业管理方案。

（2）建筑规划组团式，每个组团相对封闭，配套商业、生活设施齐全，也可能是以工地为单位，也可能是居住与办公施工区分开，居住异地独立建设，内含多个组团，每个组团对应的可能是不同的单位。针对这种情况，物业管理应采取前端项目管理式小工作组，后台支持体系统一建立在物业公司的扁平化管理方式。

（3）新临建项目中配套有更多的商业单元，所以新临建的物业除了要管工地、管办公区、管理居住的工人之外，还要管理配套服务商。

（4）由于新临建的装配式建筑形式与商业管理的特性，所以使其日常维护相对复杂。

（5）物业公司是新临建固定资产管理业务的支持部门，承担着新临建产品迁移异地继续经营的全部拆除、移动、安装的工作。

基于以上几点，新临建的物业管理更具有多种业态同时管理的特点。其中，有施工工地非作业区的管理，办公区的管理，居住区的管理，个别城市级独立建设的建设者之家的管理，这些新临建项目都具有商业租赁式公寓的管理特点，但比商业式公寓更加封闭。

4.3.3 物业管理的内容

新临建的物业管理过程秉承的就是“客户至上、以人为本、关注需求、和谐统一”的管理理念，始终坚持通过专业化资产运营使合作者的委托资产收益最大化；通过以人为本的物业管理，使管理区域涉及非施工作业区、办公区、人员生活区及商业区现场整洁有序，设施使用便捷，居住在新临建的建设者工作、居住和生活在整个管理体系下运转正常，环境良好、人文和谐。通过规范化、标准化的商业管理提供服务，让建设者的切身利益得到保障，更好地提高自信心与归属感，激发工作热情，形成对居住与生活的依赖性，产生黏性，提升新临建项目的核心价值，是新临建物业化管理的目的。

1.物业管理的基本环节

根据新临建项目的进展情况，物业管理是随时跟进的，主要有以下四个基本环节：

（1）项目识别阶段：针对项目情况进行了解，对项目提出管理方案。

（2）接管筹备阶段：与委托方签订资产委托运营合同、物业管理委托合同。

（3）启动实施阶段：进入项目熟悉设备、设施、管理环境。

（4）日常管理阶段：资产运营、日常管理与维护。

2.项目物业管理框架

新临建物业公司实施的是大部制扁平化管理方式，即项目管理最小单元化，物业公司的各专项中心直接对项目进行专业支持。一个标准的新临建物业公司具有安保中心、保洁中心、工程中心、商管中心、运营中心最少五个支持性中心，在项目端组建项目工作站级别的物业工作组，组长分为工地管家与生活管家，工作组要求小而精干。见图4-1。

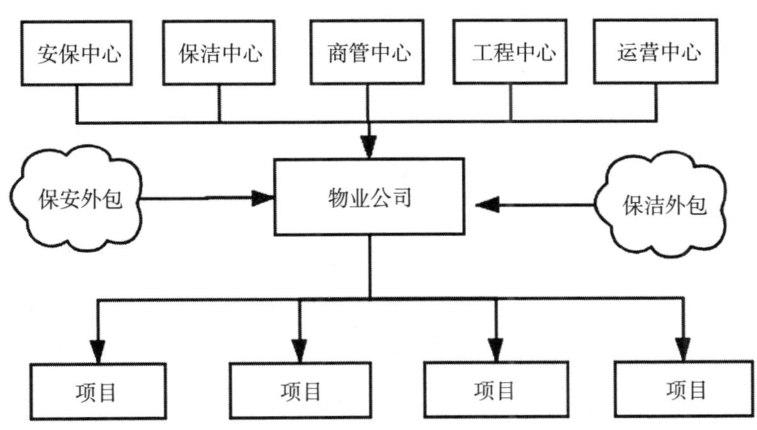

图4-1　物业管理框架

3.物业公司业务部门设定

（1）安保中心：对保安外包公司进行管理，对接项目所在地政府主管部门，了解综合治理政策，编写项目安保方案与辅助综合治理政务方案，制订项目部工作组保安管理条例、流程，指导项目部保安组工作。

（2）保洁中心：对保洁外包公司进行管理，对接项目所在地政府主管部门，了解卫生防疫政策，编写项目保洁、消杀、垃圾处理方案与辅助卫生防疫方案，制定项目部工作组保洁管理条例、流程指导项目部保洁组工作。

（3）商管中心：负责对项目内部商业单元进行管理，定期巡查项目各商业单元，并收集整理相关数据，对接服务平台公司辅助完成服务提供商落地工作，收取物业管理费。

（4）工程中心：编写项目的新临建建筑主体、机器设备、设施设计大中修方案，并组织配套厂家实施，编写新临建建筑主体、机器设备、设施维护保养方案，并指导项目部维修组实施。租赁部门完成新临建项目的迁移拆除及再次落地的安装调试，管理新临建项目图纸、设计方案、设备保修文件。定期组织对项目部维修组进行业务培训。

（5）运营中心：运营资产管理平台对外接洽租赁业务收取租赁费用，并综合组织实施新临建综合体的迁移及迁移过程中的运输、落地地点施工环境协调工作，组织各项目的物资调配，管理提供新临建拆解、迁移、落地服务的加盟分包商。

4.项目管理专业管家

新临建的项目管理为管家式的物业工作组。为了控制成本，工作组人员要少而精。依照工地规模不同，工作组的规模也不相同。可能是一个管家带相应组员，也可能是只有管家一人独当一面。依照不同的管理类型，管家分为工地管家与生活管家。

管家要一职多能，要能独立完成项目的小修及物业各管理职能的上下协调工作。工程中心、商管中心、运营中心为支持机构，各工作站做到职责明确、流程顺畅，满足项目所需，同时与项目直管部门及综合办公室保持常态对接和良好沟通。

工地管家：针对工地非作业区、办公、劳务进行管理。

生活管家：针对生活区进行管理。

5.健全的物业管理规章制度

由于新临建物业管理的特点，所以新临建物业管理规章制度的建立显得尤为重要，因为只有足够精细化的规章手册，才能确保大部制、扁平化管理的顺利实施，总结下来主要包括：

（1）物业管理实施细则、岗位工作制度、资料保管制度、消防安全保证措施、生活用电安全管理制度、公共设施管理制度、大门出入登记制度。

（2）办公区管理制度、宿舍管理制度、入住登记制度、区域环境维护措施、会员服务接待制度、车辆出入管理制度等。

（3）将物业管理所涉及的各个部位与环节从制度上加以制约和规范，形成一个先定标准、后抓落实、过程监督、制度固化的管理系统，从而保证物业化管理在工程施工工地或其他新临建项目中的有效运行，形成专业化管理模式。

6.项目物业管理的基本要素

（1）实施条件

为配合新临建半封闭化管理及以人为本的理念，所有新临建项目均应按照标准化管理流程实施规范管理。凡拥有独立集中的职工生活区、办公区和生活区的项目，均可实施物业管理。

（2）实施范围

物业标准化管理是针对新临建所有项目的，就其非施工作业区、办公区及生活区实施标准化后勤物业管理。小型项目可对标准化进行选择性布置，大型、特大型项目可在本书的基础上创新实施。

7.项目物业管理的内容

（1）物业公司的责任和义务

1）合同签订后，选派合格服务人员到指定项目从事物业服务工作。

2）物业服务人员要按照合同规定条款及公司相关制度提供服务。

3）到物业服务点检查服务工作人员的工作情况，对物业服务过程进行管理，对不合理服务进行纠正并提出优化管理方案。

4）应保证服务人员相对固定，如需要更换服务人员，应事先与项目协商，征得同意后方可调换。

5）需同物业服务人员签订劳动合同，负责物业服务人员的服务费、补贴及有关劳动待遇的支付。

6）负责按规定发放物业服务人员的服装、标志等相关必需品及有关证件。

7）保障在合同约定的服务项目各范围内的财产和人身安全，如因自身原因造成服务单位损失的，应承担相应的违约责任。

（2）项目管理的责任和义务

1）负责建立物业服务管理方案，并制订相关实施细则。

2）根据现场实际情况积极协调物业和其他部门之间的关系。

3）对外包方服务的各项工作进行监督、检查，对不符合工作要求的服务行为进行改进。

4）有权调整不能胜任工作需求的物业服务人员。

5）为服务人员提供住房、水电、床椅、办公室、办公桌等必需的工作、生活条件。

（3）物业服务内容、范围

1）物业共用部分的日常维修、养护和管理。物业共用部分具体包括：走道、楼梯间、雨水管、楼道灯等公共区域。

2）物业共用设施、设备的维护、养护、运行和管理。具体包括：公共的生活用水管道、公共照明、消防设施设备。

3）工地非施工作业区的环境日常管理，包括防火、防盗、清洁、建筑垃圾处理清运。

4）管理区域内的清洁卫生、垃圾的收集清运、排水管理、污水管的疏通。

5）项目生活区域进出人员的实名制管理。

6）做好火灾、盗窃、打架斗殴、触电、高处坠落、交通事故等安全巡查和安全防范工作及事发应急预案。

7）做好管理区域绿化养护与环境保护工作。

8）进出生活区车辆（包括汽车、摩托车、电动车、自行车）实行凭牌出入，按要求位置停放。

9）消防设备和器材检查，消防培训和演练，发生火灾时第一时间组织人员救火、抢救受伤人员、报告项目主要领导。

10）配合政府主管部门开展辅助政务类的文化宣传活动，维护好现场秩序。

11）配合政府主管部门开展辅助政务类的卫生防疫宣传活动。

12）配合政府综合治理管理部门做好外来务工人员管理登记。

13）配合政府卫生防疫部门做好重大卫生事件处理与消杀工作，并做好相关预案。

14）监督落实客户提出的意见建议，不断提高服务质量。

15）管理区域内的商业单元管理。

16）工地人员就餐管理，配合送餐公司相关工作，保持就餐区域卫生，维持秩序。

17）每周巡查记录，做好各项登记与核对。

18）物业档案资料管理。

（4）新临建物业标准化服务特色

1）管理统一化

统一管理：工地公共区域卫生清理在传统工地管理中是划分给各施工阶段的主体，保洁人员工资也是分包队伍发放。这样就造成管理上的难度，一个是区域分摊上的矛盾；另一个是保洁人员难以管理；第三个就是清扫不及时、不干净，死角太多。现在，各分包队伍只要缴纳一定的管理费，就可以解决上述问题。

2）统一调配

例如工人的床是分包队伍配置，存在样式、新旧、高低不统一，房间调整时既要动人还要动床，床一旦进入房间很难及时调整，分包管理人员单人或几人占用一个房间等问题。统一配置后人员可及时调整，提高房间的居住率。

3）人员专职化

施工办公区、生活区有专职管理人员、保洁人员，保安人员专职化，责任明确、分工明确。

4）检查日常化

专职生活区管理人员，每日对生活区进行消防保卫、用电安全、卫生清理等进行检查，给工人一个安全、规范、舒适的生活环境。

（5）管理标准化

1）严格执行物业管理标准化，坚持“标准为主、奖惩结合”的管理工作方针，广泛开展标准化管理培训，提高标准意识，切实做好标准化建设工作。

2）物业公司应在公司层面建立完善的标准化管理条例、流程、预案，进场前通常应在一个月内完成项目管理标准制定并开始对驻场管家完成培训。

（6）项目部管家及工作组职责及服务内容

1）入住管理职能：主要协调各专业管理之间关系，同时负责人员实名登录入住生活区，根据项目要求合理调配宿舍，对入住人员进行登录造册，办理宿舍物品移交手续，进行入住交底，定期配合项目安全部、综合办等部门进行综合检查，规范生活区、宿舍管理。最终，实现拎包入住的半封闭式管理。

2）保安管理职能：主要负责协调项目部与管理保安外包公司派遣保安，按照规章进行现场安保、防火防盗、人员车辆进出、突发事件处理，配合政府进行综合治安、治理管理、外部安保对接等工作，宣传相应的管理规定，让派遣队员熟知自己的工作范围和职责，保证施工、办公、居住管理区域安全有序，外部衔接畅通，记录收集齐全，服务意识到位，政务辅助精准，形成一个管理规范的工作现场。

3）保洁管理职能：负责场内的日常卫生环境，包括公共区域、办公室、宿舍、会议室、卫生间、浴室、盥洗室和娱乐室等合同所约定的卫生区域，做到垃圾及时清理、消毒，定期防虫灭鼠，做到定人、定区域、定时段、定标准，进行专人监管，实行签字考核制度。遇到重大活动、检查，及时调配人员提供一些相应的保洁服务。

4）维修管理职能：负责现场生活水电的正常使用，及时更换，维修出现故障的设备和电器，保证使用正常化，做好水电统计，保证热水的及时供应；同时，不定期加强巡视，消除用电隐患，负责花草树木的移种、养护、除草、剪枝、施肥及水系的维护与管理。为项目员工提供一个舒适、安全的工作生活环境。

以目前已经实施项目为例，物业管理人员配备及费用见表4–1和表4–2。

新临建后勤保障物业化管理人员配备对应参考表　　表4–1

临建设施名称	建筑面积	占地面积（m²）	楼层	后勤保障人员
生活区	1563	768	2	管理员配置（2级管理）： 1.项目负责人1名（项目经理） 2.三位一体人员1名 3.保洁人员2人 4.安保人员9人（3班制，一班3人） 5.临电临水维护人员1人 6.实名制人员管协调员1人 7.机动配置1人 8.餐食服务人员5人
办公区	864	432	2	
厨房、餐厅	330	330	1	
会议室合计	396	396	1	
乒乓球室	72	72	1	
健身室	216	216	1	
台球厅	126	126	1	
商业区	54～108	54	2	
消防室	18	18	1	
变配电室	27	27	1	
监控调度中心停车管理	18	18	1	
实名制通道	18	18	1	
空调机房	72	72	1	
职工阅览活动中心	72	72	1	
合计管理面积约7750m²	规划占地面积：6547m² 建筑占地面积：2619m² 球场、道路、绿化等公共面积：3928m²			

新临建物业化服务人员参考价格表　　表4–2

序号	分类	工种	职位	数量（人）	单价[元/(月·人)]	合计金额	备注
	管理	物业化管理经理	经理		15000		
		物业化管理助理	助理		10000		
	服务	临电维护			8500		
		临水维护			8500		
		暖通、空调维护			8500		
		网络服务			8000		
		建筑房屋维护			8500		
		停车场管理			6000		

续表

序号	分类	工种	职位	数量（人）	单价 [元/(月·人)]	合计金额	备注
	服务	设备管理维护			7500		
		保安			4500		
		保洁			5500		
		库管员			4500		
	餐饮服务	主厨			10000		
		配厨			9000		
		助厨			7000		
		面点			8500		
		砧板			7000		
		冷菜			7500		
		洗菜工			5500		
		上菜员			6000		
		洗碗工			5500		
		售货员			6500		
		清洁工			5500		

（7）项目工作组服务内容

1）水电维修

负责水电日常维修管理，包括公共照明、宿舍、食堂、开水房、盥洗区、浴室、厕所等区域水电维修负责消防设施、排污设施运行维护，做好节电、节水流动巡查。严格遵守国家供水、供电操作规程和公司各项规章、安全制度。

● 负责管理区域内配（用）电、供（排）水及有关设施、设备的运行、维修、保养和管理工作。

● 熟悉管理区域内的供水、供电设施设备、通信智能设施的情况；掌握相关设备的操作程序和应急处理措施，及时排除各类故障。

● 负责管理域内供水供电管线及设备的巡逻检查工作，确保水、电、电梯、空调、监控系统、强弱电井、积污排水管道等重要设施、设备的正常运转。

- 负责监督安全用电，随时检查用电情况，发现不符合用电规定或擅自接线、超负荷用电者，有权提出处理意见或直接拆除。
- 提出采购日常维修材料及配件的意见。
- 妥善保管有关器材和维修工具。工具和器材不外借。

2）物业化保安、保洁管理内容

新临建保安、保洁管理特点明显，首先保安、保洁管理是外包型服务，所以管理内容不仅要做好制度，而且还要以制度化的方式管人。除日常管理外，更重要的是管理过程中还要沟通政府，做好综合治理、卫生防疫等政务辅助工作。这就要求物业工作组的保安、保洁管理工作尽力地做好制度，做细流程，多做巡检，发现隐患，有错必纠，奖罚分明。

- 保安管理

◆ 分区保安管理

A. 分区必须按照“谁主管、谁负责”的原则，建立健全物业治安机构和消防组织，认真履行职责，为维护项目治安稳定发展发挥积极作用。

B. 物业进场一个月内，成立项目突发事件应急领导小组，编制突发事件应急处预案。

C. 定期组织召开治安保卫会和消防安全会，做好现场施工人员的法制、治安、防火宣传教育，不断提高现场施工人员的安全意识和防范能力。

D. 严格出入管理制度，进场人员应佩戴施工证，进出现场的车辆及物资必须严格登记、检查验证、方可放行。

E. 熟悉和掌握管理现场的安全防范设施，及时发现制止违法、违规行为。

F. 每逢重大节日前，应组织各项目开展以卫生环境、防火、防盗、防事故为重点的安全大检查，对检查中发现的安全隐患逐项落实整改，同时安排好节日值班、巡逻工作。

◆ 重点要害部位管理

A. 重点要害的部位要落实物防、人防、技防等安全防范措施，建立和完善管理制度，由专人负责并明确岗位职责。

B.加强重点要害部位工作人员遵纪守法及保密意识教育，严防重点要害部位的泄密事件发生。

C.加强重点要害部位的治安、消防安全防范工作。定期组织开展各项安全防范检查，加强重点要害部位的安全设施、消防器材保护和维护，确保设施完好、器材有效。

D.严格遵守重点要害部位操作使用规定，对易燃易爆、化学药品的使用，应建立严格的管控管理制度。

E.发现重点要害部位失窃、损坏、泄密和其他可疑痕迹，应立即向项目负责人报告，并协助有关部门追查。

◆ 综合治理辅助政务

A.配合政府综治部门进行外来务工人员登记。

B.配合政府综治部门进行重大嫌疑人员排查。

C.对有重大嫌疑人员及时上报并提前控制。

D.配合进行治安、火灾、极端天气安全防范教育。

E.配合进行周边环境治理。

F.遇有重大公共安全事件政府临时使用管理区域时，做好辅助工作。

● 保洁管理

◆ 清洁管理的范围

A.公共地方的保洁：针对办公与生活区域，这是一个平面的概念，即指生活内，包括道路、空地等的清扫保洁。

B.共用部位的保洁：针对办公与生活区域，这是一个垂直的概念，即指宿舍屋面上下空间的共用部位，包括楼梯、走道等的清扫保洁。

C.生活垃圾的处理：这是指日常生活垃圾（包括油渍垃圾）的分类收集、处理和清运。要求和督促工人按规定的地点、时间和要求，将日常垃圾倒入专用容器或者指定的垃圾收集点，不得擅自乱倒。

◆ 环境管理

环境管理，既是一年四季日常性的工作，又具有阶段性的特点。生活区环境管理的主要内容有：

A. 保洁管理：适用于管理区域的清洁卫生服务管理。为对环境卫生工作质量实施控制，确保生活区内外清洁卫生，为员工营造一个清洁、舒适、洁净的居住和工作环境。

B. 消杀管理：消杀工作的主要目的：一是营造良好的工作环境，控制害虫的密度；二是配合政府卫生防疫部门规范消杀工作的管理，适用生活区内的消杀管理工作。

消杀工作内容如下：

a. 专人负责该区域的消杀服务工作。

b. 负责制定不同管理区域的消杀标准和对消杀效果进行评定。

c. 对消杀服务工作进行日常管理和检查考核。

◆ 垃圾分类、清运服务

A. 在非施工作业区中，建筑废弃物可分为无毒无害可回收、无毒无害不可回收、有毒有害可回收、有毒有害不可回收四类。对于无害可回收或无毒无害不可回收的建筑垃圾，要及时清理、清运、处理；

B. 在非施工作业区按建筑废弃物的类别，在施工现场分别设置废弃物临时堆放点，对建筑废弃物分类堆放并做好明确标识；有毒有害类废弃物堆放处还应设置不泄漏的容器；

C. 在非施工作业区对于有毒有害类废弃物，委托项目施工所在地环保局批准的有毒有害废弃物清运、消纳单位进行处理，签订废弃物清运协议书，并向消纳单位索取资质证明及相关的资料。

◆ 卫生、防疫辅助政务

A. 配合政府卫生部门做好外来务工人员登记。

B. 配合政府防疫部门进行重大公共卫生事件紧急排查，对有疫情人员及时上报并提前控制。

C. 配合政府卫生防疫部门进行卫生防疫教育。

D. 配合进行管理区域内的环境治理、消杀工作。

E. 遇有重大公共卫生事件，政府临时使用管理区域时做好辅助工作。

◆ 一路筑服已经实施项目的物业保洁费用（表4–3）

物业保洁费用明细表（单位：元） **表4–3**

序号	项目名称	每月报价	总价（年）	备注
一、建筑物室内部分保洁				
1	员工工资、福利、法定计提费用	59400.00	712800.00	
2	行政办公费用	144.92	1739.00	
2.1	办公用品、耗材费	44.92	539.00	附表2
2.2	交通费	50.00	600.00	项目负责人每月交通费补助50元
2.3	通信费	50.00	600.00	项目负责人每月通信费补助50元
3	服装费	238.33	2860.00	
4	卫生清洁工具及耗材费	2920.17	35042.00	
4.1	保洁工具	194.17	2330.00	
4.2	保洁耗材（含清洁剂、消毒液、垃圾袋）不含手纸、洗手液、耗材	2726.00	32712.00	
5	保险（公众责任险等）	600.00	7200.00	办公区内保洁责任的公共责任险
6	小计	63304.42	759641.00	
7	税金	4040.64	48487.72	专票6%
8	室内部分费用合计	67344.06	808128.72	
9	总建筑面积（m^2）27436+3730.88		31166.88	
10	室内部分单价[元/（m^2·月）]		2.16	
二、室外部分				
11	工资、福利、法定计提费用	14190.00	170280.00	附表一（1）
12.1	化粪池清掏（每1个）	1500.00	18000.00	办公区、生活区各一个
12.2	隔油池洗清掏（每1个）	1600.00	19200.00	办公区、生活区各一个
12.3	绿化养护（600m^2）10个月养护	2400.00	24000.00	每平方米按4元/月计算，不含补种
12.4	生活垃圾清运（不含消纳费）	4500.00	54000.00	办公区、生活区

续表

序号	项目名称	每月报价	总价（年）	备注
12.5	洒水、降尘、消毒等	300.00	3600.00	办公区、生活区
13	小计	10300.00	289080.00	
14	税金	657.45	18451.91	专票6%
15	室外部分费用合计	21257.45	255089.36	
16	室外面积（m^2）4057+16134.3		20190.30	扣除建筑物后面积
17	室外部分单价[元/（m^2·月）]		1.05	

4.3.4 物业对新临建各项运营业务的支持

作为新临建运营体系中的一员，物业管理体系的主要任务是对新临建产品在第一次投入使用后的所有运营体系进行支持：

（1）对资产运营业务体系开展的支持

支持内容主要包括：资产管理平台开展新临建成套设备的租赁业务，新临建项目在运营过程中的日常维修、养护和管理以及项目到期再利用的具体执行。

1）运营资产管理平台，开展新临建综合体成套设备的租赁业务及物业管理工作。

2）管理分包商对建筑物、构筑物进行修饰装修，使其美观或者具有特定用途。

3）在项目到期后，管理分包商对新临建进行拆除、迁移、存放、再利用。

4）项目运行阶段管理区内物业设施、设备的维护、绿植养护运行与管理。

5）项目运行阶段管理区域内的清洁卫生、垃圾的收集清运、排水管理、污水管的疏通。

（2）对商业服务运营体系的支持

主要支持内容为：生活区商业单元的物业管理及经营支持。

1）接受商业服务运营体系的委托，做好对项目食堂、收费盥洗区、超市、电影院等商业单元的水电接入，做好节电、节水、消防安全、卫生环境巡查。确保商业单元严格遵守国家供水、供电操作规程和公司各项规章安全制度。

2）负责商业单元内配（用）电、供（排）水及有关设施、设备的运行、维修、保养和管理工作。

3）熟悉商业单元配套软硬件的维护与故障应急处理措施，及时排除各类故障，确保商业运营的正常进行。

4）配合商业运营体系对商业单元每日的进销存进行管理，保障库房安全。

5）对餐饮配套服务进行卫生监督，确保不出现大的卫生防疫事件。

6）对影院放映内容进行监督，确保不出现涉及政治、色情等内容。

（3）对劳务运营体系的支持

主要支持内容为：

1）辅助劳务实名制管理。

2）配合劳务平台对于管理区域内劳务平台上的注册工人开展管理。

3）配合劳务平台对于管理区域内劳务平台上的注册工人开展培训工作。

4）维护实名制管理设备、设施。

5）确保实名制设备日常供电及设备工作环境。

（**本章编写人：**狄忻　程远）

第 5 章

新临建的运营

——轻资产运营是未来企业发展之本

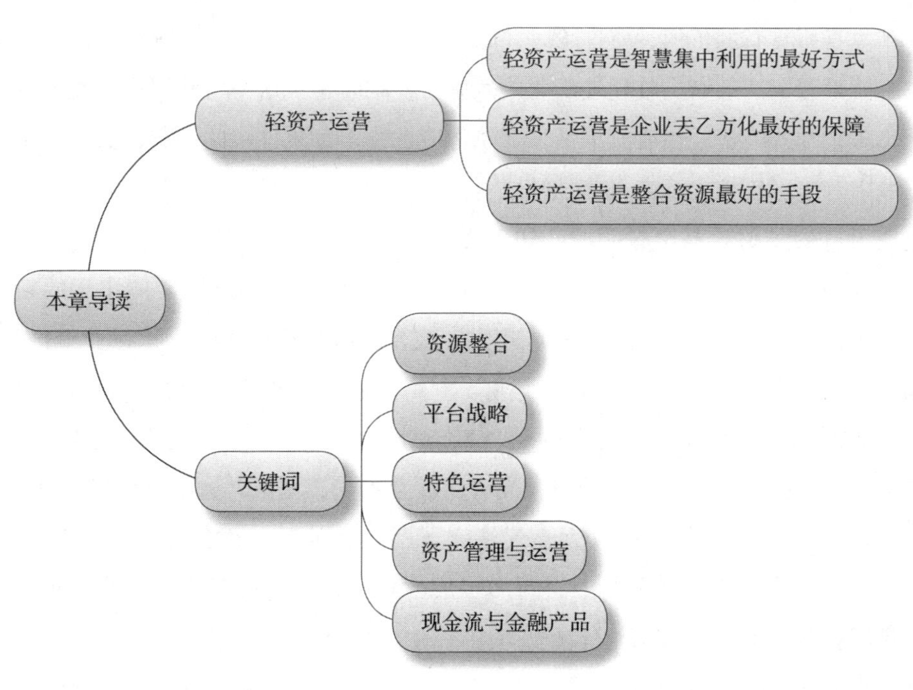

智力资本以知识及其管理为核心，构成了企业的轻资产。所以，轻资产运营是一种以知识价值为驱动的资本提升战略，是网络时代与知识经济时代企业战略的新结构。轻资产运营是根据企业的知识能力，以运营管理为核心，通过建立良好的管理系统平台进行扩张促进企业生存和发展的最好模式。轻资产运营与自有资本经营相比，可以获得更强的盈利能力、更高的资本回报率、更快的速度与更持续的增长力。

众所周知，随着商业社会的发展，在进入大资管时代后，资产的属性除了其本身所具有的价值，资产管理还赋予了其延续价值，体现延续价值最好的方法就是轻资产运营。临建装配化的发展，使临时建筑这一特殊建筑属性得以活化。装配式临建凭借着其灵活多变、适应性强、延展性强的特点，成为建筑领域中首先可以被提炼出来单独社区化发展的项目，而且发展面极为宽广。其上探可进展到财政与金融领域，如工资管理、资产管理，代收代付，代理理财，政府基金，下探可直指城市底层建设者的工作+生活。综合体化后的新临建包括吃、住、行、娱、工作、培训、技术分级，横向可进行跨行业整合，如房地产行业、建筑行业、金融行业、电商行业、劳务培训行业。纵向从政府合作层面，可参与城市运营项目，城市外来务工人员保障租赁居住项目，城市临时救援、防灾、防疫项目，同时为社会治安、城市环境改善作出贡献。

显而易见，轻资产运营为临建注入了活力，使其从建筑施工这一大范畴中独立出来，作为单一行业进行发展成为新临建。通过轻资产运营所赋予的延续价值，新临建实现了超越“一买一建，办公生活，结束处理，一拆一卖”的传统方式。在大资管时代背景下，投资于新临建项目与使用新临建的企业应该打破固有的乙方心态，多点思维，建立以轻资产运营为核心，以金融为支持的新临建项目发展模式，明确该专注什么、该放弃什么、依托什么去运营、运用什么去扩张。

5.1 新临建的轻资产运营

5.1.1 新临建轻资产运营的概念

在传统理解中，新临建运营被定义为运行与经营，简单讲就是物业化。但在资管时代，这类运营被归类为“狭义运营”。这种经营只在资产本身上着眼，关注资产本身的运行维护与生产，并不是轻资产运营。真正的轻资产运营是在大资管时代下被赋予了资管概念的运营，这类运营是综合性的、跨行业的；具有金融属性与政策属性，围绕着产品与服务、资产与经营、资本与合作这三大主题开展的“广义运营”。具体操作时，在产品与服务上将产品制造和配套服务业务外包，自身则集中于设计开发；在资产与经营上采取对外合作开发项目，分专项业务合作开展的模式；在资本与合作上采取以运营支持稳定现金流，与机构合作参与资本运作项目。

总的来讲，新临建的轻资产运营是建立在大资管时代背景下的。在劳务运营的配合下，围绕产品与服务双渠道供应链，在更为广阔的空间里，用更开阔的思路开展的一种具有时代特点的轻资产运营。这种轻资产运营的主要特点是通过知识及管理建立的一个运营管理体系。这个体系支持着新临建工作+居住+生活的建设理念，使新临建的理念得以推广，符合新临建标准的项目能够复制。

5.1.2 新临建轻资产运营的核心

新临建轻资产运营第一次提出了新临建项目=资产+使用者的概念；在此概念基础上，资产与使用者运与营并举，资产运营作为粘结B端合作者的手段，C端使用者作为运营的核心，利用工作+居住+生活的理念促使新临建C端用户成为黏性客户，通过B端与G端的赋能，促使C端裂变；C端的裂变也使提供服务的b端产生了黏性。资产运营的同时不断地通过金融手段、政策导向等外部资源，进行跨行业的延展与整合。

5.2 运营平台

任何一个好的轻资产运营离不开支持体系的建立。只有支持体系建好了，轻资产运营项目才能运营自如，否则就是纸上谈兵。新临建的支持体系围绕着工作+居住+生活这一定义建立起来，所以其有着覆盖面广、针对点多、多条线同时运营的特点，但万变不离其宗的是任何一条线的运营都围绕着物流、信息流和现金流这三个流动性所展开。而管理这些流动性汇聚与发散的平台，构成了新临建的运营平台体系。这个平台体系的建立是新临建轻资产运营的重要保障。

5.2.1 新临建轻资产运营的架构

新临建轻资产运营架构的主要内容就是运营平台体系，分为两层，共五个平台，其中外层是四个经营型平台，分别是产品平台、服务平台、劳务平台、资产经营平台。这些经营型平台是专业性平台，这四个经营型平台为保障新临建工作+居住+生活这三项基础服务及新临建资产的运营及物业化管理，分别开展着自身业务，为新临建运营体系创造着现金流，也形成了物流与信息流，同时这四个平台也在相互支持中共同成长。

内层是新临建轻资产运营综合管理平台，是结算与大数据整合平台，是针对四个经营型平台相互支持过程中的现金流结算中心与大数据整合中心。这五个平台撑起了新临建的运营构架，也是轻资产运营的核心。

5.2.2 多层运营平台体系的建立

1. 体系的核心——综合运营平台

综合运营平台是新临建总体运营架构中的顶层管理平台，它与四大经营型平台最大的区别是不参与直接运营，而是为四大经营型平台提供现金流与数据流交换保障，是轻资产运营现金流结算中心与大数据整合中心，是运营架构的核心。

2.产品供应链的电商平台（产品平台）

新临建产品平台，是新临建项目的硬件产品管理平台，是建立在工业4.0标准上打造线上线下集信息、设计、产品销售展示和体验、实施、交付、配套、配件供应商加盟管理的管理经营型平台。这个平台管理的是新临建硬件产品上下游供应链。这条供应链是新临建轻资产运营中最重要的一条链，是一条贯穿始终的链。所以产品平台不仅是一个单纯的管理平台，而且是新临建项目重要支点。在下面产品运营中，我们会对产品供应链与产品平台有更详细的介绍。

3.互联网劳务精细化用工管理平台（劳务平台）

劳务平台主要是为城市建设者而建立的劳务派遣、劳务分包、劳务培训的经营性平台。其解决的是劳务运营中最核心的去包工头化，以及劳务管理精细化、专业化的问题。劳务平台的运营特点就是一端针对技术班组和独立技术型个体，另一端直接针对用工企业，省去中间环节。第一方面，通过实名制与分级管理，使用工企业能更好地了解工人的技术情况；第二方面，也能使技术工人有更多的获得感；第三方面，可以通过培训提升工人的技术水平。劳务平台的建立直接服务于新临建的C端用户，为其解决工作需求，是新临建C端用户产生黏性的重要一环，是新临建商业模式成功的关键之一。

4.服务供应链的电商平台（服务平台）

服务平台是为新临建项目提供线上线下商业服务、服务配套加盟商管理的管理经营性平台，其中上游为临建的使用者，下游为服务提供商。因为平台最大使用者为新临建的C端客户，平台的好与坏对于黏性客户的产生至关重要，所以平台的易用性、交互性与上游服务供应商提供特定服务的质量是平台成功的关键。此外，服务平台既是现金流的结点，也是扩展服务的起点。由此可见，配套服务管理平台既与劳务平台一起创造了新临建的黏性客户，又与产品平台、资管平台一起，成为新临建利润的重要提供者。

5.新临建资产运营管理平台（资管平台）

新临建资管平台是针对新临建硬件实体经营进行运营管理，为新临建项目投资者提供资产收益与运维的经营性平台。由于资产资管理平台的主要业务就是资产经营与物业管理，所以新临建综合体的物业化管理与新临建资产经营产生现金流是平台的两大主要业务方向，是新临建利润的主要提供者。资管平台的管理着商业社区化的新临建综合体，除去劳务平台以外，产品平台、服务平台都与之有横向联系。本书的第4章中对资产管理平台配套的物业化管理有详细介绍，之后还会针对资产经营有专门的内容。

6. 多层运营平台关系图（图5-1）

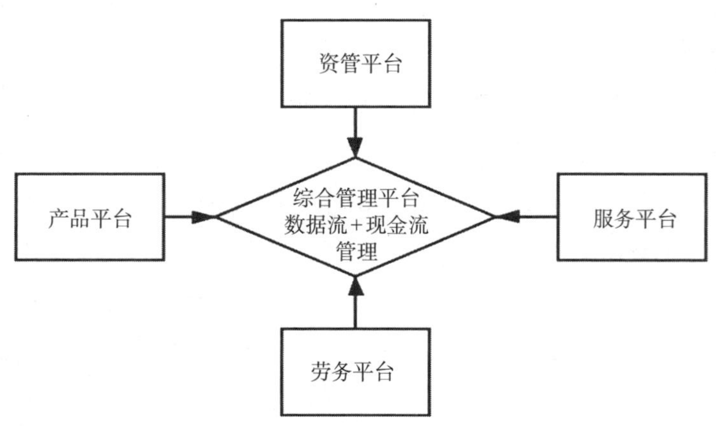

图5-1　平台关系图

5.3 资源运营

5.3.1 客户关系运营

1. 用户推广

新建的用户推广立足于所有新临建运营平台之上，推广对象可能是G端政府，也可能是B端合作公司，也可能是金融机构或独立投资人、配件供应商、服务提供商等等所有可能参与新临建建设运营的人或平台。推广内容主要分为合作推广与加盟推广。

2. 关注需求

关注需求是一个交互式的沟通过程，主要分为两条线：一条是建筑本身上的，另一条是配套服务上的。其中，建筑本身的需求更多的是新临建的购买者或合作经营者（B端），而配套服务不仅是B端客户，还有C端用户。

3.需求汇总

在关注需求的基础上，需求汇总是整个新临建运营中最先开始的一项。需求汇总直接影响项目的建筑设计与服务配套设计，是后期新临建运营成功与否的关键，也是大数据采集的重要环节，是推广人员必须要深挖细做的一项重要工作。

4.质量监控

质量监控是保证新临建运营的一项主要保障措施，分为两个层面：一个层面是建筑本身的，从建筑设计合理性到配件使用情况、设备运行维护效果等；另一个层面是服务的，质量监控与关注需求一样是交互式的。但质量监控的交互关系不仅是针对用户的，还要针对后台设计、生产、服务各个环节，是确保新建项目更新与修复能力的重要基础，也是大数据采集的重要环节。

5.项目合作

以项目为导向的合作，主要是针对合作方，包括B端或G端客户的合作运营和合作开发，也包括针对金融机构的股权债权与供应链等金融产品，以及一揽子金融资本运营方案的合作活动。

6.大客户维护

大客户维护就是在推广过程中，把重要合作者发展成为新临建项目稳定的、长期的合作战略性伙伴，是新临建能否实现可持续发展的关键因素。真正的大客户维护必须要从项目出发，明确哪些是大客户；之后，再根据远期与近期的项目推广规划，进行沟通推广维护。

7.供应商关系

供应商关系是新临建综合扩展运营中重要的一环，新临建供应商分为材料供应商与服务供应商，是组成产品供应链与服务供应链的源泉，所以维护供应商关系，撑起供应链账期是新临建综合扩展运营的关键点。

8.B/G端合作运营

大资管时代下被赋予资管概念的运营是具有极强扩展性的，被称作综合扩展运营，这类运营是综合性的、跨行业的，具有金融属性与政策属性的，所以B/G端客户运营是以项目为导向联合多个行业（B端）、政府（G端），以服务促进合作，以金融推进发展的综合扩展运营，利用金融工具、政策导向等外部资源，进行跨行业的延展与整合的运营。这是新临建综合扩展运营的核心。

（1）政府合作（G端）

从政府层面开展的合作非常广泛，既有站在城市运营的高度开展涉及一级土地开发、实现土地长效收益的运营项目以及延展到土地二级开发与经营的合作项目；也有针对运营型民生保障类或政府购买服务项目等。

近年来，随着国内的经济形势变化，大多数城市财政收支平衡压力很大，一方面，政府过紧日子，优化支出结构，通过压一般、保重点，实施资金保障，把有限的资金用在刀刃上；另一方面，还要实施绩效管理，提高资金使用效益，实现土地长效收益，保障社会稳定等一系列措施。

疫情过后，政府在公共卫生与综合治理方向的立项需求会明显加大，而面对吃紧的财政现状，自带金融属性的民生与综合保障项目是政府的最大需求。新临建由于C端用户的特殊性，所以将新临建综合利用项目——建设者之家，作为民生保障类的城市运营项目推广给政府，是新临建发展必须要走的捷径。而如何进行合作，大体有以下几个要点：

1）立足在商业范畴内完成，项目为纯商业化开发与运营，在收入来源上由政府相关部门购买服务，与商业化经营并举。

2）充分利用政策导向，活用各项政府部门职能。

3）充分发挥平台优势+政府参与的高信任度，整合金融机构参与。

4）与大型国企、上市公司及政府平台开展全方位合作（B端+G端）。

其中城投作为政府的融资平台，政策导向性明显高于商业导向性，近年来城投承担着民生与保障性项目的投资与建设任务，所以城投是新临建项目中政府合作代表方。

在城投合作上，有以下几个特点：

- 城投作为政府代表方，有着商业实体与政府机构的双重属性。

● 以信用评级为标准，部分城投有发行城投债的能力。

● 城投对项目的政策性要求强，但缺乏商业运营能力。

● 可协调政府各管理部门购买服务，购买服务分为两个方向：

◆ 一个方向是政府部门的直接购买服务，例如综合治理部门购买外来人口管理服务；卫生防疫部门购买卫生防疫临时设施服务。

◆ 另一个是指令性购买服务，如政策性要求市内实施工地人员集中管理，由使用方购买的居住服务。

城投合作架构见图5–2。

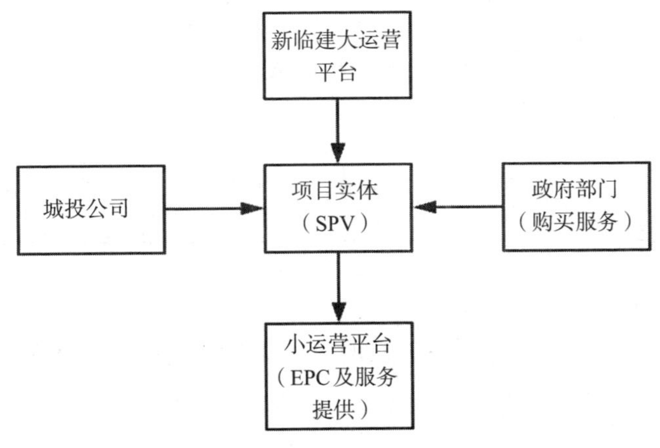

图5–2　城投合作架构

5）各政府部门合作与对接（见表5–1）

职能部门对接明细　　**表5–1**

部门	管理职能	对接项目	业务	对应产品
金融办：地方政府金融服务（工作）办公室的简称	规划地方经济发展的金融大管家、地方金融生态建设的组织者、金融产业布局的掌控人、地方金融监控的防火墙	工资代管；金融产品审批（辖区内）；协调取得地区金融优惠政策	金融类	建设者之家或其他建项目相关金融产品

续表

部门	管理职能	对接项目	业务	对应产品
规、建两委：分别是地方规划委员会及建设委员会的简称	规委与建委负责各级(省、市、县)城市规划，用地审批，工程建设及建筑行业、房地产开发行业、建材行业综合行政管理	劳务派遣工资管理 工人集中管理 工人培训、分级 临建标准 建筑与工法标准 临建用地 一级开发土地运营	推广类 开发类 施工类 销售类 金融类 劳务类	建设者之家 服务设计咨询 建筑设计咨询 EPC 合作开发项目 一级土地运营 工人培训
发改委：发展和改革委员会	拟订实施发展战略研究，项目审批，职能涵盖固定资产投资、产业结构、区域经济发展、制定相应的行政法规和规章等	前期立项，后期协调	全类型	全部产品
综合治理、卫生防疫部门	部门较多，涉及公安局、城管局、卫生防疫等部门	联合管理、购买服务	开发类	建设者之家

（2）开发商的合作（B）

房地产行业因其不同的经营属性，分为开发及运营两种模式：一种为开发的过程，称为“建设—出售”，特点是轻重资产在短时间内转化快，建设期投入大，对于土地属性依赖强，回收期易受政策因素影响，投资风险较大；另一种为不动产运营过程，称为“建设—运营”，即建设后持有运营，特点是回收期长但不易受短时外部因素影响，可以与政府合作可直接从一级开发阶段参与土地整理，现金流平稳，不追求短期效益，投资风险较小。在我国，由于城市化进程过快、地方政府托市、国内多轮积极财政政策的影响，加大了开发商的投机心理。开发项目绝大多数为“建设—出售”的单一开发模式，高杠杆、高库存、泡沫化明显，严重地拖累了行业的良性发展。

随着近年来投资回冷，国家在土地供应政策的改变，使得政府在土地供应方面更加倾向于具有运营属性、能为地区发展带来贡献的“建设—运营”型项目。在政策导向上，这种项目的介入点甚至提前到了土地一级开发阶段。此外，金融机构也更多地青睐“建设运营+证券化”组合方式，虽然新临建的综合扩展运营基础是服务型商业运营，但项目本质是具有房地产性质的，比传统的“建设—出售”覆盖面要广。由于运营属性对土地性质的依赖低，可以提前到一级开发即在政府委托或合作的情况下开展，运营而产生的现金流又符合金融机构所青睐的“建设运营+证券化”的产品结构要求，所以新临建可以说是房地产开发商转型进入运营时代的重要抓手。

1）合作一、二级联动开发

提到新临建运营项目全面介入土地一、二级联动，首先要看新临建的两大特点：其一为土地性质的依赖度低；其二为新临建的建筑属性决定了其模块化的可移动性强的特点。以上两大特点使新临建可以在一级开发临时用地上或农村集体用地上，建立新临建居住区域与配套商业区域并进行商业化的管理与运营，针对一级开发土地在收储前先实现商业运营，通过运营平台收益的现金流，以项目运营平台为主体进行现金流证券化。这样就可以解决一级开发土地整理的部分资金投入，缓解资金压力。而针对农村集体用地，则可以增加村集体收益，特别是在城市发展的边缘的城乡接合部，这种需求十分强烈。

从近年来各地区的土地政策来看，深圳的土地1.5级开发很有代表性，其核心就是引入运营项目在临时用地或村集体用地上进行运营，运营过程中培养地区商业环境，针对土地用途进行提前引导，为土地管理部门匹配用地指标提供数据支持。这是近年来政府土地管理部门主要探讨的土地管理新方向。作为新临建综合利用项目合作方的开发商，如果采用此方法，在介入二级开发时可以在拿地上取得相当大的主动权。

2）合作商业综合用地盘活

之前房地产行业过快发展的原因，使很多开发商都用各种方法取得的土地，如产业勾地、城市更新、棚户区改造配套等，在完成了以住宅为主的开发后，开发商手里会有小块的配套用地，这类土地的用地性质并非住宅，而是商业综合性用地，由于开发商的商业模式与招商方式单一，所以有很多这类土地闲置，占压资金严重，新临建的运营体系正好可以对这些开发商进行补短板，一来可以解决土地长期闲置问题，二来也可以通过证券化产品解决部分资金问题。

3）协助去传统地产化向商业现金流化转变

在现有金融与行业调控政策下，由于传统开发活动的弊端，在政府供地与金融机构融资方向上留给传统开发商的空间越来越小，各大开发商纷纷跨行业转型（造火箭、造车、养殖等）。这样做无非是两个目的，一来营造综合商业集团的企业形象，为继续产业勾地做题材；二来是想去房地产化，规避金融政策的打压。但不管是从目前政府对产业勾地的政策导向与态度，还是金融机构对于地产项目的要求来看，伪产业勾地的做法已为末路。真运营、真现金流的地产开发形式是政府与金融机构的新宠。综上可见，通过参与新临建综合利用项目运营是开发商目前最好的转型方向，从传统拿地—建设—出售开发方式向新临建综合利用项目的土地运营—拿地—现金流证券化的开发方式转变，要比造火箭、造汽车、养猪简单、便捷得多。

（3）建筑商合作

建筑行业目前为我国四大支柱行业，其分为“狭义建筑业”和“广义建筑业”。狭义建筑业主要包括建筑产品的生产（即施工）活动，传统上的临建概念就包含在狭义建筑业中。

广义的建筑业则涵盖了建筑产品的生产以及与建筑生产有关的所有的服务内容，包括规划、勘察、设计、建筑材料与成品及半成品的生产、施工及安装，建成环境的运营、维护及管理，以及相关的咨询和中介服务等。被从工地管理中提炼出来的新临建在增加了资产属性后，通过综合扩展运营完成了产品与商业服务供应链化、电商化、工业4.0化等一系列的蜕变，使新临建进入甚至超越了广义建筑业的范畴。

从建筑商角度审视新临建的关键点有两个方面：一方面是在国家对建筑业管理日益完善的今天，是否能通过新临建这一涵盖面更广的新生事物，保证传统建筑业中的行业规则与习惯得以延续的同时实现去乙方化；另一方面，我国有8亿农民，正逐渐由农村涌入城市，他们之中大部分进入了建筑行业，是新临建最重要的使用者。如何通过新临建的管理与运营提升建筑从业者的工作、生活质量，减少建筑工地在综合治理及卫生防疫方面来自政府及社会的压力。

1）劳务分包利润合理化

多年来，建筑领域存在着很多隐性行规，而随着国家的管理日见成熟，使很多灰色地带浮出水面，其中就包括建筑业中利润最为模糊化的劳务分包差价。如何解决把劳务分包差价合理化这个问题，在新临建中有以下两个方向：

- 农民工产业工人化，职业化：通过产业工人化使工人工资固定化，通过分级定薪，人工成本与劳务实施收入差，从而实现合理化人工成本，到合理化利润。
- 工作+生活的一揽子解决方案：提供劳务派遣+生活管理+临建设一揽子解决方案并进行分包，将建筑工地的人、材、机、中的人提炼出来进行总分包，实现利润合理分散化。

2）多行业经营、去乙方化、有利于税筹

新临建是一个行业跨度大、多行业的新兴产物，而建筑业中由于行业模式单一，所以不利于税筹。建筑商与新临建相结合，可以扩展到从设计咨询到高端制造，从资产管理到政府合作购买服务，从互联网电商从到房地产开发多行业多领域，自主性强，利于去乙方化；另一方面，可以平衡利润，更便于统一税筹。

3）合作开发，依靠临建的重复利用产生稳定的收益

从建筑形式上看，新临建装配式模块化的建筑形式十分适用于多次拆装移动再利用。传统的建筑行业中，临建在施工结束后大多以极低的价格处理了；而合作购买新临建硬件产品或合作新临建项目的建筑商，可以在完工后以委托经营、合作分成的方式交与新临建综合扩展运营平台进行管理运营，增加收入。

4）分担建筑商自身的管理压力

工地管理中人的管理历来是重中之重，各大建筑商在建立一个工地管理体系中最为头疼的就是工人的生活。虽然工地中的临建设施管理有一套比较完善的制度，但在执行过程中还是会有各种各样的突发事件，所以如何能使

人和管理压力得以分担是建筑商项目部最为关心的事了，基于新临建有以下两个方向：

- 新临建可以将工人的吃、住、行、娱、培训整合到一个体系中，并实现生活区的半封闭化管理。
- 在城市区域内，与政府联合建立建设者之家，集中管理建筑工人，建筑商租用生活区，购买服务，铁打的营盘流水的兵。

5）分担来自政府的压力

上面提到，我国有8亿农民正逐渐地由农村涌入城市，他们之中大部分进入了建筑行业，是新临建最重要的使用者。城市当中的建筑工地历来都是综合治理及卫生防疫的重点，建筑商面对来自政府及社会的巨大压力苦不堪言。新临建的独立运营体系通过与政府相关部门的合作，可以有效地解决这个问题。

6）与建筑承包商形成战略互助关系，有利于生态的整合，提升建筑商的社会形象

新临建虽然有着跨行业多领域经营的特点，但其本质还是立足于广义建筑业的，这就决定了新临建在建筑业中与建筑商的战略互助关系。建筑商可以通过新临建了解其他行业，同时也可以通过与新临建项目整合，分担来自内部及外部的压力；而新临建本身具有的工人产业化、工作+生活的理念，也是对建筑成包商社会形象的一大提升。

9.金融机构的合作运营

在新临建的综合扩展运营过程中，与金融机构的合作是必不可少的，所以就需要我们更多地去了解金融行业与金融机构以及相关金融产品。

金融行业可以简单分为银行、证券、保险、信托与基金，对应的金融机构包括银行、证券公司、保险公司、信托投资公司和基金管理公司等。

上述这些公司的业务从监管上可以划分为表内业务与表外业务，从资金投放形式上可分为信贷业务与投资业务。

此外，还有一些社会上放贷的机构（如融资租赁公司、小额贷款公司）。这些公司都是寄生于以上这几大类金融机构之下，他们的利息成本相对较

高，但资金使用效率高，风控的行业性与灵活性较强。

（1）银行业务

银行是依法成立经营货币信贷业务的金融机构，按类型分为中央银行、政策性银行、商业银行。它们的职责各不相同，与新临建业务交集较多的是商业银行与国际上的投资银行。在我国由于没有真正意义上的投资银行，所以更多地会与商业银行对接。

商业银行：商业银行是新临建项目的资金来源之一，除正常的标准业务之外，也有为其他金融机构做通道的通道业务（但近年来随着政策调整与监管力度加大通道业务已经大为萎缩），在具体上分为表内业务与表外业务。表内业务：主要是信贷类的标准业务或针对证券市场的低风险投资业务，其核心就是非投资性、要求风险低，针对企业本体不针对具体项目。表外业务：主要是针对信托（私募）产品的类证券化产品，表外业务不计入银行资产负债表，风险相对高于表内业务，不同于表内业务只能是信贷类，表外业务的产品较为灵活，可以通过通道业务间接针对企业多种需求，包括针对具体项目。

（2）企业信用形象

由于国内银行业的风控特点，除了信用评级之外，企业信用形象往往被作为取得银行资金的首要考查目标。创造一个好的信用形象对新临建业务来讲至关重要，应从以下两方面入手：

1）借助好的企业平台进行合作，例如上市公司、国企、央企背景是银行首选，所以新临建业务的开展应根植于B端的合作。

2）自身明确的主营业务创造的正向现金流量、盈利能力及利润率，由此新临建综合扩展运营的核心始终要围绕经营性收入这一核心展开，能赚钱、会赚钱是原则。

（3）新政策、新业务

近年来，随着银行业与国际接轨，更多的类投行业务开始逐渐在银行机构内部进行试点，银行的表外业务不断发展壮大，探索性的新业务层出不穷。2020年初，国内银行获批开展证券业务。这一信号表明银行业务开始向投行化、全链条化、综合化发展。

（4）券商业务

本书中所指的证券公司并非国内传统意义上的证券公司，是一些经过认证的创新型证券公司，具有创设权证的权限，如中信证券。这类证券公司在美国被称为投资银行：这类券商是与商业银行相对应的一类金融机构。除了主体公司从事证券发行、承销、交易，其关联机构还参与企业重组、兼并与收购、投资分析、风险投资、项目融资等业务。是资本市场上的主要金融中介，我们称其为类投行业务券商，是唯一可以全程介入新临建业务的金融机构。这种机构大多为背景强大的综合性财团的分支机构，在全程参与新临建项目的过程中，这类金融机构可以发行多种有针对性的证券化产品，其中最主要的就是债项与资产证券化产品。

（5）债项业务

与新临建有关的债项产品主要分为公司债与企业债两种。公司债是指公司依照法定程序发行，约定在一定期限还本付息的有价证券。公司债券是由股份有限公司或有限责任公司发行的债券，公司债发行条件相对比较宽松，但额度小，而且如果公司信用形象不高，承销压力会较大，所以适用于B端赋能以后的新临建自建项目。

企业债是由中央政府部门所属机构、国有独资企业或国有控股企业发行的债券，它对发债主体的限制比公司债窄。企业债在国内大多数都是城投公司在发行，比较适用于与城投公司联合开发的新临建项目。

（6）资产证券化产品

新临建资产证券化产品是指以新临建的基础资产未来所产生的现金流为偿付支持，通过结构化设计进行信用增级，在此基础上通过类投行业务券商发行的资产支持证券产品。它是依照新临建资产管理属性所产生的特定资产组合或特定现金流为支持，发行可交易证券产品的一种融资形式。我们通俗地称其为资产证券化与现金流证券化。

（7）信托与基金

在国外，信托与基金并无本质上的区别，但具体到我国，金融行业发展没有国外成熟。对于基金来说，依照目前国内法律规定，私募基金可以采用公司式、合伙式等；而某些特定投向的私募或公募大多采用信托型或契约型。

再看信托，由于立法的缺失，中国的信托主要针对的是单位信托。出于投资者保护的目的，我国信托立法对单位信托投资人设立了很高的门槛，所以国内的信托公司大多数开展的是银行或保险的通道业务。

不管是信托与基金，都可能是新临建项目早期融资活动和运营中资产管理业务中接触最多的。简单地讲，可能一个融资活动的资金提供者是其他金融机构，但资金的通道一定会是信托或基金，所以信托与基金是很多类投行业务的首选。

（8）投资者关系

在信托与基金的管理公司中，会设有一个投资者关系部门。这个投资者关系部门是公司与金融市场投资者或机构个人投资者之间的一个双向沟通桥梁。作为资金最终使用者的新临建有义务配合投资者关系部门的工作，做好辅助信息披露，提供运营资料等工作，例如，一支针对新临建的储架式信托基金，其重要的指标之一就是运营现金流。而现金流的固化保证是在运营公司这里时，运营公司就要随时有专门对接部门披露运营信息。

（9）产品合作

如前所述，由于信托与基金的特殊性，使其成为很多金融机构创新业务的试金石与业务风控的防火墙，所以很多金融机构在创新产品设计的时候，都会加一层信托或基金通道。近年来，随着监管力度的加大，虽然通道业务有所萎缩，但信托与基金在组合产品中的作用却越来越重要。

5.3.2 资产运营

本书中的资产主要分为两条线：一条线是因临建本身所形成的固定资产以及由固定资产运营而产生的现金流；另一条线是因新临建项目所产生的资金聚集形成的资金池，这个资金池是具有金融属性的金融资产。在之后的金融资本运营章节中，我们将对金融资产的运营进行介绍，而本单元的资产运营主要针对固定资产管理及运营进行介绍。

1. 资产管理与委托运营

1）固定资产管理主要包括管理与运营两个层面：

- 管理层面：它主要针对新临建固定资产形成与保障过程，包括新临建设施销售、规划设计、服务项目配套及后期养护、维修的物业化管理。
- 运营层面：它主要针对新临建固定资产形成后的运营，包括新临建设施设备租赁等。

2）针对的用户也分为两个不同的层面：

- 自有与合作项目层面，即自管临建合作运营。
- 购买临建后委托运营客户层面，即委托运营。

3）点状客户委托

点状委托主要是以购买新临建产品的客户委托资产运营平台对新临建产品进行盈利性的运营管理，运营平台在绑定服务配套后进行运营的委托方式。这类客户的主力为建筑商、开发商、城投这类先自用后经营的，由于这类客户在临建第一次使用后就已经对临建资产记入成本进行了摊销处理，所以对于临建资产收益要求不高。委托条件比较宽松，甚至会由总公司委托运营，同时安排其他关联企业做客户。

4）共享集资委托

这类客户的目的比较单纯，主要分为以下两部分：

- 以投资为主要目的客户，包括投资于新临建的基金等金融行业投资者，这类客户对配套服务及后期运营的资产证券化比较看重。
- 相关行业的合作开发者，如建筑行业、房地产开发行业、这类客户关心新临建的运营前景及市场变化情况。

以上这两类客户的共同特点是，运营开始后都会有相关的金融运作，绑定相关金融产品，所以关注点就是运营的现金流。如何保障一个稳定的现金流是他们关心的重点。

2. 新临建成套设施租赁

新临建成套设施租赁是新临建生产销售环节的重要组成部分之一，主要有以下几点：

（1）与新临建其他板块相互配合，形成销售闭环，通过调整账期，开展资金统一支配。

（2）对于购买有压力但又想购买配套服务的用户，可以用租赁方式提供新临建产品。

（3）新临建设施出租管理是核心。

新临建设施出租管理是新临建固定资产运营的重要一环，其管理水平直接影响新临建资产运营的效率，所以围绕以下几点建立一个制度完善的管理平台是关键所在：

1）风险可控，除闭环因素外，新临建的租赁客户应主要是体量大、资产多、现金流量、信用佳的大型国有企业或地方大型骨干企业。

2）要充分利用金融资源，建立具有融资租赁性质的管理平台。

3）要做好风控制度建设及管理体系，树立平台信用形象。

4）充分利用运营体系下的互联网电商平台，建立统一的大数据管理体系。

5）结合运营体系及产品供应链，融入展示中心+EPC+工业化4.0工厂+实施维保团队所构成的保障服务链。

3.二手临建资产管理

二手临建资产的管理，是根植于新临建管理平台的，也可以说是新临建产品管理运营的衍生分支。在新临建业务达到一定规模后，客户需求的多样化必然会向二手临建资产扩展。二手临建资产管理平台的发展是建立在新设备体系之上的，以委托管理业务为主。

4.资产现金流

新临建商业综合体的黏性客户及硬件可多次重复利用的特性，使新临建的资产管理具有大于管理一般商业综合体的商业价值。以建设者之家为例，建设者之家是新临建产品里的集大成者，是新临建脱离传统行业、独立发展的重要标志性产品，其面对的客户涵盖广泛，既有G端客户与B端客户，也有C端客户与b端客户，是新临建B、G、C、b端客户结合的最高表现，是建立在产品与服务双供应链上的顶级产品。在现金流为王的大资管时代下，在参与金融资本运作时，建设者之家的资产运营平台是可以独立作为现金流保障工具的。

资产收益现金流依照不同的供应链体系，建设者之家的现金流分为建立在产品供应链上的租售现金流与建立在服务供应链上的运营现金流。

（1）租售现金流

租售现金流是指新临建租售过程中所产生的现金流收益，是产品供应链上的重要一环，它是资产运营环节资金调配的重要支柱之一，其有以下两方面的作用：

1）可以通过租售现金流作为资产价值依据，设计相应的证券化产品。

2）通过调整租售比来进行收入与资产比例控制。

（2）运营现金流

运营现金流是指在新临建配套服务运营中所产生的现金流，它是服务供应链的主要组成部分，其有以下两方面的作用：

1）是综合扩展运营中资产运营现金流证券化的重要依据。

2）是新临建资产增值要素。

5.资产价差

上面提到购买新临建产品的主力为建筑商、开发商、城投这类先自用后经营的客户。由于这类客户在临建的第一次使用后，就已经将临建资产记入成本并进行摊销处理，所以对于临建资产价值预期并不高，而通过新临建的资产运营可以使这类已经摊销的临建产品重新产生并不低的价值，这就使得这种资产在客户与运营平台的手中有着非常大的资产价差，而定价权在资产运营平台。

6.资产增值

综上可知，资产在运营平台手中的增值效率非常之高，这主要来源于运营，而运营增值主要体现在以下两点：

（1）二次利用后的租赁增值。

（2）绑定服务后的资产运营收益增值。

7.临建资产管理的维护特点

临建资产的特点决定其可以进行多次与重复利用，而复用率是决定临建资产运营生命的关键因素。复用率越高，次数越多，临建成本就越低，收益就越高，所以保证临建的复用率是临建资产管理非常重要的一点。首先，在设计中尽量提高模块化与装配化率；其次，在施工中应有明确的安装管理流程及工法；最后，在运输中要有完善的管理及物流管理办法。

（1）模块化

新临建模块化结构体系包括展示中心、工业4.0工厂等产品供应链上多个部分，是以每个房间作为一个模块单元，在工厂中进行预制生产，完成后运输至现场，并通过可靠的连接方式，组装成建筑整体的全流程体系。

（2）装配化

新临建装配化主要是指施工现场装配化，就是把在工厂制造的新临建模块化产品（房屋模块、构件、配件、部件），在工程现场通过机械化、信息化等技术手段按设计进行组合和安装，建成特定建筑产品的一种建造方式。它是新临建产品实施的重要组成部分。

（3）物流调度管理

新临建的物流管理不同于一般装配式建筑的物流管理。一方面，新临建是二次重复利用的，物流成本决定管理成本与运营成本；另一方面，新临建的物流管理平台起着调度中心的作用，所以新临建的物流管理应遵从以下几个原则：

1）转运就近原则；

2）标准化模块运输原则；

3）按需求规划功能区，分模块统一调配原则。

5.3.3 资本运营

在我国金融资本运营活动中，金融机构很少直接参加生产经营活动，而只是通过买卖有价证券进行资本运作。但以总体大趋势为前提的政策引导下，从事金融资本运营的金融企业为了能得到更真实的行业信息，通过股权类资管机构下探到项目中已经成为新的方向，其主要目的并不是为了控制所投资企业的生产经营权，而是与企业相互配合，力图通过一定的运作方法和技巧，将企业的经营资产、权益、现金流等进行各种类型的金融资本化，并达到资本增值的目的。这种配合对于行业与企业来讲，是快速发展的良机。

目前，国家大方向扩内需、稳就业，这与新临建城市建设者工作+居住+生活的理念十分契合。具体到提高政府综合治理能力、抑制土地价格等执行层面上来，新临建的城市土地运营，集中管理辅助综合治理，卫生防疫的特点又正中要点。再看金融政策也是引导资金向运营类项目倾斜，而建立在保理业务、资产运营现金流证券化等金融工具之上的新临建产品与服务双供应链体系，又是与金融机构相互配合的最好抓手。因此，可以说，这个时代是新临建企业通过金融资本运营快速发展的最佳时机。下面，我们将通过对应收账、融资租赁、金融租赁、政府基金、资产管理、代理理财、代收代付、机构合作、信托与基金等金融要素参与的介绍，帮助大家了解新临建业务下的金融资本运营。

1.应收账保理

应收账款保理是企业将赊销形成的未到期应收账款在满足一定条件的情况下，转让给商业银行，以获得银行流动资金支持的业务，是银行标准业务。保理业务的成本要明显低于机构短期贷款的成本，银行只收取相应的手续费用。所以，如果企业使用得当，可以循环使用银行对企业的保理业务授信额度，从而最大限度地发挥保理业务的融资功能。尤其是对于那些客户实力较强、有良好信誉而收款期限较长的企业，作用尤为明显。

在新临建业务中，不仅有在产品供应链中的对下游企业赊销产生的应收账与对上游账期的应付账，还会在服务供应链中产生商业平台与加盟服务提供商的应付账。这些应收应付即有新临建平台对上游企业形成的应收，也有下游企业对新临建平台的应付，所以如果与机构合作，开展针对应收账的金融资本运营，灵活利用应收账款保理。不仅可以利用正向保理提前将剩余80%～90%的货款收回，还可利用反向保理向上游供应商提供金融服务。这将会大大改善企业的流动资金周转，减轻短期资金压力，加快企业发展速度。

（1）利用上游账期对接机构开展正向保理业务

新临建产品供应链中，对下游企业的赊销产生的应收账是构成下游账期的主要部分。它的产生主要来源于新临建产品的购买者赊销。这些购买者大多是大型国有或与政府的城投公司，企业形象与信用评级良好。

正向保理业务的概念如下：

1）正向保理是由债权人申请融资将其债权转让给保理机构；

2）正向保理是债权人申请支付应收账款的转让款；

3）正向保理的债权人申请保理业务获准后，除非合同有明确约定不得用于其他用途的以外，债权人可以自主决定如何使用融得的资金。

4）正向保理和反向保理的本质虽然都是应收账款的转让，但是正向保理从表现形式来看，与应收账款转让的本质完全吻合。

从新临建下游企业特点来看，购买者的应收账是金融机构比较乐于接受的，所以对接金融机构进行正向保理业务十分适合。

（2）利用上游账期对接机构开展反向保理业务

新临建的上游企业购成比较复杂，有产品供应链上的配件与配套供应商，有服务供应链上的服务提供加盟商。这两种上游供应商产生的应付从本质上来说是相同的，债务人分别为设计生产平台与商业服务平台。这两个平台都是独立运营平台，很适于利用自有平台结合账期与金融机构合作设立债权类产品，开展反向保理业务。

反向保理业务的特点如下：

1）反向保理是由债务人发起申请，将债权人享有的债权转给保理机构。所以从某种意义上来看，所有的反向保理均为明保理，不存在暗保理。

2）反向保理是应债务人的申请支付债权人货款。因此，反向保理更像借款，而正向保理则是正统的保理交易。

3）反向保理的债务人申请获准后，债务人融得的资金只能用于支付基础交易的款项。

4）反向保理的表现形式更像银行发放的定向贷款，或者可以说是债务的暂时转移。

从产品与服务两个平台的商业模式上看，如果两个平台都是以上市为目标的，那么联合金融机构成立第三方保理平台开展反向保理业务，不仅可以使现金流管理多样化，也可以为将来上市打下基础。

2.融资租赁

融资租赁是指出租人根据承租人对租赁物件的特定要求和对供货人的选择，出资向供货人购买租赁物件并租给承租人使用。承租人则分期向出租人支付租金，在租赁期内租赁物件的所有权属于出租人所有，承租人拥有租赁物件的使用权。在新临建业务中的融资租赁有以下几个特点：

（1）融资租赁业务是建立在产品供应链上的。

（2）在业务开展过程中，产品供应链平台既是出租人，也是供货人。

（3）承租人可能是新临建产品的使用者，也可以是项目投资者。

（4）服务供应链始终作为产品的一部分，服务供应链平台也是服务供应商。

从产品特点来看，新临建虽然具有房屋的特性，属于不动产，但由于其模块化的处理，再加上临时建筑的性质，使其具有了可移动设备的特征，出现问题时运营平台可以回收、处理租赁物，通过融资与融物的处理又能腾挪出账期，所以非常适合调整投资结点，也符合建筑领域的行业习惯。

3.参与政府基金

在城市运营项目中，配资形式多为政府主导型基金产品，这类产品的特点是资产多为土地或不动产，前几年多为财政担保还款，强监管以来改为依靠项目运营还款。新临建参与城市运营类项目时，由于其既有投资属性又有运营属性，所以从金融资本运营的角度来看，非常适合与金融机构合作参与政府城市运营类的基金运作。

与金融机构合作参与政府基金运作：通常的政府基金中，金融机构只承担扩大杠杆的作用，基金的劣后方为城投公司。随着新监管政策不断出台，运营项目、现金流等成为硬指标，但金融机构大多情况下不看好城投的运营能力，所以金融机构的需求使新临建运营平台参与城市运营类政府基金的总体运作成为可能，其主要在以下几个方面：

（1）作为运营委托方，承担现金流保障。

（2）结合产品供应链开展融资租赁服务，提供新临建产品EPC服务。

（3）作为基金投资人或接受基金管理人委托，参与城市（土地）运营。

4.资产管理

资产管理业务是贯穿基金产品发展始终的配套业务，基金投资者大多愿意委托专业人士管理自己的财产，以取得稳定的收益。通常，证券类基金的资产管理人只专注于二级市场即可，但对于股权类与债权类，投资者更多地愿意资产管理公司具有行业运营能力，以避免因专业知识和投资经验不足而可能引起的不必要风险，所以在基金业务中，虽然资产管理公司是金融类公司，但依基金属性不同都会委托第三方专业运营机构进行运营。

此外，由于基金设立门槛比较低，所以很多有行业背景的公司也会针对本行业的发展设立基金，成立更专业化的资产管理公司。新临建业务作为一个新提炼出来的行业，既有资产属性又有运营属性，是金融机构设立基金产品的最好投资对象；而新临建运营平台被委托作为基金资产管理人，也是新临建业务参与金融资本运营的重要抓手。

作为专业运营方，新临建在基金资产管理中主要有以下作用：

（1）作为运营委托方，承担现金流保障。

（2）结合产品供应链开展融资租赁服务，并配合金融机构将其产品化。

（3）作为合作开发方，组建并管理SPV公司，承建新临建项目。

（4）作为基金专业合伙人，参与现金流管理。

5.银企合作代理理财

委托理财是指个人或公司接受客户委托，通过投资行为对客户资产进行有效管理和运作。在严格遵守客户委托意愿的前提下，在尽可能确保客户委托资产安全的基础上，实现资产保值增值的一项业务。通常情况下，投资者把个人与个人之间、个人与公司之间的委托投资也称为委托理财。

新临建业务中，劳务管理始终伴随，工作+生活的理念成就了大量工人黏性客户。这部分工人的工资集中管理会形成一定时期的资金汇聚，所以联合银行委托理财是对工人、对企业双赢的一个好方向。

6.代收代付

代收代付业务，主要是针对新临建服务供应链及商业平台的，开展代收代付业务主要有两种方式：一种是平台拿到《支付业务许可证》，自己成为正规的第三方平台。具备这一资质，平台可以代收代付，例如买家支付1万元到平台上，直接分成两部分，代收代付部分（假设9千元）和服务费部分（假设1千元），代收代付部分可以在一定时间后再付给卖方，可以免费获得这段时间内的资金收益。这样做自然是最好的，但《支付业务许可证》需要向央行申请，门槛超高。另一种是与一家有第三方支付牌照的公司合作，使用他们提供的资金代收代付服务。还是上面的例子，买家的1万元其实是先支付到代付平台上（准确地说是运营平台在代付平台上的资金结算账户），代付平台按照运营平台的规则把1万元分账为两部分，9千元转给卖家，1千元转给运营平台，有关发票支付平台并不提供，由卖家和运营平台分别向买家开具，支付平台提供服务往往会收取不超过1%的服务费。对于新临建商业服务业务来讲，初期采用第二种方法比较现实。

7.机构合作的金融业务

在新临建的金融资本运营过程中，与金融机构合作证券化业务是必不可少的。这种合作是建立在新临建产品与服务双供应链上，依托新临建企业生产销售与运营专业化，以现金流固化为导向的融资方式，其宗旨是利用证券市场功能，利用产品销售或运营所产生的预期收益将不动产进行细分并且债权化，在推动行业与金融机构深度结合的同时，达到了分散投资风险，为新临建项目提供可持续充足资金的目的。

（1）流动性保障

在金融机构参与金融资本运营过程中，很多时候都会和流动性有关。其中，以现金收入的流动性关系最大，但由于金融机构缺乏深入的行业经营经验，所以在流动性的保障上通常都会联合行业头部企业共同完成。例如，在一款针对长租公寓的信托产品中，企业即是信托产品投资人，其所控制的企业又是项目的委托运营商，做出现金流性补足保证。在新临建综合扩展运营中，产品供应链体系与服务供应链体系是物理分开的两个不同体系，所以具备产品供应链开发项目、服务供应链保障运营流动性的综合金融资本运营条件。

（2）证券化业务

资产证券化是指以基础资产未来所产生的现金流为偿付支持，通过结构化设计进行信用增级，在此基础上发行资产支持证券的过程。它是以特定资产组合或特定现金流为支持，发行可交易证券的一种融资形式。而适用于新临建业务的证券化就是以不动产为特定资产或不动产运营而产生的现金流为支持的一种资产证券化。与其他资产证券化相比，其可以是信托基金或收益凭证等多种表现形式，表现形式更加丰富；也可以适用于私募基金或债券方式，适用形式更广泛。

虽然新临建资产证券化本身的原理属于债权类的证券化范围，但证券化对象并不完全是企业债权本身，而是以具体的新临建项目为标的，其主要针对的是项目本体或以项目公司（SPV）为融资主体或以上级业务母公司为主体，但不论谁为主体都是以项目资产为底层资产，以项目的预期收益为偿付支持。其依据不同的针对点，可将其分为经营资产与现金流两种形式。

经营资产证券化：是配套给新临建产品供应链上的一款金融产品，即将新临建项目拥有的不动产以债权形式进行融资，将债权分割，再以有价证券的方式通过公开或非公开市场出售给投资者，完成筹资再配资给项目公司。此种方式类似于房地产抵押债券证券化，目前国家已经出台相关针对临时用地上的运营类项目土地确权政策，监管部门也出台相关指导性文件确保产品发行，现在已有多只此类证券产品成功发行。

现金流证券化：是配套给新临建服务供应链上的一款金融产品，即以新临建项目基础资产运营，未来所产生的现金流为偿付支持，以新临建运营平台为流动性补偿工具，通过结构化设计进行信用增级，在此基础上以投资于项目的主体公司为发行主体，发行资产支持证券的过程。它是以特定资产组合或特定现金流为支持，所发行可交易证券的一种融资形式。

（3）信托与基金

从广义来讲，信托与基金都是投资人把钱交给资产管理公司帮忙打理。

属于资金或资产委托行为。在本质上讲，信托和基金两个关系没有区别，但是在我国管理人的资质和监管的一些因素，导致了两者在狭义上有很大的区别如下：

1）发行机构不一样。信托是由信托公司发行的，全国只有68家信托公司。基金是由基金公司发行的，基金公司目前备案的就有17000多家。

2）监管体系不一样。信托是由银保监会监管。公募基金是由证监会监管，而私募基金是由基金业协会备案代管。

3）投资方式不一样。信托100万～300万元的小额额度只有50个。公募基金没有限制，而私募基金则依照种类不同，为50～200个。

从以上三点看出，在我国的金融体系中，信托由银保监会监管，所以资金多来自银行、保险等金融机构；而基金的资金来源则多样化，信托与私募基金在投资上有股权与债权两种方式，公募则只能投资于二级市场，所以针对新临建业务的机构多为信托与私募基金。

（4）股权与债权产品

1）股权类产品：就是信托或基金发起的股权投资类产品，是针对企业通过股权的形式进行融资投资性质金融产品。当然，股票也可以认为是股权的一种表现形式。所以，这里的企业包含上市企业及未上市的企业，在股权产品中投资人看好所投的企业成长性，要求能够参与企业的经营、治理，并享有公司经营活动所创造的所有利润分红，是被投资单位的股东。

我们常见的比如红杉资本、IDG等投资机构发行的私募股权产品，一些私募机构发行的阳光私募产品等都属于这一类。股权产品在新临建的商业平台多轮融资中常会接触到。

2）债权类产品：就是信托或基金发起的股权投资类产品，针对的是企业借款，机构是债权人，企业是债务人，这种产品非常常见，大多属于标准化业务，比如企业债、供应链中的保理业务等标准化的债券、信托、非标私募等，都属于债权类的产品，资产证券化也属于类债权产品。在债权产品中，投资者不是被投资单位的所有者权益，不能参与企业的决策与管理，只能获取投资单位的债权。投资者按照约定的利率收取利息，到期收回本金，而债权融资就是债务两者之间发起的融资计划。

在新临建业务中，当新临建平台达到一定规模后发行的企业债或是产品与服务双供应链中的保理业务，也会接触到这种产品。

3）看待风险的角度：股权投资是一种风险、利润共存的投资模式，投资人所承担的风险较高。如果所投资企业业绩良好，则可以获得高额回报；如果企业不理想，也可能会面临投资亏损的结局。债权投资是基于债权债务而产生的关系，借款方需要按照约定还本付息，如果借款方无力偿还债务，则可能导致投资出现亏损。债权类产品通常会通过抵质押或者是连带责任担保的方式提高借款人的违约成本。一旦违约，可以处置底层的抵质押物资产，保证投资人的利益。所以，一般债权类的产品风险更低。因此，从以上可以看出，新临建的项目综合扩展运营中，既有适合于股权的融资方式，也有适合于债权的方式。

5.3.4 政务辅助

1. 辅助政务实名制管理

在特大与大型城市中，外来务工人员的管理是城市管理者的一大课题，特别是建筑工人，其具有群居性、易被煽动性、有大的疫情易发生群体性感染等特点，所以建筑工人的管理始终是城市综合治理、卫生防疫的重点。随着城市的发展，政府对建筑施工企业建筑工人的管理要求也逐渐提高。

（1）新临建辅助政务实名制的管理内容

1）物业公司设置实名制的目的是配合半封闭化管理，向工人提供标准的公共秩序维护及安全防范服务；

2）协助公安消防部门对辖区内发生的案件配合相关部门对人员进行排查；

3）各项卫生、防疫安全监控及外来人员准入管理；

4）对进入生活区的人员自动进行登记、放行。

（2）新临建辅助政务实名制的功能

1）施工现场出入口门禁管理。在施工现场进出口安装实名制通道门禁管理系统，劳务人员进场施工通过实名制通道进行验证通行，验证记录出勤状况，同时对人员进行甄别。

2）办公区、生活区门禁管理。生活区独立围挡，在围挡出入口设置门禁系统授权管理进出人员，在宿舍房间配置门禁系统授权进出后台管理。避免混居进错、强行占有，劳务管理系统自动分配宿舍，自动下发生活区与宿舍进出授权。

3）流动人员实名制登记管理，身份证实名制录入设备。出入要确保出入凭证具有不可随意复制、不可随意移交的特性。同时，可配置门禁抓拍系统，实现过岗抓拍、自动存储的功能，满足公安部授权的实名认证系统的极速录入要求。

4）道闸电视APP界面，道闸出入实时抓拍同步实现。

5）个人端二维码扫描界面，手机APP一键授权与注册，二维码进出门禁，与综合治理、卫生防疫管理部门实现云共享。

6）手机追溯显示界面，授权管理人员可追溯查询历史记录，可下载保存。

（3）新临建实名制管理对于政府的意义

新临建的实名制管理，不仅为政府提供了一个针对建筑或其他外来务工人员管理的平台，也为建筑企业缓解来自政府方面的管理压力提供了帮助。其针对综合治理与卫生防疫方面的政务辅助属性非常强。

1）有利于对居住在新临建的外来务工人员实施登记管理；

2）有利于对重点人员进行排查与监控；

3）有利于重大公共卫生事件的紧急排查，对疫情人员及时上报并提前控制；

4）有利于集中进行卫生防疫监控；

5）遇有重大公共卫生事件政府临时使用管理区域时，做好人员管理。

2.非盈利性政府辅助

（1）多功能厅

新临建中的多功能厅，是一个开放式的交流空间，多功能厅既是B端用户会议、培训的场所，也是B端用户甚至G端用户与C端用户交流的结点。B端用户可以据此发布公告，开展培训，G端用户可以进行综合治理教育，进行卫生防疫以及文化活动中心，同时兼顾歌舞厅、简易电影院等功能，是新临建的重要组成部分。

（2）文化活动中心

文化活动中心是C端用户的文化生活的主要组成部门。经过合理布置并按所需增添各种功能，增设相应的设备和采取相应的技术措施，就能够达到多种功能的使用目的。文化活动中心是工文化娱乐的一个重要场所，也是政府针对外来务工人员进行治安、卫生防疫、爱国教育的重要基地。

（3）安全教育服务中心

在辅助政务的安全教育方面，可以根据政府需要派遣专用安全员定期针对工人进行安全教育（包括视频、图片、VR、讲解、案例分析等）、专项安全规范讲解培训。根据需求现场参与监督、教育。对专业班组进行班前安全教育，并对专业负责人进行班前安全教育培训，以保证安全施工、文明施工。

1）安全教育培训中心

采用标准集装箱组合，面积为18～36m^2。配置视频播放系统、VR系统等，为区域提供安全教育、职业化教育、技能培训、法制教育、道德引导、文化教育。配备大屏幕播放器，为丰富职工的文化生活，为职工定期播放安全教育资料、安全案例、技能、新技术、新材料、工艺标准、技术规范教育及文艺片，让职工在休闲娱乐的同时学到了知识，提高自己的社会竞争力。

2）安全体验

安全体验区设置简单、重要的常规体验设施，可由4～6个集装箱组成，对项目参建人员进行针对项目的施工安全教育，对所在项目进行针对性的项目介绍及项目平面布置图讲解，组织项目班前讲台，提供安全体验配套设施：平衡木、平衡桥行走体验，脚手架及通道对比体验，人字梯倾倒体验、安全网对比体验、平台倾倒体验、重物搬运体验、塔式起重机作业体验、墙体倾倒体验、爬梯对比体验、防护栏杆倾倒体验、洞口坠落体验、平衡木体验、消防器材体验、医疗急救体验、电流过载体验、综合用电体验、钢丝绳演示体验、安全鞋防砸体验、安全帽撞击体验、安全带体验等。

（4）医疗卫生服务站

医疗卫生服务站是常设在新临建内的非盈利小医疗机构。在政府指导下建立，面积控制在18～36m^2以内，配备必要的医疗器械、器具、急救器材、常用药品等，功能可满足内部人员简单的门诊、急诊、急救、常见外伤处理、一般性医疗检验等需求。医疗卫生服务站的建立主要有以下目的：

1）满足新临建内临时就医需求；

2）指导新临建社区内的卫生防疫工作；

3）重大卫生事件发生时协助政府紧急处理；

4）遇有重大卫生事件发生需临时征用新临建设施时，协助政府工作。

5.4 产品运营

产品运营就是针对新临建的产品的设计、产生、推广、实施及后台支持全流程中的轻资产运营，其主要具有可复制化、电商化、外包化、模块化的特点。首先，它的核心是产品与服务供应链构成的新临建软硬件体系，在这个体系之上我们给新临建植入了劳务派遣与商业物业管理的内容，由此形成了新临建运营产品设计的基础。

新临建的产品有其自身的特殊性，它不是单纯的硬件产品，而是软硬件组合的集成化产品。在新临建产品设计中，我们的产品分为两大部分：一部分是硬件环境范畴下的产品，包括120大类硬件产品；另一部分是软件产品，也就是服务配套。这类两类产品加上劳务派遣构成了新临建的主要产品体系。在这个体系的基础上，我们设计了五个新临建的基础运营产品。这五大类基础产品针对不同需求而形成，每一个产品是一个服务方向，根据不同的服务方向采用定制化的方式组合，产品供应链、服务供应链、劳务派遣，衍生出多种不同的服务组合，即为新临建的产品运营。

其中，服务供应链与劳务派遣在第4章中有比较详细的表述，120大类硬件也在前面的章节中有详细的介绍。本节主要是围绕着新临建服务组合生成过程、五大类基础产品及相关硬件产品的配套金融手段来进行介绍。

5.4.1 订单式的智能制造

生产是新临建轻资产运营初期最重要的利润来源，也是新临建组合产品的底层硬件环境，是定制新临建组合产品的第一步，是轻资产运营的基础组成部分。

1.产品供应链

产品供应链是生产销售运营供应链，是新临建从建筑设计、生产、施工与装修配套材料的上下游供应链。此外，该供应链还可延伸至售后维保及资产运营，其最大的亮点是利用线上线下的结合，将展示中心与工业4.0的生产厂整合为一体。它是建立在工业4.0环境下的供应链体系，此外它还可延伸至售后的资产运维，是一个多元化的供应链体系。

2.基于工业4.0的在线服务一体化多元素产品供应体系

产品供应链的核心是以展示中心+EPC+工业化4.0工厂+实施维保团队+资产运营团队所构成的生产服务链平台，可以提供包括新临建材料商模块化产品展示；针对客户的需求描述与确认；在线设计并提交订单，供应商与工厂同时接单，材料直送工厂订单生产、出厂一对一维保的全流程服务，售后资产运营委托服务。其本质是一个基于工业4.0概念的生产供应链体系，下游为新临建购买或租用者，上游为新临建的材料及配件供应商。

3.展示中心

展示中心是生产与商业服务供应链的核心，是一个基于新临建产品平台业务体系的前端实体设定，为新临建业务提供了集服务体验、定制、设计、咨询、下单为一体的线上线下的一站式自助模式。

在展厅中，目标客户可以体验新临建的标准化运营项目，参观新临建的实体展示，实现了设计+咨询与产品+服务的集中展示。客户可以在展厅内完成设计+采购全流程，同时也可以针对自己的新临建完成配套服务定制。这种模式的最大优势在于，展厅以咨询+设计（轻量化BIM）作为一个生产、服务、实施、维保的供应链结点，利用线上线下结合，通过咨询与设计对下游客户提供了一站式服务。通过轻量化BIM，对于工业4.0工厂提供了定制式生产，通过展厅对上游供应商提供了产品模块化的展示服务与配件订单提交（提交后可直达工厂进入生产环节），实现了在展示、咨询、设计、订单生产的供应链全流程、全服务解决方案。

4.新临建BIM

将建筑信息模型的技术应用在新临建建设的方法。新临建整体解决方案从设计、生产、施工、交付、运维是全生命周期的项目管理范畴，同建筑业BIM应用有着非常相似的特征。模块化新临建的单体产品更符合BIM应用的客观现实，有着BIM应用最佳的场景。

5.4.2 新临建产品

1.设计思路

新临建的运营是在产品与服务两条供应链上以产品、商管、资管、劳务四大基础平台相互支持构成的运营体系。其中，以120大类硬件产品的代工生产、EPC过程构成的产品供应链，是新临建建设的组成部分。以配套服务（如餐食、购物、娱乐等）提供、物业化管理、资产委托经营的过程构成的服务供应链，是新临建配套服务的组成部分。在这两个供应链上，我们组建了产品、商管、资管、劳务四大基础运营平台，以满足新临建项目的生活、居住、工作、资产增值等需求。新临建的运营产品就是在新临建项目合作与推广过程中对需求进行了归纳、总结、分类后提炼的解决方案。

所以，新临建的运营产品的设计思路是从供应链体系的建立，平台运营与项目合作中产生的，新临建运营产品并不是通常意义上的产品，也不具备生产属性，更准确地讲是将新临建的运营依照不同运营平台与支持体系分类，以总体解决方案的形式进行产品化的一种设计思路。

2.五大基础运营产品

（1）好美工地

好美工地只提供新临建硬件设备采购和安装，不需要运营和服务的单个项目综合性服务，是筑服新临建产品供应链运营产品。

（2）乐美工地

乐美工地是针对临建硬件环境已经具备，有工地或生活区物业化管理及生活配套服务需求的单一项目，提供物业化管理及配套生活服务的综合性服务方式，是筑服新临建运营服务供应链运营产品。

（3）万美工地

万美工地是以新临建整体解决方案为蓝图的代建，以EPC、管理、运营、服务的全套新临建咨询、设计综合性服务方式，是筑服新临建运营咨询类产品。

（4）建设者营地

建设者营地是以B端为目标客户，针对城市级别的B端分散或集中开发片区的多个工地建设者，临时性半封闭的综合性居住服务社区，是筑服新临建运营的高级产品，有以下特征：

1）不以单一工程项目为服务对象，而是以B端为服务对象同时针对几个项目。

2）以与B端合作的方式设立。

3）施工区、办公区与生活区分开管理，社区化明显。

4）采用组团化设计，每个组团针对一个工程项目，管理方便。

5）区内有完善的商业化配套与管理。

（5）建设者之家

建设者之家是在建设者营地的基础上发展而来的，是新临建运营的顶级产品。建设者之家是以整个城市为服务对象，联合G端客户，以所有为城市发展与建设出力的建设者为目标客户，提供居住+生活的配套服务。其除了具有建设者营地所有的功能与特点之外，还具有极强的扩展性，有以下特征：

1）客户群体广泛，可同时针对城市所有的建设者，包括集体与个体的建筑工人、产业工人、城市白领、第三产业从业者等适于半封闭化管理的城市中低收入者等。

2）采用组团化设计，每个组团可针对不同属性的居住者，管理灵活。

3）区内有完善的商业化配套与管理。

4）半封闭化管理，具有城市外来人口管理综合治理与卫生防疫辅助政务功能。

5）以G端政府购买服务+商业运营的方式，可进一步参与城市保障性居住类项目的运营管理。

6）利用城市临建设用地建设，可参与城市土地前期运营。

7）由于其对城市综合治理与卫生防疫辅助功能明显，所以具有基础设施的特征。

五大基础产品对照表见表5-2。

运营产品对照表 **表5-2**

产品名称	产品属性	产品类型	产品内容	金融配套	对应平台
好美工地	产品供应链	定制生产资产委托	EPC、资产委托运营	保理业务、融资租赁等供应链业务	产品平台、资管平台
乐美工地	服务供应链	定制服务（包括劳务），委托运营、管理	工人派遣服务、生活配套服务、工地及生活区物业化管理	保理业务、代收代付业务，工资代管服务，证券化业务	服务平台、劳务平台、资管平台
万美工地	咨询服务	定制咨询、设计服务	新临建总体建设+运营一揽子方案或新临建产品配套企业产品发展战略咨询与设计	无	产品平台、服务平台、资管平台
建设者营地	联合运营+产品及服务供应链	合作开发（B端客户）	EPC、资产委托运营、工人派遣服务、生活配套服务、工地及生活区物业化管理	多种金融产品、作为现金流保障工具参与组合业务	产品平台、服务平台、资管平台、劳务平台
建设者之家	城市运营+产品及服务供应链	合作开发（B端客户+G端客户）	EPC、资产委托运营、工人派遣服务、生活配套服务、工地及生活区物业化管理、城市土地运营，辅助政务（综治、卫生、防疫）	多种金融产品、作为现金流保障工具参与组合业务、政府平台融资	产品平台、服务平台、资管平台、劳务平台

5.4.3 产品供应链上的金融扩展

1. 金融属性，可以开展多种金融合作

轻资产运营赋予了新临建产品金融属性。在上述产品供应链的运行过程中，金融产品的加持会提高产品供应链的活跃度。可租可买的方式，更适合腾挪出的账期，这对于新临建的使用者至关重要。如果有大型建筑合作商参与运营，新临建轻资产运营在同时针对该建筑商在相近城市多个项目，可以最大地发挥其资产管理的优势。针对单一或多个项目的项目部开展融资租赁活动，同时也可以设立基金开展金融租赁业务，如果是B、G端参与的建设者之家项目，还可以作为城市综合治理、卫生防疫的基础设施及保障性、租赁住房项目，对标基础设施REITs等多种金融产品，还可以与B、G端合作共同发起政府基金，开展多种金融合作。

2. 融资租赁

融资租赁是集融资与融物、贸易与技术更新于一体的新型金融产业。由于其融资与融物相结合的特点，在很多具备整体移动能力的资产运营时常被用到。在新临建轻资产管理业务中，新临建虽然具有房屋的特性，属于不动产。但由于其模块化的处理，再加上服务于临时居住，跟随建设工程或建设用地变动而变动的临时建筑特性，使其具有了可移动设备的特点，出现问题时运营平台可以回收、处理租赁物，通过融资与融物的处理又能腾挪出账期，所以非常适合调整投资结点，也符合建筑领域的行业习惯。

5.5 特色运营

新临建的实体运营，就是用轻资产运营的思维去运营新临建配套的实体商业。通常，在新临建的轻资产运营中，围绕着新临建产品平台与商业服务平台的配套，如新临建产品的建设、工人的餐食等，都属于外包业务。但由于新临建特殊的黏性客户群体，往往在进行新临建轻资产运营架构设计时，也会把一些盈利点明显、利润较高（如餐食、娱乐、购物或属于特定支持服

务的如临建项目建设这一类的实体）放在运营体系中统一设计，这样设定的好处是多方面的：

第一方面：有利于把控支持服务的质量。

第二方面：有利于统一筹划利润与税收。

第三方面：有利于实体再发展为独立运营板块。

5.5.1 筑服建设

筑服建设是一路筑服在新临建实体运营体系中按照新临建建筑各项管理规定和制度，对新临建工程进行建设的独立建设实体，是针对产品平台与资管平台的支持实体。筑服建设的主要业务是对新临建中的单体产品和信息化产品进行组装、安装，并在新临建使用完成后进行拆解，最后在新的建设地点完成重新安装调试，达到使用标准。

（1）对接新临建产品平台

由于新临建单体产品是采用在工业互联网概念下的生产加工方式，是订单式的生产，所以筑服建设主要对接产品平台接收新临建项目工程发包，开展新临建EPC服务。

（2）新临建EPC

是工程总承包EPC方式在新临建建设的应用，是一路筑服独创的新临建整体解决方案的重要组成。基于产品平台，从新临建工程总体策划开始，配合工程施工组织对设计内容进行优化，按照工作内容进行采购，然后根据工程特色和要求进行施工、安装、验收、交付、培训。

筑服建设的新临建EPC模式具有以下三个方面的基本优势：

1）强调和充分发挥临建整体解决方案的主导作用，为后期的运营奠定良好的基础。

2）有效解决项目施工中临建工程琐碎、繁杂的工作，设计、采购、施工相互脱节的矛盾，有利于各阶段工作的合理衔接，有效地实现进度、成本和质量控制，代替项目管理人员很多的工作，让项目的主要精力聚焦在施工生产上。

3）新临建质量责任主体明确，新临建EPC是工程质量责任的承担人。

（3）对资产运营的支持

1）以承包商的身份承包新临建物业管理公司资产运营体系的委托对新临建项目进行迁移，安装调试。

2）以承包商的身份承包新临建物业管理公司资产运营体系对于旧的新临建建筑设备进行修补、加固、养护、改善工作，使其恢复原来的使用价值或者延长其使用期限。

3）对新临建建筑物、构筑物进行修饰装修，使其美观或者具有特定用途。

4）在项目到期后，配合对新临建进行拆除、迁移、存放、再利用。

5.5.2 新临建娱乐院线

1.新临建院线的建立

电影院线是以若干家影院为依托，以供片为纽带，由一个电影发行主体和若干电影院组合形成，并对这些电影院实行统一管理的经营体系。随着业务的发展，新临建的服务平台会同时向多个项目提供服务，每个项目中将会有500人以上的工人居住，大型的建设者之家还可能是上千甚至更多，这些项目的生活区多为封闭式管理，所以这些新临建生活区是建立小型影院进而发展成院线的最好载体。

新临建服务平台以其特有的轻资产运营属性，可以针对各种业态的植入，院线也不例外，新临建的管理特点使在新临建社区的电影放映成为一种具有垄断性的经营体制，经营者在有新临建社区的城市或地区掌握相当数量的中小型影院，建立放映网络。

2.新临建院线的运营要点

（1）客户为建筑工人，在排片选材上以适于工人观影的内容为主，不必一味求新。

（2）采用定期放映式与定制放映式两种形式。

（3）在片源上，初期可以采用与电影发行公司、大型网络视频媒体合作的方式。

（4）在片源上，还可以采用与国家主流媒体合作拍摄反映市井生活、工地生活等内容的影片做专属定制放映。

3.新临建院线的盈利点

（1）电影票销售。

（2）贴片广告收入。

（3）政府购买服务进行综合治理，卫生防疫宣传。

（4）定制观影收入。

（5）开展直播等新媒体收入。

4.新临建里的小型影院

影院配备专业管理软件，票务售卖设备（前端）平板电脑手持移动端、出票机，影票售卖设备（后端）影院支持统一支付系统的结算系统，是运营收入的组成部分。

（1）影院介绍

影院是以一种快捷现场组装的方式建设，较少的投入就可以让娱乐配套丰富多彩起来。开心影院的播放厅，能让每位观影人都有很好的观影体验，播放达到4K级的效果，采用自循环的换气系统让观影充满乐趣。影院的配置可以有效丰富务工人员下班后的业余生活，让他们找到快乐，回归正常的生活，为提高工作效率起到良好的作用。

（2）影院硬件和软件配置

影院是以新临建装配式箱体为基础，箱体内一应俱全，配备宽屏荧幕，配套的音响设备，高清的放映机，灯光、闸机机检票系统，后台票款的统计及售卖系统。

1）硬件设施

外部设备：装配式箱体、闸机出入口（检票）、4G路由器。

内部设备：播放机、屏幕、座椅、手持移动设备、平板电脑、出票机、音响功放机、监控设备。

安全设备：灭火器、疏散门、安全指示灯。

空调设备：新风交换系统、冷暖空调系统。

2）软件设施

票务售卖设备（前端）：平板电脑手持移动端、出票机。

影票售卖设备（后端）：影院结算系统。

3）配套零售设施

零售售卖设备：装配式箱体（货架、柜台、员工休息室）、平板电脑。

零售售卖结算设备：小卖部结算系统。

5.5.3 购物服务（装配式箱式移动便利店）

1. 自营或引入连锁加盟便利店

在一切都讲究高效的社会，人们对于万能便利店的需求要高于任何一种商业形态，所以在新临建零售的运营中，引入便利店的概念十分重要。一个万能的便利店可以满足一切需求，自营或引入成规模的便利店连锁，经营除烟、酒等高附加值商品以外的所有商品，是新临建现金流的一大来源。以统一支付系统为基础的便利店，配备了专业商品采购销售管理软件（连锁加盟除外）及设备。

2. 万能的便利店

便利店配备专业商品采购销售管理软件及设备。售卖设备（前端）：售卖手持移动端，售卖设备（后端）：售卖管理系统。平台采购保质、保量、安全、卫生、可靠。

（1）便利店设置

采用移动装配式集装箱，移动、拆装、运输方便，性能优越、坚固耐用、稳定牢固、密封性能好，具有很强的防风、防火、防水、防腐、抗震、抗变形能力；具有良好的耐酸、碱、盐、雾等腐蚀性，适合各种潮湿、腐蚀性强的环境使用，即使地震、台风等自然灾害造成的影响也微乎其微；具有隔声、保温、密封、易清洁、易维护、外表美观等特点，配备风光补发电系统及不间断供电系统。标配面积为18m^2，加遮阳、雨篷。便利店主体结构可循环使用，使用过程中不产生任何建筑垃圾，可持续使用10年以上。

便利店内空间由售货单元和值班休息单元组成，售货单元配置网络电视、视频播放系统。售货窗口配置不锈钢售货台，可以临时摆放售出货物，也可作为售货区与服务区的无形分割。售货窗口可以加上悬翻板开启门，翻板门上悬开启作为售货窗口雨篷。值班休息单元配备一张900mm×1900mm的床，供售货人员临时休息和晚上值班人员休息。

为配合24小时售货，便利店配置一个小售货窗口，遇有晚上出售商品情况时，值班人员可以无需开启大售货窗口即可完成售货。

（2）便利店系统配置

便利店系统配置：商品采购、配送、销售、结算，LED广告显示系统，安防监控系统，物联网管理系统、LED节能环保照明系统，UPS不间断供电系统，风光互补自发电系统（不间断电源及自发电系统，即使是电故障也能保证设备供电正常运行），垃圾分类处理系统、无线网络覆盖系统，门禁控制系统等。系统可对设备从大数据提取到安全运营全面地进行跟踪服务及远程管理。

便利店主要设备配置包括：不间断电源互供电系统、冷柜、冰柜、空调、饮料机、电热开水机、货架、货柜、消防器具、商品销售及消费配套用具。安全系统配有门禁管理系统、视频监控系统、高性能GPS定位系统。

（3）便利店安全管理

便利店的工作人员进行安全、治安、消防、卫生防疫、环境保护、交通等法律法规教育，增强其法制观念。例如，未经消防安全管理人员和电气主管人员批准，不得使用电热器具，严禁私拉乱接电线、明火取暖；用电设施实行统一管理，用电设施必须符合安全、消防标准。贯彻执行国家和本市有关治安、保卫消防工作的法规和规定，制定保卫消防预案；必须配备消防器材，消防器材齐全、有效，不得存放易燃、易爆、剧毒、放射源等化学危险物品等。便利店配置红外对射、震动电缆远程报警系统，即使无人值守时依然安全、可靠。

（4）便利店网络通信

便利店设备预留了网络通信设备（交换器、无线路由器），接外网（根据用户需求可配置网桥），网桥通电就能正常使用。配置高性能无线覆盖系统。

（5）便利店文明、卫生

保持现场保洁范围内场地及设备清洁卫生、设置垃圾桶，垃圾分类（可回收、有害、厨余及其他）倒入密闭垃圾桶中并及时清运，库房有通风、防潮、防虫、防鼠等措施。生熟食品分开保管，存放成品、半成品有遮盖。炊具、餐具及时清洗、消毒。加强食品、原料的进货管理，做好进货登记。严禁购买无照、无证商贩的食品和原料。

（6）便利店管理系统

销售、采购、物流、配送、结算管理，商品结合了零售业的特点，充分利用现代化的经营管理经验和物流、配送管理模式，达到降低管理和运行费用、提高劳动生产率和经济效益的目的。同时，根据零售业务的特点将相对独立的业务运作分成了不同的模块，每个模块都可独立运行，很好地支持自成体系的业务运作，可实现模块的独立升级。

（7）便利店移动支付

便利店移动支付支持网银在线支付、支付平台支付（财付通、支付宝扫码支付、微信扫码支付）、银行柜台转账汇款、现金支付。

POS混合支付：POS支持混合支付和多货币支付模式，可灵活运用信用卡、充值卡。

一卡通支付：一卡通具备充值卡及会员卡功能，系统支持一卡通支付、支持条码、二维码链接支付。充值卡设置充值奖励，鼓励充值消费。可灵活运用礼券和多货币支付。

3.特殊产品配送中心

特殊产品主要是烟、酒一类具有高附加值的产品，设立配送中心，以配送中心为结点，以服务供应链为平台，以渠道合作的方式进行，点对点地配送与销售，销售供货商可采取竞买承包权的方式外包。

5.5.4 餐饮服务

新临建的C端目标客户中，大多为社会底层的农民工及城市中低收入者，这类C端客户衡量服务的一个重要指标就是伙食。所以餐饮属于服务平台最为重要的一部分，在本书其他章节中有多次提及可见其在新临建运营体系中的重要性与服务体系中的代表性。

1.运营架构与要点

餐饮因其行业特殊性，具有卫生防疫要求高、现金流量大、现金流复杂、小纳税人税赋低、店面成本与人工成本占总成本比例高的特点。由此可看到，餐饮运营的主要关注点在于：

（1）降低成本，包括店面成本与人工成本。

（2）税赋低，现金流大且不易监控。

（3）卫生防疫是重点，一旦疏忽易导致系统性风险。

针对以上几个特点，运营架构设计应按照以下几个原则：

（1）租赁独立用地设立中央厨房，尽量减少现场加工，一方面减少人工成本，另一方面减少场地成本，也便于管理。

（2）成立独立公司运营，以服务平台外包服务的方式运营，纳入平台服务供应链系统统一管理，一方面利用行业的特点，有助于综合扩展运营下的统一税务与现金规划；另一方面，便于有效阻断餐饮管理运营（包括卫生防疫）中的行业风险。

（3）卫生是运营的重中之重。除去相应的操作间管理制度外，应建立专门的中央食堂独立运营公司及在商业平台下成立独立的卫生与质量管理部门，形成相互制约的定期检查制度，确保阻断风险、万无一失。

2.中央食堂

中央食堂在餐饮运营中是重要的现金流提供者，同时也是黏性客户的重要保障。餐食做得好、做得卫生，客户就会产生惰性，会形成习惯性消费。这是稳定现金流的重要保障。但食品安全所带来的风险要关注，除了有相应的制度、负责任的团队外，应尽量采取独立实体运营的方式，以防范连带责任。

中央食堂的核心是集中加工、热链配送，服务形式一共有两种：一种是处理成半成品在临建项目内二次加工，比较适合大多数临建项目；另一种是完全做成速食袋，比较适合野外作业的临建项目。

中央食堂的建立方式可采用以下四种方式。

（1）外包餐饮公司

外包餐饮是初期比较好的方式，这样一方面可以规避风险，另一方面可以将外包商归类为服务提供商，以加盟的方式导入服务供应链中统一管理。这种方法风险最低，也可以通过服务平台的统一支付系统使现金流植于平台，缺点是利润较低。

（2）劳务派遣合作

餐饮公司根据日供应量合理派遣厨房管理员、操作人员、餐厅服务人员，为中央食堂制作每日三餐以及特殊宴请餐。派遣人员根据岗位配置人数及职务执行市场价，劳务派遣有以下两种方式：

1）自带餐饮所需厨杂餐具合作

餐厅以及厨房所需的工作间、基础设备、做饭所需设备、设施、主要原材料由中央食堂提供，餐饮公司承担餐饮所需厨杂餐具物料、员工工资、福利社保、税金以及运营管理等费用。

2）自带设施、设备、餐饮所需的厨杂餐具合作

餐厅以及厨房所需的工作间及基础设备由中央食堂提供，做饭所需设备、设施、餐饮所需厨杂餐具物料、原材料由餐饮公司提供。

（3）合建中央食堂

合建中央食堂即是以运营平台下属独立子公司与有管理经验的行业内公司合建中央食堂，是中央食堂自营的另一种形式。这种形式的好处是，面对的客户不仅仅是临建的C端客户，还可利用合作者的销售渠道，将业务拓展到其他领域独立开展业务，这样一来可以利用合作者现有的管理经验有效地减轻管理负担；二来也可以结合新临建管理特点形成自有的一套管理体系，从而快速形成独立业务板块。

（4）自建中央食堂

在C端客户量发展到一定规模后，自建中央食堂是必然之路，规模效益下的利润点会显著提高，这是补充临建运营整体利润率的最好方向。相对简单的食谱使规模采购量增大，成本降低。所以在餐食外包一段时间后，管理

规则日趋成熟，管理能力随之加强，是中央食堂从外包走向自建的最好时机，但应尽量把中央食堂以独立实体的方式运营，在运营架构上仍以运营平台与中央食堂签订服务外包的方式，延续之前的管理与监督分开，以保证之前的监督力度不下降。这种架构一方面是基于经营风险控制的考虑；另一方面，也便于利润分配，同时有利于将中央食堂独立发展。

3.配餐中心

（1）移动配餐中心

热链配送是新临建的核心服务，不管是分包还是自建，又或是合建，热链配送都是不可或缺的。它是食品卫生从集中加工到餐桌上的关键环节，是中央食堂集中加工之外的另一大核心业务。

（2）配餐中心设计

配餐中心采用移动智能化集装箱式基于标准材料标准箱体设计，结构框架设计同办公室。

1）配餐中心智能网络、安防监控

配餐中心管理系统与服务平台一卡通系统联通，监控线路穿MT管暗敷于顶棚，箱体链接处预留线头。监控采用超五类高速网线POE供电，管控通道采用枪机，每个配餐中心配备两台室内4mm摄像头一台户外6mm摄像头，对配餐操作过程全程记录，对就餐人员排队、购买、消费全过程记录。

2）配餐中心智能门禁管理系统配置

配置先进的门禁管理系统、配置实名制身份认证系统、实时权限二维码识别系统、权限控制系统。

3）配餐中心GPS定位系统配置

配置高性能GPS定位系统，具有实时定位、轨迹回放、电子跟踪、超范围报警等。在监控平台上显示设备的详细位置（地图上区域、路名、地标等），设备状态掌握设备运行过程的详细情况，对设备历史轨迹的回放查看，可以方便地查询到设备是否按照要求的位置设置，是否有问题出现，在轨迹回放过程中，系统截取点都列有详细地址及设备状况，可在GPS定位器的监控平台上对设备规定区域位置进行设置。当设备离开区域设定位置，系统会自动向监控中心发出越界报警信息。拨打GPS定位器上的电话卡号码，即可实现语音监听。配送餐车辆通过对配餐中心GPS定位准确地定位配送地址，设定配送时间避开交通拥堵，选择通行线路，及时、准确地将配餐送到配餐中心。

4）配餐中心家具及电器配置

①室内家具及电器配置：室内配置消毒柜、保鲜柜、加热柜、热水器、豆浆机等电器，大工作台，小工作台，售饭台，洗刷池。

②室外家具及电器配置：室外配置LED双色显示屏作为介绍企业及配餐产品广告或开展广告租赁业务。配置彩色液晶显示器作为电子菜谱及菜单和约定配餐显示系统显示屏。

5）配餐中心其他配置

配置至少一套分类回收的垃圾（可回收垃圾、不可回收的垃圾和有害型垃圾）箱。屋顶预留太阳能风光补发电机组安装支架，有使用需求时只需要采购产品安装即可。配置一套防雷接地天线。

（3）团餐服务

团餐服务是在中央食堂自建后的重要业务，其主要方向分为个性化团餐与规模化团餐两种。

个性化团餐主要针对C端客户中高级管理者的简单招待，可以在中央食堂处理成非熟或半熟的半成品而后现场加工，基本上可以保证色、香、味的要求。

规模化团餐主要针对C端客户中的低端要求。在保证营养的基础上，尽量在中央食堂内完成食品的规模化加工，以熟或半熟的半成品按份封装，在现场不用加工或简单加工即可食用。

（4）工人食袋

工人食袋是中央食堂针对现场加工条件不好或根本无法加工食物的临建项目开发的产品，其在兼顾口味的基础上，运送、取餐、食用方便，便于卫生与生产管理，但因分包与防腐的处理，成本比团餐略高。

（5）配餐定位

配餐遵循“营养搭配”的原则，定期派出“营养师团队”到项目指导膳食搭配。持续对菜品进行更新，满足特殊地域及民族的需求，实现合理营养膳食。

（**本章编写人：**狄忻）

第 6 章

新临建业务的复制

——走向未来的蓝海市场

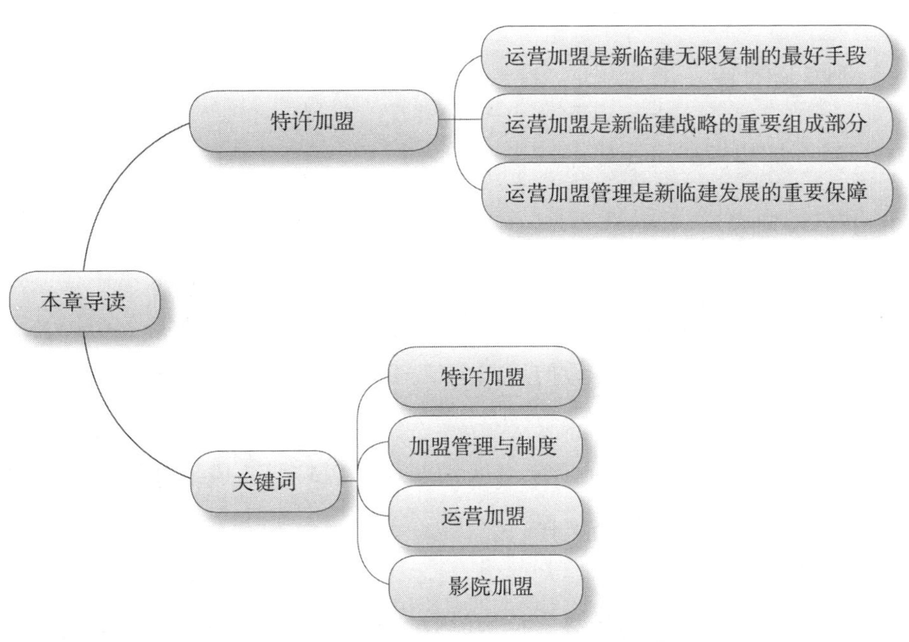

用新临建整体解决方案解决工地和城市新临建的运营，为建设者和外来务工人员提供服务的轻资产运营发展模式，使未来新临建商业生态具有推广和复制的可能。通过融合资源，共享平台，按照新临建业务标准建立重点区域和中心城市以外的加盟者体系，向具备一定数量单体工程项目的企业输出整体解决方案和生态节点，是新临建业务快速扩展的关键。建立“乐美工地”“建设者营地”“城市建设者之家”，并不断复制这种模式，可以快速形成一个带有品牌优势的轻资产运营的新临建商业体系。

6.1 新临建的特许加盟

6.1.1 特许加盟模式设计要点

1. 区域划分

以平台和实体双轮驱动，具体就是用地区级的新临建产品展示体验中心作为实体展示，汇集地区与新临建业务相关的企业参与区域生态的构建，所有生态伙伴以加盟的方式开放使用四个基础平台和综合运营平台。

2. 生态赋能

低门槛、低代价进入，地区级的加盟伙伴以较低的成本开展业务的对接，区域生态和平台赋能给伙伴。

3. 局部优势

充分发挥平台的生态优势、技术优势、产品优势、服务优势，提供优质的、高性价比的产品和服务给伙伴，增强伙伴的竞争力。

4. 共同发展

充分发挥平台的运营优势和资本优势，助力加盟企业和项目获得成功。

上述四条作为新临建特许加盟经营的设计原则，加盟模式简单，容易操作。

6.1.2 新临建产品展示体验中心的意义

（1）新临建产品展示体验中心作为实体展示和引流的重要手段，在整个业务链的生态中有着极其重要的地位。

（2）按照区域化设计的原则，展示中心是新临建业务复制的必要手段和条件，是所有地区级加盟伙伴必备的硬件条件。

（3）新临建产品展示体验中心是地区供应链整合的重要手段。所有的加盟伙伴都是新临建供应链的源头和主导，是整合供应链和管理平台的首要责任人。

（4）新临建展示体验中心是地区新临建业务运营和服务的基地及标志。

6.1.3 新临建产品展示体验中心的设计要点

（1）展厅的面积要求：在工业厂区或其他自有的大空间用房、空地，面积不少于2000m^2。

（2）展厅位置要求：符合新临建生态发展的地区、城市，其交通便捷，环境良好，配套设施齐全。

（3）展品的选择：生态供应链和区域供应链产品集中提供，由一路筑服新临建生态协助安排。

（4）展厅平面布置图：见电子图6-1～电子图6-3。

（5）展览展示的标牌：参见CI手册。

（6）展厅的外部标识：见电子图6-4。

6.1.4 特许加盟方案要点

1.生态规则

必须遵守生态规则，必须认同生态发展的价值观和文化。

2. 生态文化

（1）使命：让建设者“居善地，事善能，甘其食，乐其俗”。

（2）愿景：让伙伴和参与者收获财富，获得事业成就感、生活幸福感；回馈社会，和谐共生。

（3）遵旨：“给予与人给予有，给予为人给予多”。

3. 加盟方式

（1）新临建产品展示体验中心和生态伙伴加盟。

（2）产品加盟：新临建单体产品，新临建运营产品，新临建整体解决方案。

（3）服务加盟：新临建社区化服务，商业化服务，金融服务。

（4）运营加盟：新临建轻资产运营。

注：如需要新临建产品展示体验中心样图，请向一路筑服咨询、索取。

6.2 新临建加盟模式实践

6.2.1 新临建供应商加盟规则介绍

1. 加盟分析

在建筑业高质量发展行动纲要的指导下，施工管理的各种创新层出不穷，装配式建筑、智慧工地、数字化施工、工人职业化这些新事物不断涌现，如何促使建筑业和谐发展，挖掘建筑施工的垂直应用？“新临建综合体建造+运营服务”整体解决方案提供了一条可行的实现路径。

传统临建由项目部管理人员组织实施，是由临建产品软件拼凑在一起的，没有专业实操人员的成熟的衔接平台，临建施工起来费心、费事，人工成本、时间成本高；临建施工交付使用后多数成为建筑垃圾，不能有效循环使用，浪费大量人力、物力和资金。如果项目固定管理人员不能专注施工生产，那么工人吃、住、行、娱不能得到很好的保障。

“新临建综合体建造+运营服务”会整体解决以上问题。新临建将新临建产品、服务、运营融合，用数字建造技术、智慧工地工具建造一个全新的施工工地物理空间综合体并且运营，形成模块化、标准化、信息化、数字化、可重复的产品和服务模式，在不同地区、不同工程间循环使用，通过第三方高效运营服务，既节省项目部人力成本，还减少了成本浪费，让专业人做专业事，项目人员专注施工生产，打造精品工程，让工人吃、住、行、娱满意，让工地的生产、生活环境得到了改善和提高，进而帮助工人成为职业化、产业化工人，帮助工人家属创业、安心扎根建筑工地，从而使中国建筑业的智慧建造走向海外，走向世界。

利用融合发展和新临建生态，让众多加盟商的产品、服务和运营落地在项目中，帮助伙伴向新临建项目运营商的角色转化，消除了乙方心态下的恶性竞争。在生态资本的帮助下，在新临建全过程中不用担心垫资、账期等现实问题，从而构建一个稳定、健康的商业环境。

通过运营实现稳定的现金流，拓宽了伙伴盈利方式，利用生态体系帮助伙伴创立稳定的商业机会。

通过不断融合，使得新临建生态更加稳定和强大，让伙伴共享到更多未来的预期收益。

2.运营规划

实行超市型一站式体验+平台点击菜单勾选配置下单方式，取代传统的推销模式；以集中B端客户资源现场展示、培训、学习交流的方式，集中优质资源进行体验。以同步数字化展示及直播方式着重进行各大集采集团和C端的服务，粘结C端。通过运营手段进行从顶端到末端的品牌建设，突出新临建运营商的地位。一路筑服新临建体验中心成为一种成熟的商业模式。

利用一路筑服新临建体验中心作为引流的手段，针对B端客户加大力度进行宣传，引流客户来体验，通过良好的体验争取订单。配合各品牌商家的团队来高效地提高销售率，以一路筑服品牌叠加产品品牌，加大客户对总体的信任度。

3.管理模式

(1)致力于新临建生态系统建设，以产品、服务、运营为手段，建立统一的运营平台，通过加盟方式赋能伙伴，伙伴独立运营、独立核算。

(2)统一引流，统一管理，统一价格，统一预、结算，统一服务，统一售后的经营模式。

1）统一引流：由新临建生态辅助伙伴进行项目信息整理和推介、广告宣传、活动等，用融合发展手段将客户需求引流到伙伴手中。

2）统一管理：平台制定统一的加盟伙伴的管理手册，对产品体验中心员工形象、商家品牌形象、体验中心形象、售后服务形象进行统一管理。全面塑造品牌，提高知名度，无论对内、对外都要进行统一，让客户产生专业化、服务化、正规化、耳目一新的感觉。

3）统一价格：由平台根据地区不同，制定地区统一价格，根据市场变化予以调整，严禁同一地区的价格恶性竞争，规范伙伴的价格行为。

4）统一预、结算：使客户充分相信平台的诚信和信誉，伙伴统一在综合运营平台上进行预、结算管理，达到整个生态资金管理的闭环运行，保证客户资金安全和商户资金结算及时。

5）统一服务：专业+服务是重中之重，通过集中培训达到服务的专业性，提升服务质量。品牌就是我们的专业和服务保障。统一制定全国的服务标准和制度，让客户和用户得到更好的服务。

6）统一售后：发挥生态的优势和平台的优势，共同建立完善的售后体系。务必在客户需要售后服务的第一时间有人处理、有人服务。售后服务是品牌、品质和诚信的保证，这是我们对客户承诺最直接的体现。

4.短期目标和长期目标

（1）短期目标

1）达到一定阶段的知名度。

2）达到一定阶段的美誉度。

3）达到一定规模的复制加盟伙伴数量。

（2）长期目标

1）三年时间内成为行业内市场占有率最高的品牌。

2）拥有高度的品牌知名度、美誉度、客户满意度。

3）促使销售额得到井喷式增长，为发展铺平道路。

5. 细则

（1）加盟条件

1）具备一定的资金实力的合法经营的独立的公司或个人。

2）愿意投身新临建业务，愿意遵守生态规则。

3）能够在市场上有效推广新临建产品和服务。

4）积极维护新临建体验中心品牌形象及自身企业声誉。

5）拥有符合要求的演示产品。

6）能够负责代理区域内的市场推广、运营、技术支持及服务。

7）能提供一路筑服新临建体验中心场地，普通城市面积1000m^{2}以上，中心城市面积2000m^{2}以上（可以是厂区面积）。

（2）加盟类别（表6-1）

加盟类别表 **表6-1**

产品板块	商品菜单	商品品类	自有品牌
公用配套设施	围墙围挡	预制轻骨料混凝土围墙	
		GRC围墙	
		钢板围墙、围栏	
		仿木水泥制品栏杆	
		金属护栏	
		PVC围墙护栏	
		抗噪声铝合金玻璃围墙	
		塑木围墙	
		植物围墙	
	灯箱	广告灯箱	
	道路	预制混凝土装配道路	
		步道砖道路	
		钢板道路	
		塑木道路	
	大门	装配式大门	

续表

产品板块	商品菜单	商品品类	自有品牌
公用配套设施	车辆管理	车辆进出管理设备系统	
		车辆停车管理设备系统	
	卫生间 淋浴间 洗漱间	装配式集成箱房	
		卫生间隔断	
		洁具、五金、上下水	
		灯具、开关、电料	
		排气扇、洗衣机等电器	
	茶水室	装配式集成茶水室箱房	
		茶水炉、饮水机等电器	
		灯具、开关、电料	
	垃圾站	装配式集成垃圾站箱房	
		塑料、不锈钢垃圾桶工具	
		灯具、开关、电料	
	排水沟、井	排水沟、井（混凝土预制）	
		排水沟、井（树脂纤维）	
	劳务实名制通道	装配式通道箱	
		卷帘门、不锈钢门	
		闸机、人脸机	
		监控摄像头、电视、LED	
		强弱电机箱机柜	
		灯具、开关、电料	
		电脑、打印机等电器	
办公区设施	幕墙	玻璃幕墙	
	电梯	小型电梯	
	装配式图板	5-7-9两图图板	
		不锈钢框	
	旗杆、旗杆台	不锈钢旗杆、旗杆台	
		钢骨架大理石旗杆台	

续表

产品板块	商品菜单	商品品类	自有品牌
办公区设施	绿化	GRC假山、水池	
		植物、草坪、花、鱼	
		金属草坪、PVC栏杆	
	办公室 会议室 接待室 值班室	装配式集成箱房	
		空调、饮水机、洗衣机	
		排气扇、热水器	
		洁具、五金、上下水	
		灯具、开关、电料	
		办公会议桌椅、沙发、茶几	
	配餐中心	装配式集成配餐间箱房	
		蒸箱、冰箱、冰柜	
		保鲜柜、消毒柜、电磁炉	
		隔油池（玻璃钢、预制）	
		洁具、五金、上下水	
		灯具、开关、电料	
	食堂 餐厅	装配式集成箱房	
		橱柜、抽油烟机、灶台	
		洁具、五金、上下水	
		灯具、开关、电料	
		餐桌、餐椅、餐具	
施工区设施	新临电	装配式集成变配电箱房	
		配电柜、配电箱	
		智能系统	
		灯具、开关、电料	
	消防	装配式集成消防箱房	
		消防箱、水带、水枪	
		消火栓、消防水泵	
		消防智能程控电气	
		报警按钮、干粉灭火器	

续表

产品板块	商品菜单	商品品类	自有品牌
施工区设施	扬尘检测	环境扬尘检测设备	
	防尘	喷雾喷淋防尘设备	
	洒水车	新能源、燃料	
	洗轮机	普通、免基础、全封闭	
	沉淀池	混凝土、树脂纤维沉淀池	
	安全通道	护头棚、电梯护栏	
	标养室 试验室	装配式集成箱房	
		试块架、温度显示器	
		空调、电暖气	
		灯具、开关、电料	
	休息室 吸烟室	装配式集成箱房	
		自助售货机	
		饮水机、烟灰桶	
		休息桌椅、充电柜	
		空调、灯具、开关	
	卫生服务室	装配式集成箱房	
		急救箱、药品、担架	
		空调、饮水机、床、凳	
		灯具、开关、电料	
	指挥调度室	装配式集成箱房	
		显示屏、电脑、桌椅	
	防护护栏	不锈钢、铁艺隔离护栏	
		语音提醒电子护栏	
加工区设施	加工棚 加工车间	钢筋、木工	
		水电暖通、钢架构	
		分级配电箱、除尘设备	
		灯具、开关、电料	
生活区设施	管理人员宿舍 职工宿舍	装配式集成箱房	
		电子锁刷卡	

续表

产品板块	商品菜单	商品品类	自有品牌
生活区设施	管理人员宿舍 职工宿舍	床、桌子、空调、风扇	
		智能分配床铺平台系统	
		灯具、开关、电料	
	招待所	装配式集成箱房	
		电子锁、床、桌子、衣柜	
		空调、洗衣机、热水器	
		洁具、五金、饮水机	
		灯具、开关、电料	
	教育开心影院	装配式集成箱房	
		投影仪、投影幕布	
		座椅、烟灰桶、排气扇	
		空调、饮水机	
		自动售票收费商超	
		灯具、开关、电料	
	幸福食堂	装配式集成箱房	
		橱柜、抽油烟机、灶台	
		洁具、五金、上下水	
		灯具、开关、电料	
		餐桌、餐椅、餐具	
	如意便利店	装配式集成箱房	
		自动售货收费商超	
		食品、食物、订票、维修	
		灯具、开关、电料	
	安全体验中心	装配式集成箱房	
		安全体验设备	
		灯具、开关、电料	
	消防安全监控室	装配式集成箱房	
		显示系统、软件系统	
		灯具、开关、电料	

续表

产品板块	商品菜单	商品品类	自有品牌
生活区设施	物业管理服务站	装配式集成箱房	
		桌椅、床、空调、饮水机	
		灯具、开关、电料	
	职工文化交流室	装配式集成箱房	
		桌椅、柜、刊物、空调、饮水机	
		灯具、开关、电料	
	机电一体化	空气源热泵（风机盘管）	
		智能水控系统	
		智能电控系统	
智慧工地软件平台	智慧工地管理平台	数字化集中调度生产	
		智慧工地移动管理	
	劳务实名制管理系统	iRG劳务精细化管理系统	
		ECC企业劳务管理系统	
	工地商业系统	幸福食堂——售卖系统	
		如意小店——移动端管理系统	
		开心影院售检票系统	
	劳务用工管理	互联网劳务用工平台	
	应用系统	订货	
		供应链	
		餐饮	
		宿舍物业管理	
		安全教育VR	
		图像方式安全管控	
	箱用房软件系统		
	BI看板系统		
社区化服务	基础服务	保洁服务	
		保安服务	
		项目服务	
		垃圾清运服务	

续表

产品板块	商品菜单	商品品类	自有品牌
社区化服务	生活类服务	餐饮服务	
		小卖部服务	
	文娱类服务	开心影院服务	
		文化驿站服务	
	配套设施服务	洗衣房服务	
		自动贩卖机服务	
	拓展服务	包裹寄存	
		文化培训	
		智能房间分配	
		公寓式管理	
		充电桩（电动自行车）	
	专业服务	职业化培训	

（3）资质要求

1）具备合法独立的公司，并能提供有效期内的资质等相关证件。

2）需要提供的资质清单见表6–2。

需要提供资质清单 **表6–2**

资质清单	份数	说明
营业执照复印件（副本）	1份	有年检章、过期无效（复印件加盖公章）
组织机构代码证复印件	1份	过期无效（复印件加盖公章）
税务登记证复印件	1份	须有地税章和国税章（复印件加盖公章）
开户银行许可证复印件	1份	须有中国人民银行盖章（复印件加盖公章）
质检报告复印件或产品质量合格证明文件	1份	须提供近一年送检的质检报告、有国家质量监督检验中心检验专用章（复印件加盖公章）

6.加盟优势

（1）品牌优势

一路筑服是实施新临建设计施工一体化+运营服务整体解决方案的企

业，品牌本身在行业内影响力大，产品品质过硬，服务水平高，已经构建了品牌化运营的基础，并且构建了一套标准化的产品、管理、运营、服务、金融服务模式，针对客户能够进行统一策划、开发、设计、销售、施工、服务、运营等多种形式的服务。利用一路筑服新临建可以形成共担、共享的利益综合体，构成合力，相比商家或厂家单体作战，更能给客户提供实实在在的方便。

（2）资源共享优势

市场资源共享是成功最大的优势，包括客户资源、产品物资、信息资源等，市场是重叠的，所以资源就要共享。建立产品体验中心、整合供应链，就是为了让客户真实体验到新临建整体的感觉，让客户省心、省事、省钱。联合起来，集中资源解决客户分散的现实状况，共同推动项目多、快、好、省的落地，可以共同应对市场变幻，共同服务大客户。

（3）相互促进的成长优势

长期融合，一起成长，好的经营思路、好的理念、好的方法一起交流，互相学习对方之长，补自身之短，以便更好地快速成长。

（4）信任优势

将新临建所需产品和品牌联合起来，在经营过程中提升了大家的品牌形象和知名度，也大大增强了客户对品牌的信任度和一站式采购所带来的便利。这样在客户方面，就会更容易选择。

（5）便利优势

一路筑服新临建体验中心模式，减少了客户中间的很多环节，节省时间成本，这样给客户提供了看得见、摸得着的亲身体验，增强了和客户之间的黏结度和信任度，使客户能快速作出决定，使销售更加顺利、快捷。

（6）品牌宣传优势

利用平台、网络信息、网站、协会、时报，集中进行营销传播，扩大一站式体验馆的形象影响力和品牌知名度，引导客户前来参观、体验和商谈。

（7）售后服务优势

全国统一客服电话、统一派单、统一服务、统一回访、统一监督，了解客户在使用中的好想法和给予的合理建议，及时改进我们的产品和服务，给客户以优质、专业、服务好的形象和体验。

7.加盟支持

（1）广告投放支持

一路筑服科技有限公司主页推广、网络推广、平台推广、展会观摩会推广、营销宣传册推广、宣传画册海报推广、产品宣传视频推广。大力开展自媒体营销、讲座和主体会议推广。

（2）技术支持

1）公司全权负责一路筑服新临建整体方案设计工作。

2）公司全权负责指导一路筑服新临建整体施工组织工作。

3）公司全权负责指导产品的安装和调试工作，软硬件及平台链接工作。

4）公司免费为各级代理商培训技术及安装施工人员。

5）公司提供《一路筑服新临建宣传手册》，并提供包括电子文件、视频文件在内的全套技术培训资料。

6）定期统一组织产品功能、安装、调试、设置、使用、维护、服务等各方面的技术培训。

7）公司将通过电话、网络、邮件等方式，为加盟商提供电话技术支持和网络在线技术支持。

（3）平台及市场支持

加盟伙伴可以利用平台自行接洽工程项目，公司帮助组织协调，可以提供技术支持和区域代理保护政策支持，加盟伙伴可以代表公司管理当地市场并推广。

（4）资金支持

利用公司金融服务和资金相关环节，支持和帮助加盟伙伴做好账期管理与现金回流工作，积极支持各位伙伴的业务扩张。

（5）加盟优惠政策支持

初期加盟的10个伙伴，免收第一年预订金和管理费用，第二年管理费减半，从第三年开始全额收取。

8. 加盟流程

（1）邀约：传播加盟信息，做一路筑服新临建体验中心项目介绍，充分了解加盟伙伴的情况，听取加盟伙伴的意见和意向。

（2）沟通：预约时间，深度沟通，介绍讲解筑服新临建经营模式，资源整合的好处，加盟租赁方式、租金、优惠政策，达成合作意向与合作条件。

（3）洽谈：与有意向加盟伙伴洽谈开业时间、位置、面积、结款方式等。

（4）签约准备：加盟伙伴提供有效期内的资质等相关证件复印件（加盖公章）。

（5）正式签约：证件手续审核合格后，加盟伙伴领取合同，加盖合同章返还，再由我公司总经理签字加盖合同章，一式两份，合同生效，签订合作协议，建立合作关系。

9. 加盟原则

加盟遵循原有和自产产品展示→整合吸纳实力商户进驻→配套配件中小商户进驻的顺序逐步进行，根据确定的一路筑服新临建体验中心规划，进行目标明确的主题加盟。

（1）形象塑造：强化一路筑服新临建商业项目是一个必须发展而又顺应政策导向，还能造就大品牌形象的机会，加盟始终要围绕已确定的主题和目标范围进行，着重整体形象。针对加盟伙伴宣传经营理念、一路筑服新临建功能、整合优势、市场和收益前景。

（2）先主力后散户：首先把自产及原有产品和服务商整合进来，再借助影响力的优势带动中小商户进来。

（3）体现同行互补：推动同行业各材质规格互为补益，满足客户多材质规格、多方位一站式消费、体验需求。通过协作和软、硬件联动平台，让客户在愉悦体验的过程中商谈下单。

（4）先松后紧：整合加盟初期遵循优先考虑加盟伙伴，适当放松合作条件，合作一段时期后再调整政策，严格挑选优质加盟伙伴，长期合作发展。

6.2.2 开心影屋特许经营运营管理及工作流程的实践

1.项目选择和实施前期准备工作（表6–3、表6-4）

开心影屋前期准备工作表　　表6–3

步骤	具体说明	默认条件	备注
1.填写意向加盟书	根据意向来填写，并筛选	是	满足5项条件，可进入考察阶段
2.场地条件要求	根据实际情况描述	是	—
3.用电设施要求	根据实际情况描述	是	—
4.产品功能说明	可播放形式及现场用途	可选	—
5.产品样式展现	产品组合形式说明	可选	—

现场考察内容安排　　表6-4

内容	时间	细节	准备事项
1.产品观察	意向书签订后	从外观到内部	产地地点
2.现场体验	意向书签订后	视听体验、应用场景体验	产品地点
3.交流沟通	完成1和2	对产品形式和加盟拿出意见	产品确认单
4.产品设计	—	产品标准化配件	—
5.生产周期	—	从签订购买合同日期起的10个工作日	—

2.加盟内容

（1）公司介绍：略。

（2）公司架构：略。

（3）经营购买模式介绍：购买、特许经营。

（4）购买：一次性支付产品费用，由公司按产品清单上所有的内容提供给卖方。

（5）特许经营：按公司约定，由公司提供给卖方产品及片源资料。

（6）签约：签约成功后派对接人到现场授权开店，同时运营部提供和确认如下内容：

1）确认到现场时间；

2）配送计划：

3）价格方案；

4）营业利润测算；

5）确认营运手册；

6）人员招聘方案；

7）移交操作手册。

3.运营内容（表6–5）

相关制度表 **表6–5**

观影须知
文明观影事项： 1.凭票入场，并保留电影票。 2.请爱护影厅内的设施。 3.醉酒者及衣冠不整者禁止入内。 4.影厅内请勿吸烟、大声喧哗。 5.严禁携带易燃、易爆及化学物品进入影厅。 6.除影厅售卖的食品，其余外带食品禁止带入影厅。 7.请保持影厅内清洁，请勿乱扔杂物。 8.电影开始后请不要频繁出入，如需出入请向服务员出示当场电影票作为凭证。 9.请在观影时把手机关闭或调至静音，请勿在影厅内接打电话。 10.影厅内装有摄像头，观影期间会有工作人员不定期巡场，发现有人为损坏影院设施，须照价赔偿。 11.患有严重心脏病、高血压等不宜观看紧张刺激的影片，购票时请谨慎选择。 12.离场时请带好随身物品，以免丢失。本影院不负责看管
电影院疏散制度
1.疏散时要保持冷静，听从影院工作人员的指挥，切忌拥挤，乱跑乱窜，堵塞疏散通道，影响疏散速度。 2.要尽量靠近承重墙或承重构件部位行走，以防坠物砸伤。 3.当观众席发生火灾时，火灾蔓延的主要方向是舞台，逃生人员可利用舞台和放映厅的各个出口迅速疏散
电影院影票使用制度
1.每场提前10分钟进场。 2.影票在播放期间使用，直至本场观影结束。 3.如在观影期间出入，请出示电影票。 4.因特殊原因需要调换或退换影票，按影院退票流程来完成退票
电影票退票制度
当日购票后无法观影，在电影放映前10分钟，可调换明日场次或退还影票金额

4.培训

（1）培训形式：项目选择、公司、网上课件。

（2）培训内容见表6–6。

课程培训内容表　　表6–6

影院培训内容					
学习项目	学习内容	理论学习		实际操作学习	
		训练工具	学习时间（h）	练习项目具体内容	学习时间（h）
开业学习	开启影院设备	开业检查表	0.5	1.开启设备； 2.检查各项设备运行情况	0.5
关闭学习	关闭影院设备	结束检查表	0.5	1.关闭设备； 2.检查各项设备关闭状况	0.5
办理影票卡学习	充值退款	软件说明书	0.5	发卡、退卡	0.5
播放影片学习	播放影片	VCR	0.5	片源正确播放，对声光色的检查	0.5
日常情况学习	解决日常情况	产品说明书	0.5	1.箱体问题； 2.软件问题； 3.日常突发问题； 4.影票问题； 5.人员问题	0.5
安全学习	疏散人员	VCR	0.5	1.人员疏散线路； 2.监控设备使用； 3.消防安全检查	0.5

（3）系统培训内容

1）人员管理；

2）登录售票窗口；

3）售票窗口；

4）登录检票窗口；

5）补打电影票；

6）设置售票时间；

7）选择城市；

8）设置支付方式；

9）片源内容管理；

（4）工作流程手册（略，详见一路筑服网站）；

（5）服务合同（略，详见一路筑服网站）；

（6）《特许经营手册》样板见表6–7。

《特许经营手册》样板 **表6–7**

<table>
<tr><td>手册名称</td><td colspan="3"></td><td>编号</td><td></td></tr>
<tr><td>编制部门</td><td></td><td>审核部门</td><td></td><td>更新部门</td><td></td></tr>
<tr><td>手册简述</td><td colspan="5">新临建特许经营手册是一个具有独特经营哲学、宗旨、目标、精神、道德、作风的企业区别于其他企业的精细管理灵魂，是企业的价值观，是核心要素。它包括：企业经营策略、管理体制、分配原则、人事制度、人才观念、发展目标、企业人际关系准则、员工道德规范、企业对外行为准则、政策等。注意，在编制这部分内容时，手册上一定要加有对于理念词或句的详细注解，因为理念的词或句通常非常精练和概括，读者可能仅从字面上不能全面、深刻地理解理念的本质内涵和由来，所以需要在每个理念词或句子的下面再用详细的文字加以注解，还包括企业信念、企业经营口号、企业标语、守则、座右铭等，还包括新临建词典和标准用语解释</td></tr>
<tr><td>编制目的</td><td colspan="5">主要用于公司文化氛围的塑造以及正能量的传递</td></tr>
<tr><td>使用说明</td><td colspan="5">可以将本手册做成多种形式进行信息的传递，如课件、展板、文化册等</td></tr>
<tr><td>更新说明</td><td colspan="5">本手册的更新频率比较低。更新的主要内容来自更好地诠释企业文化的案例，而这些案例更多地来自企业之中实际发生的真人真事</td></tr>
<tr><td>更新频率</td><td colspan="5">本手册的调整频率相对较低</td></tr>
<tr><td>适用部门</td><td colspan="5">整个特许经营体系人员，包括总部、加盟商所辖的全体成员</td></tr>
<tr><td>主要内容</td><td colspan="5">手册在编制过程中至少要包含如下几个方面的内容：
1 设计说明
1.1 为什么要导入CIS（企业识别系统）
1.2 关于MI
2 设计思路
3 理念识别
3.1 企业宗旨
3.2 企业目标（愿景）
3.3 企业地位</td></tr>
</table>

续表

<table>
<tr><td>主要内容</td><td>3.4 企业使命
3.5 企业精神
3.6 企业训导
3.7 企业信仰
3.8 企业价值观念
3.8.1 企业核心文化
3.8.2 人才理念
3.8.3 服务理念
3.8.4 竞争理念
3.8.5 发展理念
3.8.6 危机理念
3.8.7 管理理念
3.8.8 法律理念
3.8.9 经营理念
3.9 企业哲学
3.10 企业道德
3.11 工作理念
3.11.1 工作准则
3.11.2 工作态度
3.11.3 工作要求
3.11.4 工作要求的最低标准
3.11.5 工作作风
4 理念识别的应用要素
4.1 经营口号、企业标语类
4.2 总部对加盟商的理念
4.3 加盟商对总部的理念
5 加盟商文化
5.1 加盟商使命
5.2 加盟商愿景
5.3 加盟商精神
5.4 加盟商信仰
5.5 加盟商核心文化
5.6 加盟商核心价值观
5.7 加盟商宗旨</td></tr>
<tr><td>编制要点</td><td>在编制该手册时，至少要注意如下几点内容：
1.站在企业的角度进行撰写；
2.站在积极、正能量的角度去撰写；
3.站在主题文化（比如家文化、军队文化）的角度去阐述和称谓；
4.尽可能地将注解内容压缩至最短；
5.避免生搬硬套式地进行词汇解释</td></tr>
</table>

续表

执笔人		审核人		审批人	
参与人					
本稿日期				修改批次	

（**本章编写人：**午甬　杨英武　杨冰）

第 7 章

新临建综合体标准体量

——千人级“建设者营地”解决方案

城市发展是百年大计，城市建设与运营管理是核心，新临建创新地解决了城市建设保障、创建和谐社会、边缘群体人文关怀、城市土地长效收益、行业职业化等一系列问题。凝结新临建概念和技术而成的新临建综合体，是城市建设者集中生活居住营地的实践，新临建综合体整体解决方案是新临建运营产品的应用平台。所以，新临建综合体建设设计方案应该是科技时代下智慧化社区和数字社区建设的延展与创新产物，体现城市发展水平以及城市建设者人文关怀的样板，为以后的城市运营起到长期的示范效应。

7.1 千人级“建设者营地”的由来与背景

就在一路筑服的新临建业务迈入正轨之时，我们得到了一次为雄安新区提供规划、设计“建设者营地”的机会。雄安新区作为具有全国意义的新标杆，其规划目标与实现“两个一百年”奋斗目标高度契合，所以做雄安的项目一定要坚持用大历史观来深刻认识新区的时代坐标，深刻认识千年大计、国家大事的丰厚内涵，以及“功成不必在我”的精神境界和“功成必定有我”的历史担当。雄安项目的总建筑面积约5.5万m^2，主要包括工人宿舍区约3.8万m^2，生活配套设施约0.3万m^2，食堂约0.8万m^2，办公用房约0.6万m^2。项目要求：满足雄安商务服务中心项目建设者在工程建设期间的食、宿、办公等需求。主要包含约6500名建设者及部分管理者居住；建设者的食堂、商业服务；约600人办公、会议等功能，同时为本项目设置消防站一座。该项目为临时建筑，预计使用周期约为3年，食堂及商业服务区需结合运营单位的使用要求进行设计。结构选型应充分考虑建筑材料的可周转性。

宿舍区、商业运营区、办公区均采用集装箱体。

为了适应雄安新区规划和建设要求，构筑绿色、环保、节能、人文的施工新环境，我们组成专题小组，连同中电科和华润融租对雄安新区建设工程数字化新临建进行研究并提出设想和方案。在参与雄安新区建设者营地规划设计建设工作中，充分展示了一路筑服构建工程建设者营地的思想，完善运营和服务理论并且努力实践，为雄安的建设者营地及数字化施工带来新思路、新方法的同时，也为一路筑服新临建产品带来了一次非常彻底的实践机会。

这一次的实践机会对新临建来讲意义重大，它不仅考验了新临建单项产品的实用性及合理性，也积累了大量新临建综合体产品的组团规划设计经验。在完成雄安项目后总结实战经验时意识到，雄安的建设者营地是为雄安新区建设工程高峰期7.8万劳务工人提供集中居住和运营服务的运营产品。其体量巨大，建设基地与总体规划挂钩，平整、宽阔，实际工程的规划条件好，规划设计有针对性地一次成型，并未考虑应对多种规划条件下的灵活多变。所以在进行了大量的优化工作后，我们按照千人级组团重新进行了规划设计，并提出了此“建设者营地”方案。

7.2 千人级“建设者营地”方案

千人级“建设者营地”方案作为雄安“建设者营地”项目的优化版，不仅要体现出高水平、高水准，在符合国家现行有关城市建设、规划、抗震、消防、环保、卫生、防疫、交通、供电、供水、通信等法规规范的基础上，突出绿色、科技、智慧的规划理念。同时，作为新临建综合体的基础版，在设计规划上要求具有前瞻性、预见性、可扩展性及扩展成本最大优化性；在配套的软、硬件产品上，有效地采用新技术、新设备、新材料、新工艺、新能源；在生活配套上以服务建设者生活和工作为目的，采用第三方服务外包，并提供多种合作方式。

7.2.1 新临建“建设者营地”（千人级）的规划设计

1. 面向对象

（1）开放给各施工总包企业和项目购买或租赁。

（2）城市政府级别的合作者，包括政府相关部门、城投及临时建设用地的管理者及所有者。

2. 规划、设计要求

建设者营地的规划、设计要求和数字化程度比工地新临建更高。其在运营和服务要求下增加了公共卫生、防疫和社会综合治理的设计，属于半封闭管理的社区。由于是政府级别或大型总包企业的合作项目，所以在大多数情况下与服务对象所在地点相对邻近、建设周期相对集中，适合多个工地建设者的集中管理，比较容易解决重要的交通运输难题。

（1）新临建“建设者营地”的设计定位

1）它是开发区集中建设，多建设单位、多单体项目建设人员的集中管理、服务和运营。

2）它是大型建设集团的不同子公司、多项目、同地区施工建设人员的集中管理、服务和运营。

3）它是超大型开发项目的建设单位为本项目所有建设人员的集中管理、服务和运营。

4）它是为特定施工单位、特定建设人员开发运营的集中管理和服务对外、短期租赁社区。

5）它提供社区一样的居住条件及公寓式的居住环境，配套商业、金融、餐饮、娱乐服务，创建安全、健康、快捷、便利、和谐的生活。

6）它提供系列的办公空间、商务服务和客户定制化服务。

（2）设计目标

建筑项目建设周期相对较长，单体项目建设周期一般均在3年以内。在这个周期中，无论项目的规模大小，办公、住宿、生活设施要求齐全。传统分散式临建建设带来的管理和服务资源浪费，费工、费力，缺少服务的难题都需要用新的商业模式解决。新临建“建设者营地”A型方案实施就是用集中建设和管理手段，为广大用户提供一种带有服务和运营功能，集安全、节能、环保概念的建设者住宿、工作、娱乐、购物、生活的短期生活社区，让建设者有宾至如归的生活感受，让外来人口的管理简单，在开心工作中构建出和谐的社会氛围。

新临建“建设者营地”的方案有效整合了现有资源，特别是管理和服务资源。在社区运营中采取条块管理模式，管理流程更加科学、有效，突出了集中管理，信息传递流畅，分工明确，调度灵活，避免了工作盲区。

在一个区域内集中管理，相对独立，互不影响，辅助以公共服务空间和物业化服务，极大地节省了企业前期新临建建设投资，经济、实惠。这是项目管理后勤保障的理想之选。这方便了业主与施工、监理单位和参加单位的直接沟通，提高了办公效率，增加了工作的公开性和透明度，业主、监理和工程其他参建人员从原来的角色转变为伙伴关系。

（3）总体设计要求

1）新临建“建设者营地”要体现出高水平、高水准，要突出绿色、科技、智慧、现代概念。

2）新临建“建设者营地”要有前瞻性、预见性，要有可操作性，采用新技术、新设备、新材料、新工艺、新能源。

3）新临建“建设者营地”必须符合国家现行有关城市建设、规划、抗震、消防、环保、卫生、防疫、交通、供电、供水、通信等法规规范的要求。

4）新临建“建设者营地”满足营区消防、环保、卫生、防疫、交通、供水、供电、供暖、降温等要求，安全、快捷、方便。

5）建筑所用原材料、构配件和设备的品种、规格、性能等，应符合国家现行标准的规定。

6）主要承重构件的设计使用年限不应小于20年，并应有相应的产品标志。

（4）功能设计要求

1）满足在工程建设期间的办公、餐饮、住宿、学习、社交、娱乐、购物等需求。区域设计满足约1000名建设者居住及160人办公服务住宿，400

人办公，384人同时会议（会议室具备视频会议功能）等功能。

2）配置建设者的食堂，含中央厨房、特色餐饮，就餐位约1200座位。

3）商业服务配置生活超市、服装鞋帽、五金百货等。

4）本项目设置消防站一座、消防泵房两处、废水处理站两处、中水处理中心一个、集中热泵空调机组两处。

5）本项目设置医务室、物流中心快递驿站、安全体验中心VR体验中心，职工娱乐、运动、健身场所等各一处。

6）产品设计使用寿命10年，预计使用周期约为5年，主要产品可以移动和搬迁。

7）结构选型考虑了建筑材料的可周转性。区域宿舍区、食堂区、商业配套区、办公区等均采用集装箱体。通过集装箱房屋产品（产品类型为“方便移动的模块”或“可移动的整体式钢结构集成模块”）设计、采购和安装，快速搭建可满足建设者在工程建设期间的食、宿、办公等需求，满足地基基础工程及水电配套工程。

3.项目设计参数

（1）建筑面积分配

1）宿舍区：宿舍区配备职工宿舍、管理员宿舍、服务人员宿舍等。

- 宿舍区设计划分为5个区，一共14栋宿舍楼，总占地面积9888m^2，总建筑面积为25302m^2，其中标准区为1区、2区、3区、5区四个区，每个区各有3栋宿舍楼，每个区占地面积1800m^2，建筑面积4968m^2，含每区配套服务108m^2（实名制通道、分配餐箱、垃圾站），屋顶楼梯间36m^2，合计19872m^2。
- 其中，4区为两栋U形宿舍楼，每栋楼占地面积840m^2，总占地面积1680m^2，每栋楼建筑面积2394m^2（含36m^{2}配套服务房面积），合计建筑面积4788m^2。
- 商业、服务人员宿舍楼面积为624m^2。

2）办公区（B-01-1）

- 办公区占地面积750m^2，总建筑面积2250m^2，其中一层建筑面积

750m^2，二、三层建筑面积各732m^2，屋顶楼梯间36m^2，办公区约300个办公位。

3）物业管理中心（B-01-2）

● 物业管理中心楼建筑面积660m^2[包括网络服务中心、监控中心126m^2，物业管理中心336m^2（含淋浴间、楼梯间），银行54m^2，保洁公司144m^2]

4）会议、教育中心（B-01-3）

● 占地面积522m^2，层高3200mm，建筑面积1144m^2。其中，一层240人大会议室建筑面积360m^2，24人小会议室108m^2，接待室48m^2，茶水间、卫生间36m^2。

● 二层为教育中心，建筑面积为288m^2，包括台球室102m^2、棋牌室48m^2、茶水间卫生间36m^2、乒乓球室102m^2。

5）餐饮区（A-01-1）

● 餐饮区占地面积1320m^2，建筑面积2694m^2。一层餐厅建筑面积1320m^2，其中中央厨房672m^2，就餐区648m^2，共544个就餐座位。

● 二楼就餐区600m^2，特色小吃加工经营区300m^{2}和中央厨房配餐区90m^2，共592个就餐座位。两层就餐座位合计1136个。

6）商业区（A-01-2/A-01-3）

● 商业区划分为两个区域：A-01-2区为两层建筑，层高3500mm。商业区总占地面积1464m^2，建筑面积2766m^2。

● A-01-2区：一层为生活超市1212m^2，二层为服装区1212m^2，屋顶新风机房90m^2、特色、鞋帽、品牌专柜。A-01-3区是单层建筑，为五金、交电、工具区，建筑面积252m^2。

7）消防配套设施（X-01-1/2/3）

● 总建筑面积为272m^2。其中，X-01-1消防中心站110m^2（含27m^{2}的值班室及维修工具房，83m^{2}的消防车库）。

● 消防泵房X-01-2/3两处各54m^2，合计108m^2。

8）服务中心楼（G-01-1）

● 服务中心楼占地面积288m^2，建筑面积594m^2。其中，应急医务室

$144m^2$（含医务人员宿舍），警务服务站$96m^2$，消防员宿舍$96m^2$，物流快递驿站$72m^2$，卫生间、洗澡间、楼梯$72m^2$，理发室$54m^2$，保洁库房$96m^2$。屋顶配套$18m^2$。

9）安全体验中心（C-01-4）

● 体验中心占地面积$126m^2$，建筑面积$279m^2$，其中安全体验中心面积$162m^2$，VR体验中心面积$117m^2$。

10）污水中水处理中心（S-01-1/2）

● 中水污水处理总建筑面积$198m^2$，其中：中水处理及泵房$90m^2$，污水处理设置两个污水处理站，各$54m^2$，合计$108m^2$。

11）移动电影院

● 无人值守移动电影院3m×6m箱配置6个，建筑面积$108m^2$。

12）公共卫生间、淋浴房、分类垃圾箱

● 公共健身中心及球场卫生设施$180m^2$，其中公共卫生间$36m^2$、淋浴房$36m^2$，宿舍区已配置。

● 公共区垃圾箱配置4个，公共健身中心2个，垃圾场$108m^2$。

13）供配电室

● 配置两处配电房，建筑面积共$144m^2$，其中供配电房为6个标准间，$108m^2$；设备配电房$36m^2$。

14）水泵房

● 供水增压水泵设施安装于消防泵房内，与消防泵同一室。

15）空气源机房

● 空气源设置为防护箱，规格为3m×6m×3.2m，屋顶安装水箱，建筑面积$648m^2$，其中空气源泵房1区$324m^2$，2区$288m^2$，保洁工具房$36m^2$，满足区域供暖、制冷、热水的需求。

16）门卫室

● 配置人脸识别、红外扫描GPS系统、实名制管理系统、设施分配管理系统等。

● 配置3通道，实名制通道箱7个，建筑面积$126m^2$。

● 主出入口配置车辆车牌识别系统。

17）围护、隔离设施

● 区域围护结构采用轻质彩喷模块围挡，满足防风及地方和政府环保文明标准。

● 营区隔离围挡采用型钢骨架网状护栏隔离，各个分区安装识别门禁系统。

18）营区停车场

● 区域配置100～150个小车停车场，停车场采用智能管控系统控制，根据需求可以增加设置部分立体停车场，配置部分货车及大型客车的临时停车场。大型车辆按计划登记进场。

（2）规划面积分配明细（表7-1）

规划面积分配明细 **表7-1**

项目	占地面积	建筑面积	单位	层数	说明
总面积	31182	37287	m^2	1～3	含办公、宿舍、服务、餐饮、商业、健身、娱乐、教育等
办公区	750	2170.4	m^2	3	一层建筑面积750m^2，二、三层建筑面积各732m^2，约300个办公位，含会议室、接待室、公共卫生设施等
宿舍（含商业）	9504	25302	m^2	3	其中标准区19872m^2、3区4788m^2、商业区642m^2
物业楼	330	660	m^2	3	网络服务中心、监控中心126m^2，物业管理中心336m^2（含淋浴间、楼梯间），银行54m^2，保洁公司144m^2
会议教育中心	522	1144	m^2	2	大会议室360m^2，小会议室108m^2，接待室48m^2，茶水间、卫生间36m^2。二层为教育中心264m^2
商业（餐饮）	1320	2694	m^2	2	中央厨房672m^2，就餐区一层648m^2、二楼600m^2，共1136个就餐位，特色小吃区300m^2和中央厨房配餐区90m^2
商业（购物）	1464	2766	m^2	1～2	生活超市1212m^2，服装、鞋帽、特色品牌区1212m^2，五金、交电、工具区252m^2

续表

项目	占地面积	建筑面积	单位	层数	说明
消防中心站	272	272	m^2	1	值班工具房27m^2，车库83m^2，消防泵房54m^2×2=108m^2
服务中心楼	288	594	m^2	3	医务室144m^2，警务站96m^2，消防宿舍96m^2，物流快递驿站72m^2，保洁库房96m^2。理发室54m^2，其他配套72m^2
安全体验中心	126	279	m^2	3	其中，安全体验中心162m^2，VR体验中心117m^2
中水、污水处理站	198	198	m^2	1	中水处理及泵房90m^2，污水处理设置两处，各54m^2×2=108m^2
移动电影院	108	108	m^2	1	3m×6m箱配置6个，建筑面积108m^2
公共卫生间、淋浴房、垃圾箱	180	180	m^2	1	公共卫生间36m^2、淋浴房36m^2，公共区垃圾箱配置4个，公共健身中心2个，垃圾场108m^2
供配电室	144	144	m^2	1	供配电房为6个标准间，面积108m^2，设备配电房36m^2
空气源机房	648	648	m^2	1	规格3m×6m×3.2m，1区324m^2，2区288m^2，工具房36m^2
门卫室	126	126	m^2	1	3通道实名制通道箱7个，建筑面积126m^2，配置人脸识别、红外扫描GPS系统

注：1.总占地面积约32007m^2(其中，院内31182m^2，院外绿化及入口道路813m^2)。
2.建筑总占地面积15577m^2，总建筑面积37287m^2

4.平面布置方案(电子图7-1~电子图7-4)

5.建筑规划、设计

建筑总平面布局应充分考虑人流、车流、物流的合理组织，应满足应急车辆的通行要求，应充分考虑建筑功能的合理搭配，为建设者提供舒适的工作生活环境；建筑间距应考虑日照、通风的相关要求；办公、宿舍、食堂区域应分开布置，单体平面宜采用内走道布置，以提高空间利用效率，应结合景观绿化、市政进行整体考虑。临时设施建设应符合绿色、智能、创新的相关要求。

（1）建筑设计

1）食堂区、商业配套区、办公用房、宿舍等主要房屋在符合标准化、模块化设计的基础上，还应充分考虑建筑立面造型、色彩、外檐等细节的丰富性，建筑风格与所在地区建筑风貌相协调；装修材料应满足绿色、环保要求，主要材料可回收利用。

2）房屋应具有自然通风和采光。外窗可开启面积应满足相关规范要求，应有良好的气密性、水密性和保温隔热性能，办公用房和宿舍的窗地面积比不宜小于1/7的规定。

3）房屋地面高出室外设计地面150mm，地面应对防水、防潮、防虫进行综合考虑，建筑物周边应排水通畅、无积水，房屋屋面应为不上人平屋面。屋面配置太阳能热水器及太阳能发电器时，应考虑合理支架，考虑承载、防风要求。

4）房屋的防火设计应符合现行国家标准《建筑设计防火规范（2018年版）》GB 50016—2014和《建筑内部装修设计防火规范》GB 50222—2017的有关规定，房屋的所有部件、物品均应采用不燃或难燃材料，围护结构材料的燃烧性能等级应达到A级。

5）建筑物的耐火等级、最大允许长度、防火分区的最大允许建筑面积、防火间距、安全疏散要求等，应满足现行国家规范《建筑设计防火规范（2018年版）》GB 50016—2014的相关要求。

6）厨房墙体的耐火极限不应小于2.0h。厨房灶具、烟道等高温部位应采取防火隔热措施。

7）消防设施应按照《施工现场临时建筑物技术规范》JGJ/T 188—2009设置，且应满足现行国家规范《建筑设计防火规范（2018年版）》GB 50016—2014的相关要求。大空间室内配置消火栓及消防喷淋烟感装置，宿舍区各室配置烟感消防联动报警装置，室外设置消火栓、消防接合器，同时每100m^{2}建筑面积应至少配备两具灭火级别不低于3A的灭火器。

8）地面宜采用增强水泥板加PVC地胶、花纹铝板、复合地板、塑木地板。顶面宜采用集成式吊顶。宿舍区采用钢质防盗门塑钢防盗窗，办公区采用断桥铝门窗，办公区正立面采用玻璃幕墙，商业区采用彩铝门窗。

9）场地内应结合建筑布局进行适当绿化，场地内道路主路应采用装配式混凝土道路及装配式钢板道路，其他道路采用装配式集成树脂道路、步道砖道路、套头砖道路及塑木地板道路，满足车辆通行及专用步行道的要求。

10）按照新区要求设置围挡，配备室外路灯照明。照明系统采用分时控制式照明，路灯及公共设施长明灯均采用光补照明。

11）考虑必要的防洪防汛措施，保证场地内不积水、不内涝，满足设施安全及相关要求。

12）考虑设备、电气专业的管道、线槽和设备的安装，箱房线路在出厂时预留安装条件。

（2）结构设计

结构设计应满足现行规范及标准的相关要求，满足新区抗震、抗风的相关要求，应进行地基和基础承载力计算，结构安全等级不应低于三级，结构重要性系数不应小于0.9，建筑的抗震设防类别应为丁类。

1）临时建筑的结构计算模型应符合其主要受力特征和构造状况。结构布置宜规则，质量和刚度沿建筑物高度方向的变化宜均匀，所有构件之间应有可靠的连接和必要的锚固、支撑，保证结构的刚度和整体性，传力路径直接、合理。

2）结构构件和连接计算时，荷载效应组合、荷载分项系数、荷载组合系数的取值应满足《建筑结构荷载规范》GB 50009—2012的相关要求。

3）临时建筑宜主要采用现浇钢筋混凝土基础，部分采用预制混凝土板、梁基础，基础埋深满足所在地区冻土深度条件的要求，埋深部分可以采用2∶8灰土、级配石、建筑废料混合物夯实即可（注意：建筑废料不能含易腐物及不易压实物）。

4）附着在临时建筑上的设施、设备应与主体结构有可靠的连接，并应进行受力验算设计。

5）房屋承重结构用钢材的相关性能应符合现行国家标准《碳素结构钢》GB/T 700、《低合金高强度结构钢》GB/T 1591、《冷弯型钢通用技术要求》

GB/T 6725的相关要求，钢材的强度设计值、性能指标应满足现行国家标准《钢结构设计标准》GB 50017和《冷弯薄壁型钢结构技术规范》GB 50018的要求。

6）箱式集成房屋单元的主体结构宜为钢框架结构，围护结构应设计为拆装式，且采用具有保温隔热功能的金属面夹芯板。房屋墙板用彩钢板的厚度不应小于0.5mm，房屋单元顶板用彩钢板的厚度不应小于0.5mm。

7）箱式集成房屋单元的主要承重构件宜采用镀锌基材，采用适宜于镀锌基材的油漆。主要承重构件的钢板厚度不应小于2.0mm，且不宜大于6.0mm。用于檩条和墙梁的冷弯薄壁型钢壁厚不应小于1.5mm。结构构件的板件宽厚比、构件长细比等指标应满足现行国家标准《钢结构设计标准》GB 50017的要求。

8）钢结构主要受力构件的防火保护层应根据耐火等级进行设计，在设计文件中应明确钢材除锈等级与方法、防火与防腐涂料性能及涂层厚度等要求。

（3）电气设计

1）应整体考虑该临时设施的用电负荷，包括食堂、商业、配套用房等区域的预留用电量；预留配电箱应满足该区域功能用电需求。

2）场地内供电干线、供配电箱柜、开关插座、灯具等均应设置到位。照明光源均采用节能光源，公共设施照明开关采用声光控开关。

3）每幢建筑进线处应设置电源箱，并应设置具有隔离作用及短路保护、过负载保护和接地故障保护作用的电器。

4）房间内应配置漏电保护器，漏电保护器的选择应符合现行国家标准《剩余电流动作保护电器（RCD）的一般要求》GB/Z 6829和《剩余电流动作保护装置安装和运行》GB/T 13955的规定。

5）建筑物内的照明应配备到位，应优先采用高效光源和节能灯具；照度应符合现行国家标准《建筑照明设计标准》GB 50034的有关规定。

6）临时建筑的电气防火、应急照明和疏散指示标志应符合现行国家标准《建筑设计防火规范（2018年版）》GB 50016的有关规定，还需符合现行国家标准《火灾自动报警系统设计规范》GB 50116的规定，设计电气火灾监控系统和防火门监控系统。

7）应按现行国家标准《建筑物防雷设计规范》GB 50057的相关要求设置防雷设施。

8）应根据不同功能区域设置电表，实现分区计量。特殊要求如下：

- 办公区域的总干线安装用电计量表。
- 各地块居住区域的总干线安装用电计量表
- 居住地块各栋楼需分别安装用电计量表。
- 配套区大屏幕及控制室、物业用房、VR教室、大会议室、驿站等独立部门配置独立的电表，并入物业管理。
- 配套区均应该设置专用电表。

9）配电房位置及防火标准应符合《建筑设计防火规范（2018年版）》GB 50016的相关要求。

10）营区道路、公共卫生设施、公共设施、长明灯采用光补供电，太阳能发电设备安装在各楼顶层。

（4）给水排水设计

建筑给水排水设施的设计应做到安全可靠、经济合理、维护管理方便，并应整体协调；应采用节能和节水措施，采用节能型设备和节水型器具，其相关要求按现行国家标准《建筑给水排水设计标准》GB 50015及有关标准执行。

1）应整体考虑该临时设施的用水量，包括食堂、商业、配套用房等区域的预留用水量，预留位置应设置阀门。

2）食堂区、商业配套区、宿舍区域供水管道应设置增压设备，保证二、三层功能用房的供水压力。

3）室内外排水应有组织地排放，不得污染周边环境和水体。

4）污、废水应根据排放要求进行处理，项目设立中水处理系统，达到规定的排放标准的污、废水加以综合利用。厨房废水经统一的隔油设施处理后，水部分排至中水处理站收集处理，油脂部分外运加以利用。

5）生活饮用水管网严禁与非饮用水管网连接，严禁生活饮用水管道与大便器（槽）直接连接。

6）给水排水管道和设施应采取防冻措施。

7）应根据不同功能设置水表，实行分区计量。在各地块居住区域的总干线安装自来水/中水计量表，居住地块各栋楼、各管理区需分别安装自来水/中水计量表。办公区域的总干线安装自来水/中水计量表。办公区域的总干线安装自来水/中水计量表。

8）宿舍区每栋楼淋浴系统前端各需要一块水表。

（5）暖通设计

1）除走廊、楼梯间等公共空间，均应设置空调系统，以满足北方地区夏季制冷、冬季供暖的要求。根据使用区域布置空调，办公室、宿舍设置分体空调，生活配套楼的空调冷热源采用低温空气源热泵机组。

2）室内温度设计参数：夏季室内设计温度不宜高于26℃，冬季室内设计温度不宜低于18℃，并同时满足运营方要求，超市不小于180W/m^2，食堂不小于260W/m^2。

3）空气源热泵系统应考虑分区设置，采用模块化空气源热泵机组。

4）总平面布置中应考虑空气源热泵机组的安放区域，做到美观统一，并尽可能减少设备对居住区的噪声影响。

5）生活配套楼室内应采用低噪声型风机盘管，配备ABS材质百叶风口。

6）空气源热泵空调系统循环泵组应独立设置在设备房内，设置集中控制；设备房内考虑适当的检修通道。

7）空调供回水管道应合理布置，便于维修；管道应采用B_1级难燃橡塑保温棉进行保温。

8）空调冷凝水有组织地进行排放，在模块化房屋外侧统一安装冷凝水管。

9）应选用在华北地区类似功能建筑中成功运行的主流分体空调、低温模块式空气源热泵品牌。

（6）景观设计

1）景观设计应延续总图规划设计概念，结合入口设计为广场，处理好组团绿化、道路绿化、公共绿化的关系，合理有效利用基地与场外的高差，考虑设置一些面积小、空间丰富、精致宜人的景观环境节点（景观小品），结合总体设计风格考虑标识系统的设计。

2）对项目的建筑整体规划、空间关系及不同用地之间的关系进行评估并提出建议，对基地周边现状资源进行分析和评估，对项目周边城市道路景观提出可利用建议，确定各种景观空间（开放／半开放／半开私密／私密等）的平面布局、空间关系、竖向关系、元素组织、场地景观节点形式（铺装、雕塑等）、绿化效果及树种意向等。

3）景观设计风格要与建筑设计相协调，具体地阐释细部节点设计思路，相关指标要满足绿地率等相关经济技术指标要求，设计方案硬软比，即硬景的面积占景观总面积的比例要适用于该项目，外部空间的设计布局和饰面坡度、排水系统等进行协调配合，与各专业校对和景观的冲突之处，根据建筑及各专业工程相关信息完善设计内容。

4）材料选择、色彩搭配以及细部处理都应根据当地气候特点重点考虑，要求进行植物配置时结合当地特定的气候特征充分考虑。

（7）智能化设计

配备必要的安防系统，包含视频监控、人脸识别、红外体温扫描测试等系统，无线网络覆盖、5G应用。集中设置网络机房、监控中心，系统管理中心，进行统一管理。

1）视频监控系统

- 营区的出入口、主要道路、停车场区域、食堂、值班室、宿舍楼、办公楼内等重要区域要求设置红外监控摄像机。
- 采用1080P的数字高清摄像机，24h无死角不间断持续录像，录像储存时间不少于30d。

2）人脸识别系统

- 营区出入口设置人脸识别、红外体温扫描实名制管控系统，结合人行闸机（人脸识别一体机）控制人员的进出，未录入系统人员不得进入。各个区域进出口配置同样识别系统，保证满足卫生、防疫要求。
- 人脸识别准确率≥99%，面部识别距离0.3～1m，防水等级IP55。

• 宿舍楼、办公楼（主入口除外）对外出入口门设置人脸识别、虹膜识别、红外体温扫描门禁系统，以实现对出入口的管控。

• 办公楼入口处选用智能机器门，支持人脸、虹膜识别、红外体温扫描、刷卡、二维码、访客身份验证等多种开门方式。该门为双门互锁，防尾随，A门、B门实现物理防夹、主控逻辑防夹功能，确保业主通行安全，通道无盲区视频监控。监控中心远程状态监视，访客对讲，身份核实，远程开门等。

3）无线网络系统

• 宿舍、办公及生活服务区域实现无线网络全覆盖。

• 配备工业级无线交换机及无线AP，每AP用户数量应考虑并发用户数量，满足使用要求。

• 无线网络覆盖团体用户可以网关型认证系统，以硬件形态为主，一般串行在网络出口。个人用户通过软件型认证（网络认证），网络认证方式一般有Portal认证、手机短信认证、QQ账号认证、微信账号认证、钉钉账号认证、二维码认证等，用户申请认证，账号登录。

• ①采用WEB页面重定向方式用浏览器为用户推送认证页面，用户终端就可实现认证。在保证网络安全认证的同时，用户在第一次通过Protal认证之后，再次连接网络就不需要再进行认证，直接就可以接入网络。②手机短信认证主要用于个人用户及外来访客。当外来用户有接入网络需求，采用手机短信认证的方式，用户通过自己的手机按需开通账户，管理员只需要预设好账户收费金额及时间，账户到期后会自动销户。③二维码认证是目前基于移动终端应用的一种认证方式，系统将用户终端的MAC地址信息以二维码的方式表现出来，网络授权由用户通过手机扫描二维码的方式进行授权。用户上线认证方式建议采用CHAP加密认证方式。

• 收费管理通过DCSM-RS Radius平台与DCSM-BW宽带业务管理平台同时部署，DCSM-RS Radius平台负责用户实时认证、计费、控制策略下发以及Portal页面推送，DCSM-BW宽带业务管理平台则负责用户管理、业务策略配置、账务处理、统计报表输出、自助服务、数据维护等后台业务功能。DCSM-RS与DCSM-BW服务器均需旁路部署在受防火墙等网络安全设备保护的数据中心中，原网络的部署与结构无须调整，只需接入控制层的网络设备支持相关的Radius和Portal协议。另外，防火墙等网络安全设备须允许RADIUS、PORTAL报文通信。

（8）综合布线系统

1）本系统主要以非屏蔽六类双绞线、大对数电话电缆及光纤组网。

2）每个工位设置一个网络口和一个电话出口。

3）营区每个宿舍布置一个网络口，网络服务中心每个位配置一个网络口。

4）商业用户独立申请网口，公共设施楼配置不少于两个网口。

5）其他域无线覆盖，用户通过手机号、微信号、二维码等方式申请认证，账号登录。

6）信息导引及发布系统：在大门出入口、办公楼、商业楼、活动中心等设置LED显示大屏，主要用于播放文字、宣传资料、天气预报等。系统联网时可远程操作，在监控中心管理电脑编辑、更改信息，系统支持脱机运行，管理电脑关闭时仍能正常显示。显示大屏就近取电，监控中心管理设备由UPS集中供电。

（9）背景音乐和广播系统

营区出入口、主干道路、餐饮中心、厚度中心设置背景音乐音箱，由监控中心控制背景音乐的播放。系统主要由节目源设备、信号放大器及处理设备、扬声器设备和传输线路组成。系统实现分区广播，定时广播。

（10）周界防范系统

1）在营区、办公围墙上方设置红外对射探头支架安装，监控中心选用总线制报警主机，系统可在主机的键盘上进行系统的撤防、布防，对任意一个防区进行旁路，违法进入时声光报警。所有报警均可以在管理电脑上形成报警记录，便于查阅和管理。

2）周界报警系统采用有线或无线发送进行传输，信息接收至监控中心发布给就近摄像头进行资料抓拍。监控调度中心调试将信息发送给安保部门、区域警务站，微信推送给有关人员。

(11)一卡通系统

1)一卡通系统包含门禁系统、POS机收费系统。

2)门禁系统采用网络式门禁系统，物业管理中心设置管理主机、一卡通系统服务器。办公室出入口门、宿舍主要出入口位置设置门禁点。门禁控制器设置于防护区内。

3)一卡通系统于食堂、商业、用水、用电等范围。收费部门设置POS机，管理部门统一结算。

6.功能规划设计

(1)宿舍

1)应设置独立宿舍区，采用集装箱体。

2)宿舍门配置智能感应刷卡锁，每间配备不少于8张IC用户卡及2张管理员卡。

3)宿舍内应保证必要的生活空间，人均使用面积不宜小于2.5m^2，房间使用人数不超过8人/间。

4)室内净高不应低于2.5m，宿舍内层铺搭设不应超过2层。

5)宿舍照明用电应采用36V以下的安全电压；照度不小于100lx，采用节能灯具。

6)宿舍应每床位配置一个USB电源插座，不少于8个，不宜集中设置在同一面墙上。宿舍区以栋为单元合理设置集中充电装置，以满足日常充电需求。

7)洗漱用品、脸盆统一存放在公共盥洗室。

8)宿舍集中设置洗衣房、卫生间、洗漱间。

9)每间宿舍配置一台分体空调、智能管控。

10)每栋宿舍楼配置一间垃圾间，距离餐饮中心较远的宿舍每栋配置中央厨房配餐箱房(装配式集成配餐中心)。

11)每个区域配置一台箱式实名制通道。

(2)办公用房、物业楼

1)设置独立办公楼及物业管理楼，合理规划办公用房布局，办公楼至少应能满足300人的办公、会议需求，包括办公室、会议室、资料室、贵宾室、候会室等主要功能，提倡简约、集中式办公理念。会议室统一交由运营公司管理，共享接洽室。办公用房统一设计，在流线和功能分布上以总包、监理、业主进行物理分隔单独管理。物业管理楼配置满足40人办公。

2）室内净高不应低于2.5m，办公室的人均使用面积不宜小于4m^2。

3）按使用需求，办公楼设置满足约20人使用的小型会议室，大型会议室在会议中心及教育中心举办。

4）每层办公区均应分别设置男、女厕。

5）档案室及资料室等对防火和结构承重要求较高的用房应设置在办公楼一层，档案室及资料室多单位集中办公。配置公共网络打印机及公共办公设备。

6）办公室照度不小于300lx，采用节能灯具。办公室应配备饮水机电源及办公电源插座。

7）办公用房根据布局，每个工位处需预留插座电源和网络接口。

8）除走廊、楼梯间等公共区域以外，均设置分体空调。

9）配置一间分类垃圾间。

（3）餐饮区

1）餐饮就餐区应按区域20%考虑设置，营区就餐厅设计1200个座位就餐厅，就餐厅配置洗手间及残余箱。

2）餐饮考虑1%～2%人的清真餐饮区域和5%特色区域。其他餐饮由中央厨房提供，区域配备8个中央厨房配餐中心，每个配餐中心满足350人餐饮分餐。

3）中央厨房、就餐厅、配餐中心、食堂与其他建筑的距离不应小于现行国家标准《建筑设计防火规范（2018年版）》GB 50016的防火间距要求，与厕所、垃圾站等污染源的距离不宜小于15m，且不应设置在污染源的下风侧，餐厅增设纱窗、门下设置挡板。

（4）中央厨房

区域配置中央厨房，建筑面积700m^{2}左右，中央厨房设置在餐饮区一层，

1）中央厨房的特点；

2）中央厨房设计原则；

3）平面布局要求；

4）平面功能布置。

（5）厕所

1）应采用标准模块化功能单元，在宿舍区应每层设置满足使用要求的男、女厕所。

2）厕所内应配置冲洗台盆；男厕设置蹲坑和小便斗；女厕设置蹲坑。

（6）晾晒区

晾晒区、淋浴区及开水间以宿舍楼为单元合理设置，保证每栋楼有一处，满足晾晒及通风、排湿需求。晾衣服主要设置在各户阳台及通道。

（7）淋浴间

1）应采用标准模块化功能单元。淋浴器选用节水型设备。淋浴间应安装防水防潮灯具和防水开关。

2）集中淋浴间热水器由空气源供给，配合商用电热水器。

（8）开水间

1）每栋配备开水间，开水间应配置防水、防潮灯具和防水开关。

2）宿舍预留开水炉用电负荷不小于5kW。

3）预留市政给水管接口一处，并预留排水管道。

（9）文体活动场所

1）室外应配备不少于1块标准篮球场、1块羽毛球场及相应设施。

2）设置健身场地，并配置一定数量的健身器械。

3）独立的室内活动场所，并配备不少于4个乒乓球台、4个台球桌、4个棋牌桌及设施。

（10）教育、娱乐

区域配置一处教育中心大约200m^2，6个移动无人值守电影院，可供120人同时观看电影。

（11）应急医疗卫生服务站

配置144m^2应急医务室，配备门诊、药房、输液室，医务人员值班宿舍，满足内部人员简单的门诊、急诊、急救、常见外伤处理、一般性医疗检验等需求。预留相应的用电负荷及给水排水接口。

（12）警务工作站

服务中心配置警务服务站，含接待室及值班室96m^2。

（13）消防站

配置建筑面积为272m^2的消防设施房。其中，消防中心站110m^2（含值班室及维修工具房27m^2，消防车库83m^2），消防泵房两处，各54m^2，合计108m^2。

（14）物流快递驿站

服务中心配置物流快递驿站72m^2，为区域商业用户配备物流服务。

（15）安全体验中心、VR体验中心

区域配置安全体验中心162m^2，VR体验中心117m^2，配置相应设备。

（16）理发、票务

服务中心配置理发室54m^2，票务预订中心18m^2，预订国内外车、船、机票。

（17）垃圾站

1）宿舍营区每两栋配备一个分类垃圾箱。

2）办公区、商业区、餐饮区、运动场等公共区域配备4个分类垃圾站。

（18）其他配置

其他配置见总平面图，见电子图7-1～电子图7-4及设计概况。

注：主要设计图纸内容可向一路筑服索取。

7.2.2 新临建“建设者营地”（千人级）的管理及运营服务

1.物业化管理

新临建建设者营地智慧化的管理设计特性及半封闭社区管理是它的显著特点。各个模块的管理都有相应的标准和规则，集中式的商业物业管理平台和先进的技术是提高管理效率及效果的重要手段。管理方式是商管平台的专业支持中心管理+驻场式管理，其中主要内容包括资产管理、设备管理、社区管理、人员管理、安全管理、健康管理、生活管理等方面。有关商业物业管理的内容在第4章已经介绍过了，所以本章主要针对案例介绍单一项目的物业管理内容。

（1）智能办公室、宿舍分配管理：利用软件进行宿舍和办公室职能分配。对于实名认证和宿舍管理，授权门禁功能。

（2）实名制管理服务：所有进入建设者营地的人员必须实名登记和实名认证，并且在有效期内进行门禁和考勤记录管理。

（3）安保管理：

1）门卫保安工作、巡逻保安工作、重大事件报告管理、保安员巡更管理、保安员交接班管理、护卫设施设备管理、安全监控管理、监控中心管理、安全防范管理、部门主管的检查规程、员工安全防范检查、消防管理、消防人员管理、火灾扑救及安全应急预案等。

2）掌握营区工人的动态，维护秩序，监视并保持营区的正常运行。

3）密切注意进入营区的人员，严格执行来访登记制度，对身份不明（无有效身份证）、形迹可疑、衣冠不整者，应禁止其进入。

4）对进出停车场的车辆进行检查、核对、换证、登记。

5）配合综合治理工作。

（4）保洁管理：

1）办公区、营区、商业区内的室外道路、广场、运动健身区、体验区、休闲区的设施、绿化带等的清洁保养，日常保洁。

2）制订办公、商业、娱乐、宿舍、休闲、娱乐、健身、活动、地面、走道、宿舍、公共门窗及附属设施、水房、洗衣房、淋浴、地面、走道、公共门窗、配套设施及附属设施的保洁管理监督办法及卫生防疫预案。

3）配合卫生防疫部门应对日常消杀工作。

4）配合卫生防疫部门应对突发公共卫生事件。

（5）维修保养管理

1）物业共用部分的日常维修、养护和管理。物业共用部分具体包括公共门厅、走道、楼梯间、雨水管、楼道灯等。

2）物业共用设施、设备的维护、养护、运行和管理，具体包括公共的生活用水管道、公共照明、消防设施设备。

3）共用绿地和花木的除草、修剪、浇水、防止踩踏等养护管理。

4）公共场所设施设备、房屋共用部位的清洁卫生、垃圾的收集清运、排水管理、污水管的疏通。定期清掏化粪池。

5）对建筑物、构筑物进行修补、加固、养护、改善，使其恢复原来的使用价值或者延长其使用期限的工程作业。对建筑物、构筑物进行修饰装修，使其美观或者具有特定用途的工程作业。

2.运营服务

新临建–建设者营地的管理是按照物业化商业社区管理的方式建立的，在提供物业化管理的同时收取相应的管理费用，但在实践中建设者营地根据建筑业的特点和行业要求，在收费上也会有别于一般的商业化物业，通常会采用总包与劳务分包分别收费的方法。此外，在运营项目上也分为服务型运营项目与收益型运营项目。

（1）服务型运营项目

服务型运营项目主要包括空调制冷供暖及热水管理服务、安全教育、生活垃圾处理运输等。

1）安全教育

此项目为收费类项目，根据需求派遣专用安全员定期到项目上参与员工安全教育（视频、图片、VR、讲解、案例分析等）专项安全规范讲解培训。根据需求现场参与监督、教育。对专业班组进行班前安全教育培训，并对专业负责人进行班前安全教育培训。

2）生活办公垃圾处理运输

此项目为针对劳务分包的保洁收费类项目，主要内容如下：

- 建筑垃圾调度立项计取清理运输费，每吨建筑垃圾收取60～80元。

• 生活垃圾按参加建设人数每月每人8～10元，或生活垃圾0.4～0.5元10kg计收。非生活区垃圾每月每人4～6元。

• 卫生间、厕所按坑位收取清掏运输费，每个坑位20～25元/月。

• 广场、道路垃圾运输0.6～0.8元/(月·m^2)，餐厅、商场0.5～0.7元/(月·m^2)。

3) 空调制冷、供暖、热水管理服务、运营

此项目为分区域维修收费类项目，负责设备系统设计、选型、安装监督、调试、运行、日常管理、维护、卫生保洁等事项，系统安装表，按表用量收取费用。

(2) 收益型运营项目

收益型运营项目主要包括自助洗衣机房、生活服务超市、教育影院、餐饮服务、商业招商管理等。

运营方式：目前，采用商业管理平台统一外包分成方式。

1) 洗衣房自助洗衣房

• 服务内容：洗衣房洗衣机配置自动收费系统，项目采用一卡通及移动支付方式收费，负责设备维护及保洁工作，定期进行设备安全检查工作。

• 运营方式：采用外包方式，设备商投资设备，物业管理负责维护运营，系统显示运营金额再扣除水、电等运行成本，商业管理平台收取利润的40%纯利润分成(包括卫生保洁、设备运行管理、人工费)。

2) 商业(超市、线上线下零售业务)

• 服务：超市、商场配备专业商品采购销售管理软件及设备，部分小商品(以食品为主)采用实体便利店或售卖设备的线下方式，其他物品采用线上订单集中配送的方式。

• 运营：实体店采用招商入驻的方式，实体店装修与售卖系统为项目提供平台，为合作商提供配货，商业管理平台收取流水10%的管理费；如果合作商投资实体店硬件，商业管理平台收取流水8%的管理费。

3) 娱乐影院

• 服务：教育影院配备专业管理软件，票务售卖设备(前端)平板电脑

手持移动端、出票机、影票售卖设备（后端）影院结算系统，项目包括定期的收费大片、实时的免费节目。

● 运营：商业管理平台提供影院设备，收费项目为定期的收费大片、实时的网络直播及附送的免费节目，并开展广告投放、直播带货等电商业务。

4）餐饮服务

在“建设者营地”案例中，餐饮服务主要是以劳务派遣合作方式开展，即新临建中央厨房建设、厨房设备、材料等由项目提供，餐饮公司根据日供应量合理派遣厨房管理员、操作人员、餐厅服务人员，负责原材料采购供应及加工制作，为项目入驻人员负责每日三餐以及小餐厅包间宴请餐工作。餐饮公司与新临建大商业管理平台按每日营业额提成的方式开展。

7.2.3 新临建“建设者营地”的中央厨房设计

1.设计特点

（1）中央厨房按占地面积为商业配套区域的20%～30%设置，配餐能力设计按1200人同时就餐考虑，独立配置垃圾箱及残余箱。

（2）餐饮量应考虑1%～2%人的清真餐饮区域和5%特色区域，在功能上可做到适应包括临时点餐的各种加工方式及南北方各种食物的制作。

（3）中央厨房与就餐厅、配餐中心、食堂与其他建筑的距离不应小于现行国家标准《建筑设计防火规范（2018年版）》GB 50016的防火间距要求，与厕所、垃圾站等污染源的距离不宜小于15m，且不应设置在污染源的下风侧，操作区增设纱窗、门下设置挡板。

（4）中央厨房为独立设置，模块化组合，具有易分解、易移动的特点，区域配备8个标准操作箱体的基础组合，基础组最低可满足500人就餐。1000人级的需再增加主食储存、面点、冷冻箱体各一组即可。

2.中央厨房平面布局

（1）基础配置

此为8个箱体的基础组合，分为售卖间、洗碗间、烹饪区、切配区、粗加工区、主副食品仓库、卸货区、操作预备区，见电子图7–5。

（2）功能性选配

1）主副食品仓库：功能性选配，可根据用餐人数的增加而增加，见电子图7–6。

2）冷冻仓库：功能性选配，可根据用餐人数及项目所在区域而增加，见电子图7–7。

3）面点加工：功能性选配，可根据用餐人数及项目所在区域而增加（如项目所在北方地区或北方食用面食的工人较多，则需要增加），见电子图7–8。

（**本章编写人：**魏和祥　王志新）

附录　新临建词典和用语

新临建词典和用语是对本书中专业术语在新临建语境下的解释，仅限于方便读者在阅读时进行检索和理解词语的确切含义，方便使用者在新临建业务中的规范化用词。

1.新临建：是以创新理论、创新产品、创新模式构建的，跨行业、多维度全新商业机会；在信息技术、金融产品、运营服务加持下，围绕建设者生活、居住和工作整体解决方案建立起的以建设、运营、服务为主要内容的专业应用和商业机会。新临建基本形态是以新临建产品、服务、运营融合打造的，旨在不断提高建设者生活、居住及工作质量的半封闭工地综合体和城市建设者社区。新临建的基础是利用全新模块化产品和信息技术打造的可移动、可重复使用的临建资产，具备在轻资产运营大框架下的业务重置和复制能力，是未来构成工地运营和城市运营的主要辅助力量，是建筑业高质量发展的表现，并且可以延展应用于社会其他领域。

2.城市新临建：以工地新临建要素为基础，以满足城市建设者短期性居住生活需求，可以移动搬迁、重复使用的装配式模块化建筑组合而成的综合体社区，通过轻资产运营使其在满足城市建设者工作+居住+生活需求的基础上，具有独立赢利、资本运营、多行业整合的平台，称为城市新临建，典型产品为城市建设者营地、城市建设者之家。

3.筑服新临建：是一路筑服开发和运营的新临建产品和新临建综合体。是新临建业务的品牌和商标，用于区别于其他形式的临建设施。

4.新临建整体解决方案：新临建整体解决方案是一路筑服提出旨在解决

工程项目临建需求的创新性实现方法和商业模式，是集新临建规划、设计、产品、运营、服务在内的供应链、服务链、金融链高度融合的临建集中解决方式。摆脱了临建建设分散、琐碎、繁杂、资金等前期困难，同时也解决了临建使用阶段的资产管理、物业管理、运营管理和服务问题。让项目集中施工生产管理形成一套有助于建筑业健康发展的辅助施工生产新方式。新临建整体解决方式的拓展应用就是为城市建设者提供生活、居住和工作的综合解决方案。

5.新临建运营：就是针对新临建综合体的投融资、建设、服务、经营的媒介和管理行为；把有需求的人和事连接起来，进行融合、营销与管理，将客户需求和产品、资金、资产、服务体验结合起来，共享模式、共同盈利有机结合起来的高效、综合性的商业行为。新临建运营是去乙方心态的商业活动，是整合资源、协同能力核心竞争力的表现。将新临建资产开源，通过服务和运营增值、增效，最终达到盈利的目的。新临建运营是一门跨领域、跨学科、需要不同知识面的艺术，需要对单体产品和运营产品及服务的每个维度运筹帷幄，综合协调。新临建轻资产运营能力是未来企业发展的核心。

6.广义运营（大运营）：在新临建业务中，以解决资金、资源、客户、模式、资产以及退出机制等的外线运营。主要针对B、G端客户的融资难题，提高资金的媒介作用；大运营还有外线构筑竞争优势的作用，其中平台运营、品牌运营、资本运营、人才运营，是根据新临建业态定义的一个特殊运作行为。

7.狭义运营（小运营）：在新临建业务中具体的运营工作和服务。主要是新临建综合体的物业管理，安全管理，辅助政务，社区化服务，卫生防疫，工地管家外派，工人餐食配送，工地娱乐和工地其他延伸性服务，也包括客户、用户体验、自媒体等运营项目。

8.客户：就是新临建平台和产品销售与服务对象，是广义运营的首要对象，包括两大类：第一类为新临建业务提供各种资源的伙伴、利益共享者，包括提供新临建资产的信息和资源的企业（B端客户）；各种金融机构，其他商业伙伴（B端客户）；获得产品和服务的其他参与者（B端客户）。第二类为购买辅助政务服务的政府相关部门（G端客户）；代表G端通过合作方式获得产品和服务的城投公司。

9. G端客户：新临建业务主要指购买服务的各级政府，是建设者之家的主要客户。

10. B端客户：主要指掌握资源的大型地产商，金融机构，建设企业，大型劳务公司或平台，是新临建整体解决方案的主要客户。

11. 用户：新临建的用户是指，对于新临建综合体或相关平台产生黏性，并向平台支付费用（享受服务或加盟费）的个体或商业体。新临建的用户主要是在新临建内享受工作+居住+生活服务的城市建设者及依附于产品供应链与服务供应链上的配套商。具体地说：第一类为新临建业务的用户，主要指劳务工人、职业化工人、工地建设者、城市建设者的个体（C端用户）；第二类为利用新临建产品平台的产品配套供应商与商业平台为劳务工人提供服务的配套服务商（b端用户）。

12.b端用户：新临建产品生产与生活配套体系的配套服务商，由于新临建产品平台与服务平台的固定性需求，对新临建平台产生黏性。

13. C端用户：指工地建设者个体、班组，他们是具有高黏结度的消费和新临建服务的终端对象。

14. 工地互联网：指用于工地工作生活而构建的无线网络，包括WIFI、5G、4G技术实现的形式，是工地施工管理中连接各种平台的不可或缺的工具。属于工地必备的设施。

15. 工地物联网：IoT在工地的应用，指通过各种信息传感器装置与技术，实时采集监控、连接、互动的物体，采集其各种需要的信息，通过网络接入、实现工地物与物、物与人的连接，实现对工地物品、环境、施工机具、施工过程的智能化感知、识别和管理。

16. 平台：互联网手段的软件系统集成，将软件、系统的功能按照复杂的工作流、信息流、数据流等细化分离，根据用户的特色和客户的要求进行标准化架构开发。满足大多数客户需要的一种管理应用产品，有着比系统更加庞大的应用方式。建筑施工中的平台很多、很杂，地域化现象严重。平台有时也指具备赋能能力和推动发展的具有各种资源能力的企业与机构。

17. 系统：将施工中的各个流程、环节、要素按照一定通用规则而开发的多人、多单位、多使用方的软件工具，用广域网或局域网构成闭环。

18. 软件：指为建筑工程工作和生活而开发的工具类或协同、管理类的软件产品。有云端、PC和移动端应用之分。

19. 智慧工地：智慧工地是指运用信息化手段，通过三维设计平台对工程项目进行精确设计和施工模拟，围绕施工过程管理，建立互联协同、智能生产、科学管理的施工项目信息化生态圈，并将此数据在虚拟现实环境下与物联网采集到的工程信息进行数据挖掘分析，提供过程趋势预测及专家预案，实现工程施工可视化智能管理，以提高工程管理信息化水平，从而逐步实现绿色建造和生态建造。智慧工地将更多的人工智能、传感技术、虚拟现实等高科技技术植入到建筑、机械、人员穿戴设施、场地进出关口等各类物体中，并且被普遍互联，形成“物联网”。再与“互联网”整合在一起，实现工程管理干系人与工程施工现场的整合。智慧工地的核心是以一种“更智慧”的方法来改进工程各干系组织和岗位人员相互交互的方式，以便提高交互的明确性、效率、灵活性和响应速度。智慧工地是一种崭新的工程全生命周期管理理念。

20. 劳务实名制：旨在解决劳务人员进出施工现场实名认证的一种劳务管理方式。它有用工、记工的功能，后多为云端平台方式。硬件识别产品为人脸、虹膜、IC卡、二维码等方式，门禁则多以三辊闸、翼闸、高闸系统不同的应用方式。

21. 社区化服务：是参考社区网格化的方式，将施工现场中的四个区域进行管理区域细分，作业区与非作业区（办公区）、生活区、商业区进行分区管理的一种方式，主要是借助第三方的服务实现。包含生活、生产、增值服务、平台服务等多个方面，是未来工地后勤管理的一种普遍采用的方式。

22. 物业化服务：为工地新临建综合体进行物业管理的服务方式。根据工地的特点进行优化，增加驻场式工地管家、巡场式工地管家、生活管家和三位一体服务人员，改变传统工地后勤管理的效率，管理透明。

23. 装配式新临建： 装配式新临建是指把传统临建产品在工厂加工制作好构件和配件（如箱式房、围墙、道路、构件等），运输到施工现场，在现场装配安装而成的建筑型式。装配式临建产品采用标准化设计、工厂化生产、装配化施工、信息化管理、智能化应用，是现代工业化的生产方式。

24. 集成式新临建： 是将新临建产品特定用途和功能要求，在工厂进行产品的功能化和信息化集成，成为一种带有特殊使用标志的产品。在集成化应用中，它具有功能单一、使用稳定、维修方便的特点，是标准模块化产品。筑服新临建产品中的劳务实名制箱式房、开心影屋、中央食堂、实物配餐间、工地综合超市、智慧工地指挥调度中心、配电二级站、混凝土标养室等，都属于集成式新临建。

25. 新临建机电一体化： 施工区域内为提高建设者生活、办公、工作条件改善，对临时用水、临时用电，特别是集中冷源、热源、智能化管理、智慧工地等进行的统一规划和设计，以满足节能、环保要求。在运行中对商业模式进行优化，用最小的代价换取最佳效果的整体方法。

26. 商业模式： 商业模式就是如何将产品、市场、渠道、运营、服务、盈利、竞争优势、未来规划等进行有机结合而制定的一套商业操作方式。主要包括：价值主张、客户群体、渠道建设、客户关系、资源配置、成本、收入、核心能力、裂变模型、价值链几个方面。新临建的商业模式是在传统行业、传统模式上的创新发展，它涵盖的问题比通常的商业模式复杂和细致。在相应的章节中有详细表述。

27. 商业生态系统： 在商业活动中，按照自然生态相互依存、相互发展、相互促进的原则，组织可以相互联系的团体和个体组成的基础的、商业化的体系。按照制定的生态规则，服务特定对象以获取生存和发展机会，并按一个或多个核心企业指引的方向发展，构成一个强大的产业联合体。它包括企业、客户、市场参与者、产品提供者、服务提供者，资源提供者，还包括建立生态的所有者和控制者，以及在特定情况下的政府机构、相关的协会组织。新临建就是在此方式构建的全新的生态体系。

28. 创新商业： 新时期，特别是中国高质量发展的新阶段，运用客观发展的原理和规则，对传统的商业体系和方法进行重新设计、重新构建而获得不同的、有差异化竞争优势的一种商业形式。新临建属于创新商业。

29.盈利模式： 是在商业生态中，遵循商业模式下如何赚钱和如何多赚钱、长时间赚钱的逻辑和方法。

30.盈利模型： 用数学方式和金融方式按照政策及策略设计的一种通过销售或服务赚取利润的模型。它具有精确、直观的特点。

31.现金流生意： 在商业活动中获得的以现金方式或其他等同于现金方式的营收和回报，是企业经营最重要的指标。现金流在某种意义上比利润更能体现企业的生存状态。新临建的盈利模式中，现金流回报是非常重要的收入来源。

32.一卡通： 就是利用IC卡技术在特定使用环境中对门禁、消费、储值、身份识别等进行统一管理的一种手段。是运营进行现金管理的重要手段。

33.半封闭社区： 社区化管理的常用方式，即对管理区域进行物理分割和授权限制，通过门禁管理进出的社区化管理方式。比较全封闭式管理，人们的自由度更高，只限制没有授权的进入，而信息、资讯等不受限制。

34.劳务阿米巴： 为提高施工班组化的管理水平和不断优化班组人员的技能、责任心，培养班组人员的参与意识和节约意识，提高班组的生产效率，借鉴日本阿米巴式的管理方式。

35.产业链： 依据特定的逻辑关系和布局关系客观形成的链条式关联形态，是一个具有内在联系的企业群结构，存在着上、下游关系和相互价值的交换，上游环节向下游输送产品或服务，下游环节向上游环节反馈信息。产业链的实质就是不同产业企业之间的关联，构成各产业中企业之间的供给与需求的关系。

36.新临建展示体验中心： 是一路筑服品牌下以新临建产品、服务搭建的为供应链和客户服务的展览展示实体与方案虚拟空间，在中心可以体验所有产品和服务，可以接受咨询、订单和培训服务，是一种直观的商业展示销售方式。是实体和平台的综合体，也是加盟复制模式的必要手段。

37.新临建生态体系： 以新临建整体解决为目的，搭建的客户、用户、参与者、供应链、服务链、金融和运营服务的完整体系。所有参与生态建设的都是资源奉献者和利益获得者。

38.产品供应链：是新临建所有产品供应商搭建的产品供应实体展示和电商平台的销售体系，是新临建从建筑设计、生产、施工与装修配套材料的上下游供应链，该供应链可延伸至售后维保及资产运营。一路筑服是供应链的搭建者和平台的提供者，提供供应的信息，提供各种商业工具，提供金融服务的支持。产品供应链最大的亮点是利用线上线下的结合，将展示中心与工业4.0的生产厂整合为一体。它是建立在工业4.0环境下的供应链体系。此外，它还可延伸至售后的资产运维，是一个多元化的供应链体系，是为客户和用户与产品提供者之间搭建的一条桥梁。

39.服务供应链：是在服务商为新临建居住者提供服务外包时所产生的上下游供应链，一路筑服是供应链的搭建者和平台的提供者，供应链上游为新临建的使用者，下游为服务提供商。服务供应链最大的亮点是凭借着临建使用者的黏性客户特征，使用者与下游服务供应商提供的特定服务形成了一个稳定的供应链体系。这个供应链体系是临建配套服务提供过程中的服务销售+商品销售+商品配送所形成的财务与服务+物流的供应链体系，是为客户和用户与服务提供者之间搭建的一条桥梁。

40.新临建EPC：是工程总承包EPC方式在新临建建设的应用，是一路筑服独创的新临建整体解决方案的一个重要组成。从新临建工程总体策划开始，配合工程施工组织设计内容进行优化，按照工作内容进行采购各项工作，然后根据工程特色和要求进行施工、安装、验收、交付、培训。最大特点就是临建前期资金困难问题的解决。新临建EPC具有以下三个方面的基本优势：

（1）强调和充分发挥临建整体解决方案的主导作用，为后期运营奠定良好的基础。

（2）有效解决项目施工中临建工程琐碎、繁杂的工作，设计、采购、施工相互脱节的矛盾，有利于各阶段工作的合理衔接，有效地实现进度、成本和质量控制，代替项目管理人员很多工作，让项目管理人员的主要精力聚焦在施工生产上。

（3）新临建质量责任主体明确，新临建EPC是工程质量责任的承担人。

41. 新临建BIM： 将建筑信息模型（BIM）技术应用在新临建建设的实践应用。新临建整体解决方案从设计、生产、施工、交付、运维是全生命周期的项目管理范畴，同建筑业BIM应用有着非常相似的特征。模块化新临建的单体产品更是符合BIM应用的客观现实，有着BIM应用最佳场景。

42. 新临建工业化4.0制造： 是新临建单体产品在工业互联网概念下的生产加工方式。

43. 新临建建设： 是按照建筑施工管理的各项管理规定、制度和流程，对新临建工程的建设行为。

44. 新临建实施： 主要是对新临建中的单体产品和信息化产品进行组装、安装的行为。

45. 新临建综合体： 是一路筑服根据新临建特征和使用功能，适用对象的特殊性而提出的一种临建建设方式和运营方式。

46. 工地工作： 指在施工工地四区内的所有工作名称总称。

47. 工程项目参与者： 指在工地内的所有参建人员都是工程项目参与者，包括项目经理部人员、甲方、监理、工程管理、协同单位、材料单位、劳务单位、服务单位的在场人员。

48. 工地生活社区： 主要指为施工工作和服务的劳务分包单位人员的生活区。它的属性是半封闭化管理的区域，所需要的服务也相似于居民小区，故称为工地生活社区，也称为生活区。是新临建业务重点运营和服务的区域。

49. 工地办公区： 指有物理分割或没有物理分割的，用于施工管理人员、后勤保障人员、其他参建人员的工作和工地生活的区域。是新临建重点服务的区域。

50. 工地加工区： 指有物理分割或没有物理分割，用于施工现场加工材料、堆放半成品材料的区域，是智慧工地的重要区域。

51. 工地施工区： 指有物理分割或没有物理分割，用于工程主体建筑建设施工的区域，是智慧工地的重要区域。

52. 工地食堂： 用于解决工地人员餐饮的食堂设施，分为项目部食堂和工人食堂等。

53. 工地配餐： 通过快速热链配送的中央食堂餐食在工地现场的分发、记账、收费、回收餐余垃圾的方式，由特定的集成式配送食堂完成。工人食袋是一路筑服发明的特殊供餐方法，卫生、快捷、回收方便。

54. 工地中央食堂： 用中央食堂的概念为工地工人提供餐食服务的一种，它具有很多工地食堂不具备的优势条件，卫生、安全、标准化程度高、餐食水平高，是新临建整体解决方案中的重点工作。

55. 开心影屋： 是一路筑服为提高工地人员的生活质量而设计的20座和40座移动式电影播放与集中视频观看的模块化设施，是未来运营的主要项目和特色项目。为丰富建设者业余文化生活提供的一种服务型设施。

56. 综合便利店： 是建立在新临建生活社区内具有零售功能的模块化设施，是未来运营的主要项目和特色产品。便利店不仅提供建设者需要的生活类商品，还提供工作中常用的简易耗材、常用药品，也是未来电商货物集中配送的支点。

57. 文化活动站： 是和开心影院配套的阅读、休闲、待人接物小型活动区域。是丰富建设者生活的服务型设施。

58. 公寓式管理： 是指新临建生活社区居住管理的一种模式，公寓式管理除了日常物业化保障和服务之外，最突出的是居住用品由公寓管理方提供，根据季节和地区的要求达到最好的使用体验。同时，提供定期清扫、定期更换床单被罩的服务，解除生活上的不便。

59. 工人工资： 就是工人每月定期在工地工作后获得的报酬，由于工地的复杂性和工地管理的粗放性，工人工资有大部分时候不能按时获取，国务院与住房和城乡建设部为解决这些问题下发了文件，强化执行到位。

60. 工人劳务费： 短期工人或临时用工后获得的报酬。一般按照日工和点工包工计取。

61. 工人记工： 用劳务实名制产品和工人班组手工统计的方式对工人工作的出勤状况和出工时长进行的统计，是工人工资或工人报酬的结算依据。

也是欠薪纠纷的最大争议点的来源。

62.劳动效率：指工地工作完成合格产品与投入时间的比值，是评定劳动技能、工作态度和工作能力的重要指标。提高劳动效率是未来建筑业主要的工作之一。

63.工人培训：指对职业化工人的定期培训和对农民工技能、素质、安全的综合教育。由于中国建筑业的特点，很少有职业化工人或农民工接受此类的系统性培训。

64.安全教育：指针对现场工人和管理人员进行的各类安全教育和培训。内容很多，属于工地强制类的教育之一。由于各种原因，执行的效果良莠不齐。

65.素质教育：旨在提高建筑农民工基本素质，培养他们的主体性和主动性，在性格、智慧、潜能、技能、言语、行为形成健全个性的教育，是未来建筑业发展的实际需要。

66.爱国教育：是指树立热爱祖国并为之献身的思想教育。爱国主义是一面具有最大号召力的旗帜，是中华民族的优良传统。爱国教育的特点是：艰苦奋斗、辛勤劳动，不断丰富和发展中华民族的物质文化财富；反对民族分裂和国家分裂，维护各民族的联合、团结和国家统一；在外敌入侵面前团结对外，英勇抵抗，维护祖国的主权和独立；同一切阻碍历史发展和社会进步的势力和制度进行斗争，推动祖国的繁荣和进步。当代中国，爱国主义的本质就是坚持爱国和爱党、爱社会主义的高度统一。

67.自尊自爱自强教育：一路筑服倡导农民工阶层最需要的教育。自尊是完善健康人格的基石，是从身体到心灵要尊重自己的培养，自己要坚定树立做人的尊严。自尊的人，到哪里都能得到别人的尊重；自信，是自己要相信自己，是一个人最基础、发自内心的力量，坚定而踏实地工作和生活。自强是战胜困难的最好武器，是一种不会被生活困境打败的精神。这恰恰是农民工在城市生活中的短板，应该在职业教育中大力提倡。

68.新临建资产：就是指具有经营属性的新临建的硬件产品，包括临建模块房、新临建建筑物以及其他与运营有关的配套大型设备、工具等。新临建资产具备在一定时间内可以多次使用、出租、经营管理的特点，是经营价值达到一定标准的非货币性资产；作为成套设备，具有经营性固定资产的特点。

69.新临建资产运营：指以新临建资产增值最大化为目的，以体现新临建资产价值管理为特征，对新临建资产进行优化和配置动态调整为手段，以价值化、金融化的方式完成采购、收购、资产重组、债转股、租赁经营、托管经营、参股、控股、转让等各种途径优化配置，提高资产运营效率和效益，实现新临建资产保值、增值目标的一种经营方式。

70.资产翻新：对于已经使用过的新临建资产回收并且进行翻新处理的二手资产处理方式，是增加新临建资产使用时间提高价值的一种手段。

71.融资租赁：是指出租人根据承租人对租赁物件的特定要求和对供货人的选择，出资向供货人购买租赁物件并租给承租人使用，承租人则分期向出租人支付租金，在租赁期内租赁物件的所有权属于出租人所有，承租人拥有租赁物件的使用权。在新临建业务中的融资租赁有以下几个特点：

（1）融资租赁业务是建立在产品供应链上的。

（2）在业务开展过程中，产品供应链平台既是出租人，也是供货人。

（3）承租人可能是新临建产品的使用者，也可以是项目投资者组成的SPV公司。

（4）从产品的特点来看，新临建虽然具有房屋的特性，属于不动产，但由于其模块化的处理，再加上临时建筑的性质，使其具有了可移动设备的特点。出现问题时运营平台可以回收、处理租赁物，通过融资与融物的处理又能腾挪出账期，所以非常适合调整投资结点，也符合建筑领域的行业习惯。

72.新临建生态愿景：让建设者“居善地，事善能，甘其食，乐其俗”！

73.新临建属性：是人为对新临建的性质抽象的描述和刻画。新临建是有属性的事物，新临建和传统临建具有相同的属性，所以他们属于同一类事务，与传统临建的相同，形成了他们的共同属性，差异则形成了特性。

74.商业设计：是指在商业活动中，满足客户需求同时又改变销售和服务的行为方法，并以此为企业、品牌创造更多的商业价值。

75.新临建资产管理：是指客户根据资产管理合同约定的方式、条件、要求及限制，将新临建资产交付资产管理人，资产管理人对客户资产进行经营运作，为客户和自身赚取资产收益的管理方式。

76.单体产品：就是指组成新临建综合体的可以销售或租赁的每一个独立产品。

77.运营产品：是指新临建运营中的临建单体产品和服务组成综合体或者综合服务集合，为运营提供的整体打包方案。

78.乐美工地（LM）：乐美工地是针对临建硬件环境已经具备，有工地或生活区物业化管理及生活配套服务需求的单一项目，提供物业化管理及配套生活服务的综合性服务方式。是筑服新临建运营服务供应链运营产品。

79.好美工地（HM）：是以新临建硬件设备采购、安装和服务，不需要运营和服务的单个项目工地的综合性服务方式，是筑服新临建产品供应链运营产品。

80.万美工地（WM）：万美工地是以新临建整体解决方案为蓝图的代建，以EPC、管理、运营、服务的全套新临建咨询、设计综合性服务方式。是筑服新临建运营咨询类产品。

81.建设者营地

建设者营地是以B端为目标客户，针对城市级别的B端分散或集中开发的片区的多个工地建设者，临时性半封闭的综合性居住服务社区，是筑服新临建运营的高级产品，有以下特征。

（1）不以单一工程项目为服务对象，而是以B端为服务对象同时针对几个项目。

（2）以与B端合作的方式设立。

（3）施工区、办公区与生活区分开管理，社区化明显。

（4）采用组团化设计，每个组团针对一个工程项目，管理方便。

（5）区内有完善的商业化配套与管理。

82.建设者之家：是在建设者营地的基础上发展而来的，是筑服新临建运营的顶级产品，建设者之家是以整个城市为服务对象，联合G端，以所有为城市发展与建设出力的建设者为目标客户，提供居住+生活的配套服务。其除了具有建设者营地所有的功能与特点之外，还具有极强的扩展性，有以下特征。

（1）客户群体广泛，可同时针对城市所有的建设者，包括集体与个体的建筑工人、产业工人、适于半封闭化管理的城市打工者等。

（2）采用组团化设计，每个组团可针对不同属性的居住者，管理灵活。

（3）区内有完善的商业化配套与管理。

（4）半封闭化管理，具有城市外来人口管理综合治理与卫生防疫辅助政务功能。

（5）以G端购买服务方式，可进一步参与城市辅助管理。

（6）利用城市临建设用地建设，可参与城市土地前期运营。

（7）由于其对城市综合治理与卫生防疫辅助功能明显，所以具有基础设施的特征。

83. 新临建理论：是由一路筑服建立的一套旨在解决建设工程新临建概念和整体解决方案的理论体系，其核心就是将施工生产和保障服务分离，引入资本前期为项目服务。项目管理聚焦在施工生产中，后勤保障聚焦在工人生活、居住和工作效率上的方法论。旨在解决未来建筑工人产业化、小班组作业和专业作业的特色，并且减轻项目管理的复杂性和难度。

84. 产业联盟：是指出于确保合作各方的市场优势，寻求新的规模、标准、机能或定位，应对共同的竞争者或将业务推向新领域等目的，企业间结成互相协作和资源整合的一种合作模式。联盟成员可以限于某一行业内的企业或是同一产业链各个组成部分的跨行业企业。联盟成员间一般没有资本关联，各企业地位平等，独立运作。

85. 工地美团：美团运营方式在工地社区化服务的比称，通俗地讲，就是用美团的服务运营模式对工地建设者进行服务的方法。

86. 工地万达：万达商业地产开发方式在新临建建设和服务的比称。通俗地讲，就是用万达商业开发的方式和商业运营模式对工地建设者进行服务的方法。

87. 轻资产运营：就是以智力、资本、知识及其管理为核心，构成企业的轻资产，将产品制造和零售分销业务外包，自身则集中于设计开发和市场推广等业务，以降低公司资本投入，特别是固定资产投入，以此提高资本回报率。轻资产运营是一种以价值为驱动的资本战略，是网络时代与知识经济时代企业战略的新结构。轻资产运营必须根据知识管理的内容和要求，以资源管理为纽带，通过建立良好的管理系统平台，促进企业的生存和发展，获得更强的盈利能力、更快的速度与更持续的增长力。

88.新临建轻资产运营：新临建的轻资产运营就是通过知识及其管理建立起的一个支持体系，支持着新临建工作+居住+生活的建设理念，围绕着产品与服务双供应链，在更为广阔的空间里，用更开阔的思路运营。这类运营是建立在大资管时代背景下的，称之为新临建轻资产运营。

89.产品整合：是指依托于产品资源、产品设计能力，在源头上控制用户产品需求的方式。新临建产品多而繁杂，没有统一的标准，非常适合进行产品整合。

90.资源整合：是指企业对不同来源、不同层次、不同结构、不同内容的资源，进行识别与选择、汲取与配置、激活和有机融合，使其具有较强的柔性、条理性、系统性和价值性，并创造出新资源的一个复杂动态过程。资源整合是企业战略调整的手段，也是企业经营管理的日常工作。整合就是要优化资源配置，要获得整体的最优。

91.新临建资产证券化：是指以新临建资产未来所产生的现金流为偿付支持，通过结构化设计进行信用增级，在此基础上发行资产支持证券的过程。它是以特定资产组合或特定现金流为支持，发行可交易证券的一种融资形式。适用于新临建业务的证券化就是以不动产为特定资产或不动产运营而产生的现金流为支持的一种资产证券化，与其他资产证券化相比其可以是信托基金或收益凭证等多种表现形式，其表现形式更丰富，也可以适用于私募基金或债券方式，适用形式更广泛。虽然新临建资产证券化本身原理属于债权类证券化范围，但证券化对象并不完全是企业债权本身，而是以具体新临建项目为对象，主要针对项目本体，或以项目公司（SPV）为融资主体或以上级业务母公司为主体，但都是以项目资产为底层资产，以项目的预期收益为偿付支持。依不同的针对点，可将其分为资产与现金流两种形式。

92. 信托：是投资人把钱交给资产管理公司帮忙打理，属于资金或资产委托行为，是一种投资类的金融产品，在我国有如下特点：

（1）发行机构：由信托公司发行。

（2）由银保监会监管。

（3）信托有股权与债权两种方式。

（4）在我国的金融体系中，信托由银保监会监管，所以资金多来自银行、保险等机构。

93. 储架式信托：是在信托产品的框架内实行“储架发行”机制，即“一次核准、多次发行”，不依赖强主体兜底。对于传统信托发行一次一审批来讲，储架式发行不需要每个项目去申请。只要在一定的资金规模内，制定了一套项目标准模式，并照此模式建立项目池，以首期项目资产为标准，未来项目资产按照该模式不断入池即可。储架式发行方式通常针对有稳定现金流收入、有运营商现金流保障机制的项目。对于有黏性客户并在一定时期内有稳定现金流的新临建项目非常合适。

94. 基金：基金是投资人把钱交给资产管理公司帮忙打理。属于资金或资产委托行为，是一种投资类的金融产品，有如下特点：

（1）发行机构：基金是由基金公司发行的。

（2）公募基金是由证监会监管，私募基金是由基金业协会备案代管。

（3）私募基金有股权与债权两种方式，公募则只能投资于二级市场。

（4）公募可以公开募集但只能投资二级市场，私募基金的资金来源则多样化，所以针对新临建项目的多为私募基金。

95. 高端思维：在本书中出现的高端思维概念，是经过编者独立思考、理解并且结合实际工作检验的一种思维方式。“高”就是站位要高，站到整个产业的发展和未来看待新临建的地位和未来；“端”就是要有独立性和单一性，不能受到外来其他因素的影响，心无旁骛。“思”就是要经过认真、细致思考后形成的思想，要有连续性，系统性的思考，而不是点状思考。“维”就是多角度、多视角、多方位地观察，不是从单一方向观察。高端思维集成到一起就是对待新事物，做到用心感受，用慧感知，用理思考，用行检验，真正达到知行合一的境界，找到解决问题的最佳方法。

96. 高端客户：按照商业理论的“二八”法则划分的客户类型，主要是指需求明确、价值导向清晰、产品和服务要求高、价格高、经营规范、信誉好、美誉度高的优质客户资源。这类客户在总的客户中占20%的市场份额，但给企业带来80%的收益。

97. 低端客户：主要指价格敏感性的客户，他们是对产品、服务要求不确定，付款条件苛刻，信誉度不高，经营不规范的普通客户。

98. 乙方心态：乙方心态主要是指为了达成销售产品或服务的意愿，而委身听命于甲方（采购方或使用方），不论甲方合理与否便放弃了自己产品、经营、价格、付款的规定或规则，一味讨好甲方或代理人的心态和行为。在建筑领域，乙方心态占据了几乎所有销售行为的商业和个体，因为同质化竞争的原因，企业本身没有门槛、防火墙，乙方心态造成整个行业良莠不齐。在中国当下的经济社会中，针对B端的销售和服务也大多存在乙方心态，乙方心态是市场竞争的产物，对所有利益方都是有害的。

99. 去乙方心态：就是在商业行为中，以运营的高度看产品，真正做到公正、公平竞争的发展心态，乙方尤其要突出自身的优势，树立坚强的信念，而不是拉关系、走后门、求人。去乙方心态是健全商业社会的基础，使得商业社会所有交易建立在价值和价格平衡，企业平等相对的基础上，敢于拒绝，勇于拒绝。闭环商业模式是去乙方心态的要素之一，新临建生态体系建设就是以去乙方心态为终极目标。

100. 闭环商业模式：就是把产品设计、生产与销售的过程与配套的资金融、投、管、退在双轨并行的同时进行结合，达到产品流结合现金流，从初期的设计立项融资、经过需求确定投资生产、针对需求运营管理、最终将产品通过运营变为现金流并通过证券化进入资本市场，完成资金退出的商业模式。闭环商业模式的核心是需求、轻资产运营与现金流，是产品通过运营转化为现金流完成循环的过程，是一个企业实现去乙方心态的基本要素。

致　谢

2011年一路筑服将人脸识别技术应用到施工现场人员管控，奠定了全国劳务实名制推广的基础，从而拉开了中国建筑业劳务工人走向职业化的序幕。以施工现场精细化管理产品和服务为手段，为建设者生活、居住和工作整体解决方案的推动为己任，以“居善地，事善能，美其食，乐其俗”作为企业愿景。一路筑服前瞻性地提出了新临建概念和理论，并且组织了本书编纂出版，不能不说完成了一项对企业、对建设者、对社会都有意义的重要工作。

不断实践和摸索，用心发现新的需求和商业机会，是当今创新社会中各个企业都在践行的工作。一路筑服构建的服务建设者的初衷，在很多人眼里都不可理解。为什么选择产业的末端作为企业发展的方向，为什么选择低端产业的入口作为商业主战场，为什么要走融合发展之路等诸多疑问，我们认为在以高质量发展的集结号声下的各个企业，一定要改变前些年的种种认知，一定要从思维高度、趋势宽度和降维深度重新认识我们熟悉的行业。一定从商业角度理解传统建筑业的垂直应用需求，其实单从市场而言，做熟悉的、低端的、与人相关的服务，是避免陷入恶性竞争最好的方法。做可以运营、可以产生现金流的生意，才是未来最好的赚钱之道，为底层人群服务、为社会和谐做些力所能及的工作，才会让创业更有意义。今天，我们有了一套完整的解决建设者生活、居住和工作的方法，并且出版成书，与大家分享，就是想帮助更多的有志于为建设者提供产品和服务的伙伴共享我们的成果，与我们共同进步。愿我们的努力能为建设者生活和工作的改善，为建筑业的健康发展做一点贡献。

为了心中的愿望和梦想，我们新、老团队一同走过了十年。我们共同的价值观，强烈的使命感、责任感，一定能够让我们为建设者创造更加美好的生活和工作愿望得以实现，我们一定会众志成城，奋勇向前。

感谢参与编写本书的各位伙伴，感谢他们的坚持，感谢他们付出的努力，感谢他们为建设者服务的初心不改！

感谢支持我们创业的亲人们的理解和支持，他们一次次给予的鼓励，是我们前行的动力和源泉。

感谢给予我们编写工作大力支持的都新民先生、张崇阳先生、黄曙明先生、纪亚峰先生！

感谢我们的客户不断送来的实践机会，让我们感受到了亲人般的温暖！你们是我们的恩人！

感谢众多和我们一同前行、为建筑业未来而努力的商业伙伴，感谢他们为实践提供的产品和服务！

感谢那些曾经的合作者、资源贡献者、参与者，我们一同为理想奋斗过！

我们知道前面的道路依旧坎坷，实业之路依旧艰辛，但我们会始终牢记使命、牢记肩上之责，我们相信创业之路是人生的最美风景，坚信雨后一定会有彩虹！

后　记

经过两年半的资料收集、整理、编写，在编写组成员的共同努力下，《新临建：建设者的生活、居住和工作》一书终于出版发行了！这部书算不上鸿篇巨制，但是阐明了一些新的观点，介绍了些新方法，相信对建筑、地产、金融、供应链行业甚至城市管理与社会管理领域的发展都会有一些启发与促进。从专业上我们深耕这些领域多年，心愿就是能为这些领域发展总结些经验做些贡献，于是我们这些并非作家和理论家的业余编者聚在一起，享受过程，痛并快乐着，最终完成了多年的心愿，为本次长时间的合作协同画上了一个完美句号。我们感谢这个创新的时代为我们提供了施展才华的舞台！

中华民族是世界上最具有创造精神、挑战精神和勤奋精神的民族，在错过了两次工业化革命后，我们正在借助第三次工业革命——信息技术革命，努力缩小同发达国家的差距。在很多领域，特别是大规模制造与建设工程的能力中国已经赶上或超越世界先进水平，但制造业的关键技术与建筑业的工人职业化与发达国家还有很大差距。开始立项编写此书之时，中美贸易战尚未打响，两年多的时间，中美这场不见硝烟的战争已经蔓延到了各个层面。华为遭遇的极端打压，就是我们在关键技术方面不足的真实写照，同样的短板也存在于取得了举世瞩目成就的中国建筑行业职业化水平上。

“一带一路”使世界进一步认识了中国的建筑行业，“基建狂魔”是世界给予我们略感无奈的称号。一方面，足见我们在世界建筑市场给竞争者带来的压力；另一方面，“魔”虽然是超能的，但也是不稳定的、略带暗黑的。

取得成绩的同时也应该看到，虽然经过了几十年高速发展，我们自身还是大而不强，还没有练就“九阳神功”立于不败之地的能力。中国建筑业在装配式、信息化、智慧工地等建筑技术应用上已经和世界看齐，甚至有些技术超越，但建筑业传统生产的惯性思维方式没有很明显的改变，劳动力来源依旧是农民工，建筑职业化工人体系还是个遥远的目标。农民工群体如何进步演化且改变自身面貌，减少安全事故隐患，提高技能与工作效能，这一个个的问题才是“魔”身上不稳定、暗黑的原罪。促使建筑业由“魔”变“神”，必须从最基本要素“人”上面寻找解决之道。不论未来建筑业如何变化，优秀的职业化建筑工人仍然是决定成败的主要因素，我们必须要清醒地认识到不能只是依靠智能化、机器人来解决全行业劳动力问题，中国在未来的发展中形成稳定的职业化建筑工人队伍才是必需之路。

建筑业的变革是一个长时间过程，所以不能期望一蹴而就，特别在职业化体系的变革上，国外的情况不一定能够适应中国国情，好的做法值得我们借鉴学习，但也需要结合中国建筑业自身的特色和具体情况走出自己的路来。2017年ENR颁奖会上，与大家分享差距的表现和对比时，大家普遍认为，在中国建筑工人职业化体系建设中的上层建筑固然重要，但如何将上层理念贯彻到实际中去才是重中之重。如何解决工作效率和浪费的问题，破解人工工资不断高涨的现实和低效率、低效益之间的矛盾；如何利用技能培训与技能分级，达到提高生产效率的目的，最好的方式就是通过一个以人为本的集中式平台为载体进行统一推进。新临建的工作+居住+生活理念正是抓住人这一要素展开的，新临建作为一个集中式的综合载体，统一解决了工人心理、生活、精神、技能和集中管理等问题，成为工人美好家园的同时，发挥着贯彻执行行业管理部门工人职业化相关政策终端平台的功能，起着承上启下的作用。

在国家发展的关键阶段，以建筑业为抓手带动其他行业发展是重要国策之一，一如我们的邻居日本和韩国。同样在我国的现阶段，建筑行业中的央企、国有、大型民营企业有着强于其他各行业的融资便利通道与便宜的融资成本，处于货币供应链的顶端。而与日本、韩国的建筑业强大后以延展的方式带动各行业发展不同，中国建筑业不论自身如何庞大，在社会活动中始终处于从属地位的状态几十年未发生根本变化。行业内大型企业更愿意去做仅以拿工程为目的项目社会资本方，或更为简单的融资代建等以自己优势成他人之美之事，究其根本还是没能跳出拿工程干活之后要账的乙方心态。把自己从货币供应顶端做成了货币使用末端，另一方面由于多层分包、不守信用地恶意欠薪、讨薪造成的社会误解，使社会普遍不认可建筑业。中国建筑业的良性发展成了一句空话，带动其他行业延展更是无稽之谈。

但让我们欣慰的是，近年来随着传统房产开发行业与政府项目的衰退，金融导向问题的出现，国家意识到了需要变革，建筑业的货币供应顶端地位不会变，但密集出台针对建设与运营的相关政策和指导意见促使建筑行业应有所改变。古人云："思则变，变则通，通则久"。站在一个谋局者的高度求变是思想进步的表现，解放思想的行动则是变革的驱使。建筑业者应该时时刻刻都保持警觉，只有思想的改变才能有行动上的改变。

对于保持整个行业的健康发展，我们认为首先要改变的是思维方式，在真正体现货币供应链顶端行业地位的同时，龙头建筑企业对行业内不能盲目自大，对行业外也不必妄自菲薄，核心就是淡化甲、乙方心态。建筑领域存在诸多的不公平、不合理现象，甲方心态和乙方心态起着决定性的作用，这与我们的文化传统和固有的社会认知有关；也和建筑行业从属于投资项目的被动地位相关，更与市场激烈的竞争、业内技术门槛低下容易形成竞争优势有关。这种甲、乙方心态严重地禁锢了建筑业管理者的思路，使其沉陷于传统固定的思维方式无法自拔。大型央企、国企占据了中国建筑市场的绝大份额，这是事实，但是在构建健康的建筑生态上，并不代表他们不需要变革；恰恰相反，他们肩负着带动中国建筑行业良性发展的社会责任、带领中国建筑业走向世界由"魔"成"神"的国家责任与中华民族伟大复兴的重任，更需要变革。本书所阐述的新临建轻资产运营理念与商业模式，核心就是淡化甲、乙方心态，开放思路，站在行业外提出方案，进入行业内解决问题。虽然只是建筑业垂直应用的一个方面，但也是我们为中国建筑业能真正成为社会支柱产业所做的一点点贡献。

中国特色的社会主义发展，必须遵照经济规律一步步稳定向前。在当今社会普遍急躁的环境中，寄希望于用一个互联网平台就能解决复杂的问题是不切实际的。各行各业存在着很多的伪需求，看似一个个很有前景的应用，最终没有市场，造成了巨大的资源浪费。这种舍本逐末是离开了行业普遍性的伪创新，离开了实践指导的发展方法，一定会造成行业内“大跃进”。结果必然是浪费资源，浪费时间，这是一个值得政府管理部门和业界警示的现象。所以，在提出一个项目的时候，心平气和地关注需求、实事求是地推进延展，是我们开发设计新临建项目的基本出发点，新临建的建设者之家就是站在建筑业内看世界、向外延展的典型案例。不同于新临建的其他产品，建设者之家是面向社会全体建设者的，是一个具有保障性租赁居住性质的城市级别项目。在解决城市外来务工人员基本居住与生活同时，可以延展到职业培训、辅助政务、城市运营等领域。这是一个方向，也是一个话题。我们希望和阅读本书的各行业业内的专家一同思考，开拓思路，共同推进新临建项目的发展，为国家与社会作出一份贡献。

2020年注定是个不平凡的一年，年初的疫情摧毁了世界的秩序，极大地影响了中国的经济发展，建筑业也不能幸免。我们在疫情中难得安静下来总结过去，思考未来之路。春节后大家分散在各地，无法开展其他正常工作，但好在信息社会带来的交互便利就如同面对面工作，沟通非常顺畅，这反而加快了我们编写此书的进度和效率。回想在2019年为了编辑此书，我们主要编辑人员从北京驱车到西安南郊的厂里集中整理，在6、7月西安的热浪下完成了初稿的采编，奠定了今天的基础。回来后由于大家又开始忙于各自的工作，进度又慢了下来，直到疫情暴发的再次加速。但历史经验告诉世界，越是艰难，反而就越有信心，越有志气，越有能力战胜困难，这是中国人的特性，也是我们编写组全体人员的特性。随着疫情的控制，我们的书即将展现在大家面前，分享给业内的同仁。实践是检验真理的唯一标准，将我们在实践中发展的创新产品和思想展现给大家，就是希望能够有更多的有识之士加入到推动新临建发展的行动中，共同努力，共同向前，共同推动建筑业与社会的不断发展、国家的不断强大，这是我们的使命和责任。愿此书的出版能为建筑及相关行业的健康发展作出有意义的贡献。由于水平有限，书中的错误之处希望能得到读者的谅解与指正！谢谢大家！

本书副主编：狄　忻

2021年12月1日于北京